闭孔泡沫金属结构性能跨尺度协同调控

曹卓坤　著

东北大学出版社
·沈　阳·

图书在版编目（CIP）数据

闭孔泡沫金属结构性能跨尺度协同调控 / 曹卓坤著
. — 沈阳 ： 东北大学出版社，2022.9
ISBN 978-7-5517-3140-9

Ⅰ. ①闭…　Ⅱ. ①曹…　Ⅲ. ①多孔金属－金属结构－研究　Ⅳ. ①TF125.6

中国版本图书馆 CIP 数据核字(2022)第 171870 号

出 版 者：东北大学出版社
地址：沈阳市和平区文化路三号巷 11 号
邮编：110819
电话：024－83680176(总编室)　83687331(营销部)
传真：024－83680176(总编室)　83680180(营销部)
网址：http://www.neupress.com
E-mail: neuph@neupress.com
印 刷 者：辽宁一诺广告印务有限公司
发 行 者：东北大学出版社
幅面尺寸：185 mm×260 mm
印　　张：15.5
字　　数：349 千字
出版时间：2022 年 9 月第 1 版
印刷时间：2022 年 9 月第 1 次印刷
责任编辑：汪彤彤
责任校对：张　媛
封面设计：潘正一
责任出版：唐敏志

ISBN 978-7-5517-3140-9　　定　价：78.00 元

序　言

泡沫金属是一类结构功能一体化材料，既拥有金属材料优良的机械性能和高导热、导电性等，又结合了多孔材料的消声抑振、阻尼缓冲等特殊功能特性，在汽车工业、航空航天、建筑机械和国防工业等多个领域的应用都受到了重视。在实际应用中，往往需要在提升材料力学性能的同时，优化某种特定的功能特性，从而突出泡沫金属的综合优势。泡沫金属的力学性能和各项功能特性均取决于其孔隙率、基体材料性质和孔结构特征，如何发展新的制备方法，实现结构和性能的跨尺度调控是泡沫金属学科研究的核心问题。泡沫金属的制备和性能研究涉及的学科较多，知识范围较广，给深入研究机理问题和进一步使泡沫金属发展造成了困难，需要及时总结当前的进展并明确未来发展的方向。

本书简单回顾了泡沫金属的发展历程和应用（第 1 章）和现有的主流制备技术（第 2 章），介绍了结构表征的各类方法（第 3 章）和力学性能的测试和分析的相关知识（第 4 章），重点讨论了制备过程中的重点理论（第 5 章），并介绍了碳纤维和原位生成颗粒对于泡沫稳定性和力学性能的影响（第 6、7 章），进一步总结了发泡压力对发泡行为和孔结构的影响（第 8、9 章），介绍了从基体和孔结构协同优化性能的方法（第 10 章），讨论了结构对泡沫铝阻尼和声学性能的影响（第 11、12 章），并简单介绍了泡沫金属作为芯材制备夹芯板和填充管的性能（第 13 章）。

在著作的完成过程中，感谢穆永亮老师和张志刚老师协助了部分内容的编写，于洋、王新元、王加奇、陈志元、赵斯文等协助了部分章节的数据整理和文本编辑。书中的主要研究内容是在国防科工局、自然科学基金委和教育部基本科研费的资助下开展的。

泡沫金属仍然是在快速发展的一个学科分支，书中内容均以现有理论和试验基础为主要参考，难免存在不足之处，还请读者见谅。

曹卓坤

2021 年 12 月

目 录

第 1 章 泡沫金属简介

1.1 多孔金属概述

1.1.1 多孔金属

金属在自然界中广泛存在，在生活中应用极为普遍，无论是在人类的发展历程中，还是在现代工业中，都是非常重要和广泛应用的一类物质。比如，钢铁、铝合金、镁合金等都具有较高的机械强度，是被用作工程材料的常用金属。在制备这些金属结构件时，往往希望合金内部是致密的。以铝合金为例，铸造工艺的重要发展方向就是增加铸件的致密度，例如通过挤压铸造或真空压铸来减小因夹气造成的缩孔或疏松，从而提高铝合金件的力学性能和成品率。金属部件中的孔洞被认为是一种结构缺陷，因为它们往往是裂纹形成和扩展的核心，会对材料的力学性能产生不利影响。

当材料中孔洞的数量增加到一定程度后，其就会展现出一些特殊的性质，从而形成一个新的材料类别，也就是多孔材料[1]。多孔材料具有诸多优良的特性，比如吸声、隔热和减振等。多孔材料广泛存在于自然界中，如树木、珊瑚、海绵等都是很好的例子。选择这些多孔结构是生物长期进化的结果，往往是利用或优化了多孔材料某方面的特性。早在金属材料被发现和利用之前，人类就已经开始使用这些自然界的多孔材料。以常用的木材为例，其中存在大量尺寸为几十至几百微米的孔洞，这些孔洞的体积分数为50%~80%。相对于金属和石器而言，具有多孔结构的木材显著轻量化，并且具有阻尼抑振、缓冲吸能等一系列特殊功能。作为一类轻质结构功能一体化材料，在人类社会发展的不同阶段，木材被用来制造工具、车辆、船舶、容器和建筑等。时至今日，木材仍作为不可替代的主要原料被大量用于制造家具、地板和门窗等。但是，人类真正开始制造多孔材料的时间比较晚，随着仿生科学的发展和深入人心，人们开始注意自然界中的多孔材料，并研究怎么利用和发挥多孔结构的特性。根据生产生活需要，人们开始开发各种基于塑料、陶瓷等的多孔材料。

20 世纪 80 年代后，一类以金属为基体的新型人造多孔材料取得了快速发展。与实体结构材料相比，由于气孔的存在，多孔金属具有一系列特殊的性能，比如良好的可压缩性、优良的力学性能、高的吸音率等。此外，质量轻是其基本的优点，还具有综合低密度、高强度、冲击性能、低热导率、低磁导率和良好阻尼性等特性[2]。如图 1.1 所示，结构功能一体化的多孔金属材料有着广阔的应用前景。

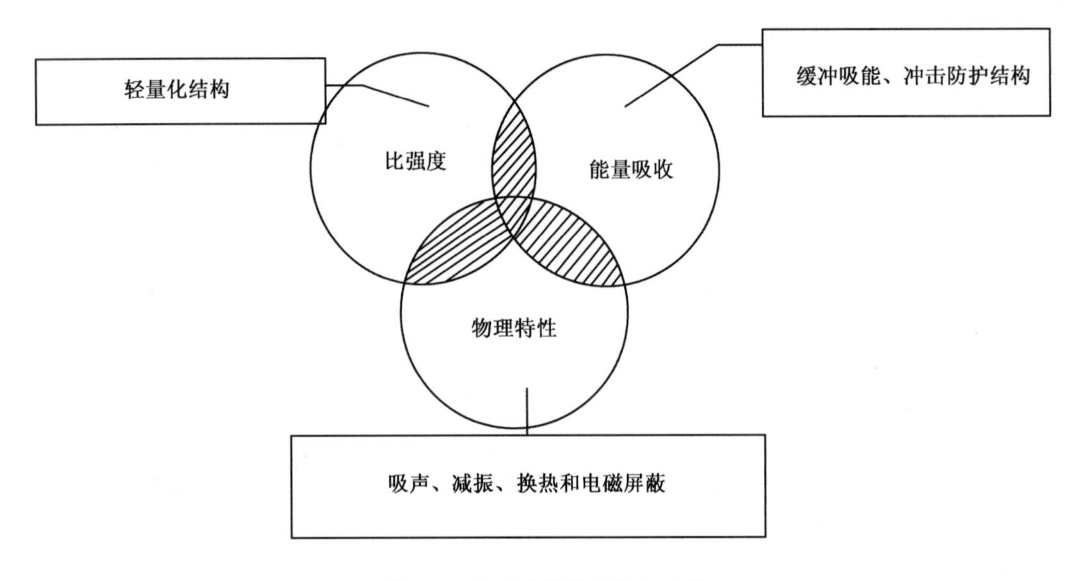

图 1.1　多孔金属的性能和应用

1.1.2　多孔金属的分类

孔隙率是指多孔材料中气孔所占体积与材料总体积的比。按照孔隙率大小，可将其分为中低孔隙率材料和高孔隙率材料。在孔隙率较低时，往往不能发挥其多孔材料的特性。因此，大部分研究针对气孔体积分数 70%以上的低密度多孔金属开展。

孔洞是多孔材料中的功能相，泡孔的结构直接决定了材料的物理性能和力学性能。根据孔结构的不同，多孔材料分为金属蜂窝、开孔泡沫和闭孔泡沫三种类型，如图 1.2 所示。最简单的多孔结构是多边形做二维排列，最常见的是类似于蜜蜂的六边形巢穴堆积充填平面空间，这种二维多孔材料称为蜂窝材料。以连续固相三维空间填充的多面体孔构成的多孔材料称为泡沫材料[1]。如果组成多孔材料的孔隙相互连通，孔洞通过开口的壁面相连，则称该泡沫材料是开孔或通孔泡沫材料。而构成孔隙的多面体壁面也是固体时，孔隙之间相互封闭，则称该泡沫材料为闭孔泡沫材料。严格来讲，“泡沫”一词的本义是指由不溶性气体分散在液体中所形成的分散物体系，之后才开始形容固体材料[1]。从结构上看，只有通过将液态泡沫凝固获得的闭孔泡沫才是真正的泡沫结构。但是，习惯上将开孔泡沫金属和闭孔泡沫金属统称为泡沫金属。

根据基体材料不同，泡沫金属可分为泡沫钢、泡沫铜和泡沫镍等。不同基体的泡沫金属的性质和应用领域也不尽相同。目前应用较为广泛的开孔泡沫是泡沫镍，其被大量用于制造镍氢电池的电极材料。而闭孔泡沫中，研究和应用最多的是铝基泡沫材料。铝

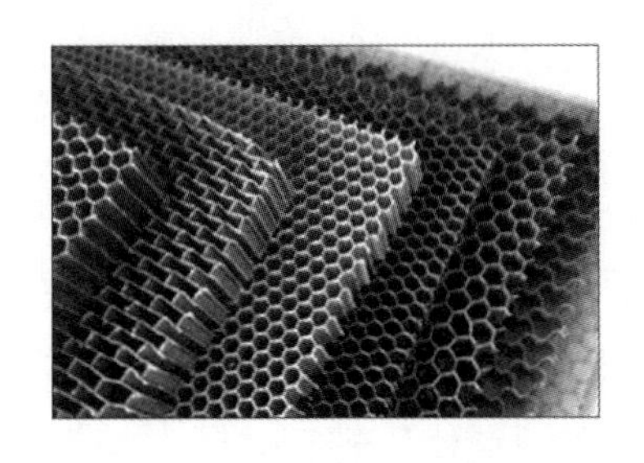
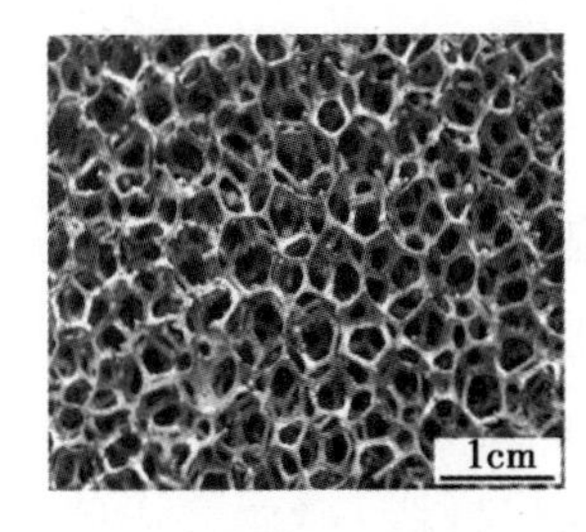

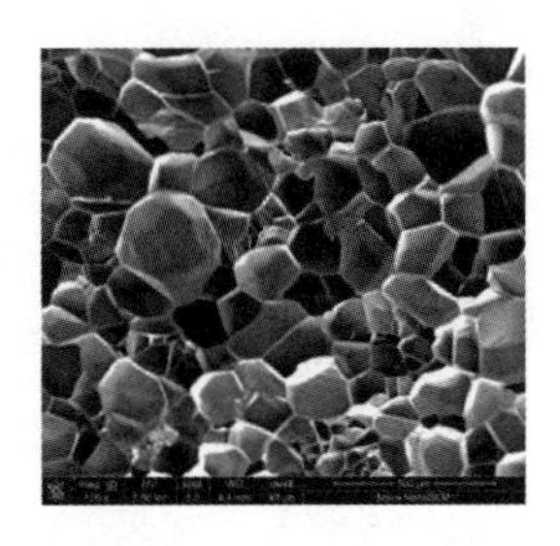

图 1.2　多孔结构的分类

和铝合金具有密度小、强度高、塑性好等优良的力学性能和高导热、高导电等功能性能，在金属材料中年产销量居第二位，仅次于钢。使用铝和铝合金作为基体制备的泡沫材料具有多孔金属的各种特性，在交通运输、建筑机械、冶金化工、电子通信、航空航天、军事装备等多个领域具有广阔的应用前景[3]。

1.1.3　泡沫金属的发展历程

已知的最早提及泡沫金属的报道是法国人 De Meller 于 1925 年申请的发明专利。该专利中描述了将惰性气体注入熔融金属中，或将发泡剂(如碳酸盐)添加到熔融金属中，搅拌熔体制备金属泡沫的方法[4]。美国人 B.Sosnick 等人在 1943 年最早进行了制备泡沫铝的尝试。他们将汞加入金属铝中，利用沸点的差别，通过增减压的方法使铝中作为发泡剂的汞气化，冷却后制成一种带有孔洞的金属混合物、复合物或合金。这一成果于 1948 年被美国专利局批准为发明专利[5]。

1956 年，J.C.Elliott 等人用可热分解气体的发泡剂代替汞，消除了发泡剂的毒性[6]。这些发泡剂是金属氢化物，如 TiH_2 或 ZrH_2 粉末，加入到铝镁合金熔体中，分解产生氢气并在熔体内形成气泡，冷却固化后形成闭孔泡沫铝。该方法的出现为泡沫铝的进一步发展打下了牢固的基础，也使泡沫铝的研究在世界各地逐渐兴起。20 世纪 60 年代中期，美国的 Foamalum，Ethyl，LOR 和 ERG 等公司开始从事此类研究，并发展成为泡沫铝的研制中心，当时半数以上泡沫铝方面的专利来自美国的 Ethyl 公司和 LOR 公司，内容涉及发泡剂的选择、熔体增黏和连续化方法。但在以后较长的一段时间内泡沫铝在美国的发展出现了停滞，直到 20 世纪末泡沫铝的研究才又在美国展开，主要的研究机构有麻省理工学院、特拉华州立大学、伊利诺伊州立大学、丹佛大学研究院、科罗拉多大学等，研究的内容包括泡沫铝的热物理性质、机械性能和应用[7-9]，其中麻省理工学院所做的研究工作最多[10-11]。

日本进行泡沫铝材料的研究开始于 20 世纪 70 年代初。1970 年，藤井清隆在《金属》杂志上发表了一篇题为《比木材还轻的气泡铝合金的开发》的文章，较全面地阐述了多孔金属的制造方法及其性质和用途[12]，引起了日本各界的关注。1978 年，上野英俊等人研究出利用火山灰作为发泡剂制造泡沫铝的方法。1982 年，以九州工业技术试验所、早稻田大学为代表的一批研究单位对泡沫铝开展广泛的研究。研究的方法包括渗流铸造法、熔体直接发泡法、溶解度差法、粉末冶金法、无重力混合法等，其中渗流铸造法和熔体直接发泡法取得较大进展。同时，他们对泡沫铝的性质、机械性能和用途也进行了大量的研究。1987 年，日本的泡沫铝研究取得突破性进展，这一年出版的大量文献表明，日本在泡沫铝的研究和生产上取得了丰硕的成果。之后，日本神钢钢线工业株式会社（暨日本神户钢铁公司钢线工业公司）在九州工业技术试验所的指导下，开始生产名为 ALPORAS（ァルポぅス）的泡沫铝材料，并将其应用于相关领域使用进行试验[13]。而日本日立造船技术研究所的福岛正治等人的研究成果也在日立造船集团日本建材株式会社进行应用，制造的泡沫铝被称为 FALSOAB。同年，日本的 Shigeru Akiyama 等人在美国获得了名为“泡沫金属及其生产方法”的发明专利[14]。神户钢线、大阪市政技术研究所、大阪大学工程学院、名古屋工程材料与结构研究所等多家企业和研究机构正通过改变泡沫铝的胞孔结构来提高其性能，并研究新的泡沫铝制备方法[15]。

1980 年，德国 Fraunhofer IWU 的研究活动标志着欧洲泡沫金属研究的一个新时代的开始[16]。当时，J.Baumecster 在德国电视节目中展示了可漂浮的铝，吸引了许多科学工作者的注意。之后，泡沫金属的研究在德国、英国、法国、乌克兰和挪威等国迅速兴起，制备方法包括粉末致密化发泡法和 Gasars 法等，在金属泡沫的稳定性和泡沫铝结构与性能方面也取得了重要成果。

国外早期的工业生产厂商 Shinoko-Wire，Cymat，Alulight，Schunk，Karman，Neuman-Alufoam 等公司已经建立了许多泡沫金属的生产线，并不断有新的公司成立。

我国的泡沫铝研究起步于 20 世纪 80 年代后期，进入 20 世纪 90 年代后，一批科研机构和院校先后进入泡沫铝材料研究领域，经过多年的探索和研究，取得了丰硕的研究成果。截至到目前，我国已经建设的铝基泡沫材料生产线数量和产能已经远超欧美日韩等发达国家，泡沫金属的应用也在快速发展。

1.2 泡沫金属的应用

由于泡沫铝在轻质的基础上综合了优良的力学、声学等性能，因此在多个领域都有广泛的应用前景。下面对部分主要应用范围进行叙述。

1.2.1 汽车工业

人们对安全性和舒适性的需求向汽车工业的发展提出了更高的要求，但由于能源价格上涨和环境污染加剧，要求降低汽车能耗和尾气排放量。这就需要一种轻量化、比强度高，能够在撞击时吸收能量、不燃烧的新型材料。很多材料能满足其中的一两项要求，但往往以降低其他性能为代价，而铝基泡沫材料为汽车制造提供了一个新的选择。铝基泡沫材料的密度一般为 0.3~0.7 g/cm^3，能够满足轻量化的要求。在发生碰撞时，可以通过泡孔的塑性溃缩吸收能量，使泡沫金属适合制造吸能盒等防撞部件。图1.3为采用粉末冶金法制备的奥迪Q7和法拉利Spider430上的耐冲击部件[17]。其他应用包括使用填充泡沫铝的结构件，可以提高刚度和阻尼性能，可用于发动机的固定和减震。同时，由于板材的抗弯强度随其厚度的增加而增大，泡沫铝夹芯板可以用作车体的顶棚、地板和保险杠等，以便降低车体自重，同时降低噪声分贝，在发生撞击时泡沫铝可以吸收能量，保护人体安全，防止气缸变形、燃料燃烧等。

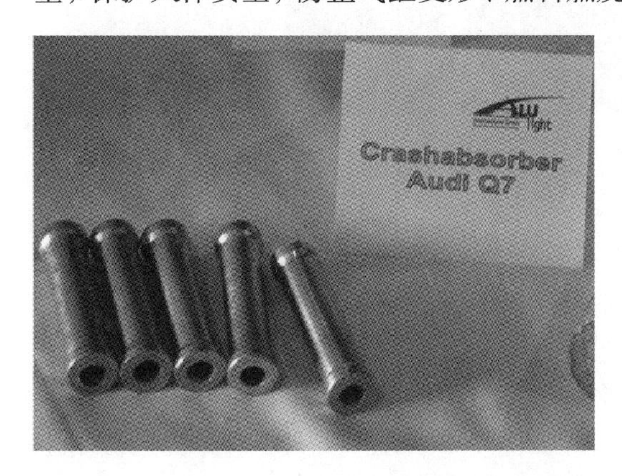

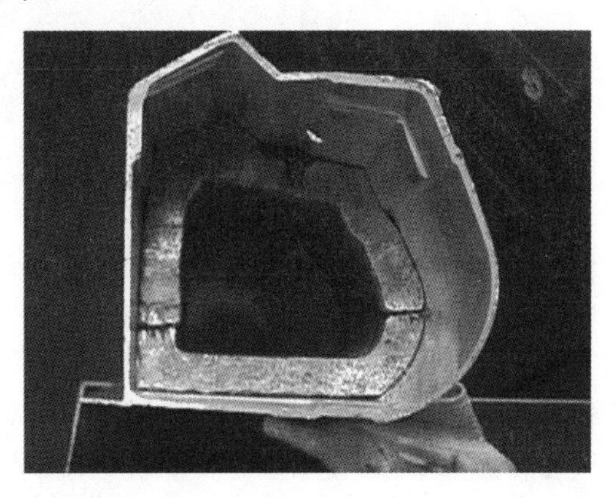

图1.3　车身防撞用泡沫铝轻量化部件

近年来，电动汽车等新能源汽车快速发展。在电池能量密度不能大量提升的情况下，车身的轻量化是提升电动汽车续航里程的重要手段。此外，由于电池盒起火等事故频发，主管部门对电池包的安全性要求不断提升。泡沫铝夹芯板被认为是制造新型轻量化、高安全性的新能源汽车重要发展方向之一。而将热管理系统的管件与泡沫金属结合，还可以显著改善其散热均匀性。欧洲一些团队设计并验证了多款基于泡沫铝夹芯板或异形件制成的铝面板、复合材料面板和钢面板的多型新能源车电池盒。

1.2.2　航天工业

在航天工业中，利用泡沫铝夹芯板代替蜂窝铝等材料可以提高航天器的性能并降低成本。此外，泡沫铝在加工过程中不需要使用黏结剂，可以在较高温度下使用，从而防止航天器局部温度过高，或可在产生火灾时保持一定的力学性能。图1.4为欧洲航天局采用泡沫铝夹芯板制备的火箭内轻量化部件[18]。此外，泡沫铝也可以制成各种立体的形状，而蜂窝铝只能是二维的板材，这引起了航天器制造者的兴趣，希望可以用泡沫铝来代替部分蜂窝铝的结构。在载人航天中，泡沫铝还被用来吸收返回舱着陆时撞击产生的能量，从而为航天员提供保护。

图 1.4　航天器 Ariane 5 rocket 轻量化组件

1.2.3　造船工业

造船工业中需要大量的轻质材料和消声材料。大尺寸的泡沫铝芯板材可以提供轻量化和减震消声一体化的解决方案。采用粉末冶金法制备的夹芯板被用于制造运输木屑的驳船和游艇等，可使船体的质量减少 20%左右。如图 1.5 所示。此外，泡沫铝也被用于潜艇和船舶的消声等。

图 1.5　运输木屑的驳船

1.2.4　轨道交通

轨道交通的列车制造可以综合利用泡沫铝轻质、高强、减震和吸声等多种性能。图 1.6 为德国弗朗霍夫研究所为西门子公司制作的由泡沫铝夹芯板构成的列车车头等比模型。相对于传统制备工艺而言，泡沫铝夹芯板本身具有较高的抗弯性能，因此不需要采用铝合金型材构造骨架。泡沫铝板还可应用在地铁和高速列车中的地板和顶棚吸音板等处，在降低车重的同时，减少振动幅度并降低车内噪声分贝，而且在发生火灾时，不会像其他吸声内饰那样放出有害气体。泡沫铝也被用于制造列车的车门、地铁的屏蔽门等，在轨道交通中有极其广阔的应用前景[19]。

图 1.6　泡沫铝夹芯板制备的列车车头

1.2.5　建筑工程

泡沫铝在建筑方面的应用比较广泛。现代办公楼的外立面往往使用幕墙，泡沫铝板可以代替部分价格更高的蜂窝铝夹芯板来制作幕墙。阳台的建造材料必须满足安全的要求，目前的材料要么太重，要么在着火时放出有毒气体，使用泡沫铝板就可以解决这些问题。泡沫铝也被用作大型场馆、车站的吸声内衬，以便降低噪声分贝。泡沫铝板也可以用于制造电梯，以减少频繁升降造成的能源浪费，并且电梯也可以更安全，泡沫铝同时起到能量吸收和结构材料的作用。泡沫铝也可以用作制备轻质的防火门，虽然铝合金的熔点低于 660 ℃，但其泡沫结构可以在更高的温度下保持稳定，这是因为泡沫铝比表面积大，容易氧化，在高温下孔壁转变成结实的氧化物。图 1.7 为使用注气发泡法制备泡沫铝吸声内饰的酒吧，这种泡沫铝内饰可在美化装饰的同时起到消声作用，并避免发生火灾时产生有害气体[20]。使用熔体发泡法制备的泡沫铝可用于制造室外声屏障、室外建筑消声和游泳池、健身房等场所消声内饰等，目前国内外已经有很多的案例。

1.2.6　机械制造

泡沫金属在机械装备制造中有很多有趣的应用。采用泡沫铝夹芯板可以使工件或工作台轻量化，并显著减少振动。泡沫铝具有优良的电磁屏蔽性能，用其将电子元件封闭可以减少外来信号对它的干扰。泡沫铝的耐高温性使其可以用作测量高温液体性质使用

图 1.7　采用泡沫铝内饰的酒吧

的漂浮球等。图 1.8 为采用泡沫铝夹芯钢面板结构制造的大型移动机床的壳体，在质量相同的情况下，扰度减少了 40%，并显著降低了各个方向的机械振动[21]。

图 1.8　采用泡沫铝夹芯板制造的大型机械部件

1.2.7　防护装备

泡沫金属具有独特的多孔结构，可以使爆炸冲击波在材料内部快速耗散。图 1.9 为采用应变片在泡沫铝入射和透射两侧测得的冲击波电信号和应力随时间的变化。可以看到，峰值应力衰减了 95%以上，可有效起到保护作用[22]。

美军采用加拿大 Cymat 公司制备的泡沫铝材料制造了用于车辆底部地雷防护的组件。经过 20 余次实战验证，结果表明，其可以有效对乘员进行防护[20]，其结构如图 1.10 所示。

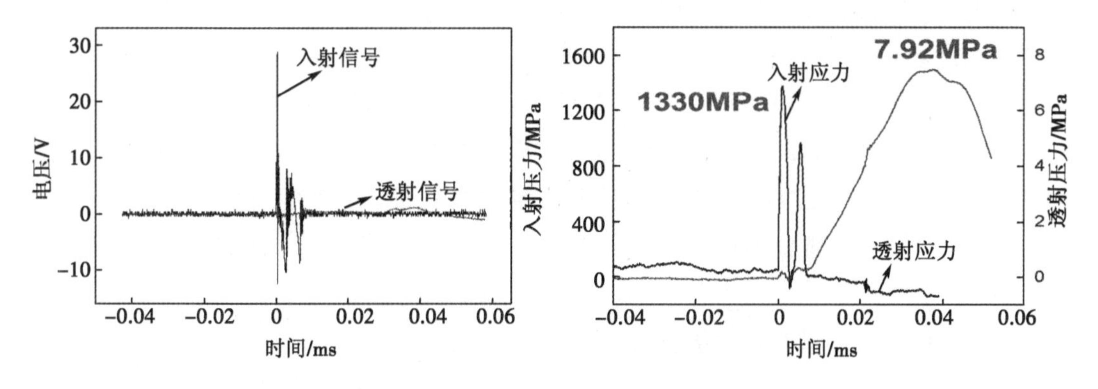

图1.9 冲击波在铝基泡沫材料中的衰减

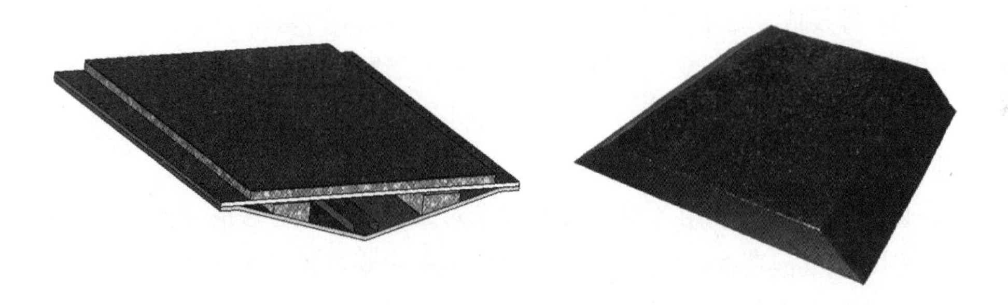

图1.10 采用泡沫铝制造的防护结构[20]

1.3 泡沫金属面临的机遇和挑战

经过数十年的研究，泡沫金属的制备、性能和应用已经取得显著的进展。如美国的麻省理工学院、哈佛大学，德国的Fraunhofer研究所，英国的剑桥大学，日本的名古屋大学、大阪大学，韩国的釜山大学等在这方面进行了深入的研究。目前在制备工艺、材料结构、性能、基础理论、数值模拟等方面已有长足的发展。在自主研发的带动下，我国建设了多条熔体发泡法制备泡沫铝块体生产线，我国科研人员将吸声用泡沫铝的生产成本大幅降低，使熔体发泡法技术广泛应用。当前，人们对汽车尾气排放和噪声污染等环境问题愈发重视，新能源汽车、高速列车和新型装备等快速发展，对结构功能一体化的轻质泡沫金属的需求日益迫切，且市场潜力巨大。但是，泡沫金属的制备、性能和应用研究在今后的发展中还面临一些亟待解决的核心问题和挑战。

1.3.1 泡沫金属结构的主动调控

不管是采用液相法，还是粉末致密化发泡法，制备闭孔泡沫金属均需要在液态下形成稳定的泡沫，而后凝固获得固体泡沫材料。但是，液态金属泡沫具有大的比表面积和高的表面能，是亚稳态体系，气泡有合并的趋势来降低系统能量。纯的液体金属或合金不能发泡，气泡在到达液体表面后便马上破裂。能够发泡的液态金属中往往含有一些固体物质，或是微米级的陶瓷颗粒，或是厚度为纳米级的氧化物薄膜。这些颗粒是在制备泡沫金属过程中加入的，而氧化物薄膜往往是原位生成的或是发泡前驱体中金属颗粒表面的氧化层。但是，人们对这些固相质点稳定泡沫的机理仍不清楚，已有的控制参数都是经验性的。受这些理论和技术上的限制，当前仍不能对泡沫金属孔结构进行精准的控制。

采用气体注入法制备金属泡沫时，固体颗粒的尺寸和含量必须达到某一特定值才能使泡沫稳定。并且，合金元素对颗粒与铝液的润湿性和铝液的流动性等的作用，直接影响泡沫的稳定性。熔体发泡中需加入金属 Ca 来增黏，但是 Ca 并不是常用的合金元素，且易与 Cu、Fe 等其他合金元素形成复杂的金属间化合物，严重影响铝合金的力学性能。粉末致密化发泡法需加入 Si 或 Cu、Mg 等元素来降低预制体的熔化温度，使之与发泡剂分解的峰值温度相匹配。这使得采用特定工艺制备铝基泡沫材料的基体成分相对固定，难以通过采用新的合金组成或增强体来提升泡沫铝的性能。

Stanzick 和 Banhart 等使用 X 射线成像技术对粉末致密化方法的发泡过程进行了在线观察，他们发现气泡壁破裂后在几十毫秒内消失，也观察到了气泡壁极限厚度的存在，为 50 μm 左右[23]。目前对于存在极限厚度的解释还很少，实验结果显示，基体合金成分的改变对极限厚度有一定的影响。水溶液泡沫中的气泡壁的平衡厚度可以由 DLVO 理论解释，即是相互吸引的长程力和排斥的双电层力之间的平衡。但是，在液态金属泡沫中，气泡壁厚度为几十微米，分子间作用力不起作用。此外，金属均为良导体，界面之间不能形成双电层静电力。固相质点是如何使液态金属泡沫中的气泡壁薄膜稳定在某一厚度的，仍缺乏理论解释。而因为气泡壁破裂极限厚度的存在，泡沫金属的相对密度与平均孔径间成反比例关系。改变发泡时间、发泡剂用量等工艺参数并不能实现对特定密度和特定孔径的泡沫金属的制备。

1.3.2 结构与性能的依赖关系

泡沫材料的性能取决于它的相对密度、孔结构和基体材料的性质。对于金属泡沫而言，基体金属或金属基复合材料的性质容易掌握，也已经有大量的研究数据支持。但是，金属泡沫的结构表征非常复杂。无论哪种工艺制备的泡沫铝，结构都不均匀，往往存在各种宏观和微观的缺陷。泡沫铝多孔结构的几何特征在一定的统计范围内分散变化，物质沿孔边界和孔壁的非均匀分布等是泡沫铝中常见的。此外，泡沫铝中大量存在微孔、缩孔、微裂纹等微观缺陷。这些缺陷的存在会对泡沫铝的性能和性能的稳定性产生重要影响，要从结构评定泡沫铝的性能，必须了解这些缺陷出现的频率、范围以及它们对性能的影响机理。

缺陷的存在使泡沫铝的强度远远低于采用 Kelvin 孔单元建立的数学模型预测的强度

值，在低密度区较理论计算下降了近70%。Smith和Evans等对泡沫铝压缩时表面和内部局部应变进行了观察，指出气孔结构对性能影响最大的不是气孔的大小，而是气孔的形状和气泡壁的弯曲[24]。Simone和Gibson对气泡壁弯曲和褶皱缺陷对刚度和强度的影响进行了数学模拟，指出这种缺陷的存在使泡沫铝的强度远低于气泡壁为平板时计算出的结果[25]。研究指出，泡沫铝刚度和屈服强度的降低主要是密度不均、孔形状、孔壁的弯曲和褶皱的作用。但是，因为这些缺陷在泡沫金属中都是随机存在的，且难以定量表征，因此仍缺乏直接通过结构表征结果预测泡沫金属性能的直观方法。

此外，泡沫金属在压缩变形时总是形成厚度约为一层泡孔的局部变形带，对应于应力-应变曲线中的由线弹性变形转向塑性变形的应力峰值或应力平台初期阶段。一般认为，局部变形带首先出现在强度最弱的一层泡孔。但是，实验观察的结果指出，变形带出现的位置和角度都是随机的。相应的，泡沫金属的力学性能分散性非常大，可达到50%以上，严重影响了其在汽车等领域的应用。目前尚缺乏局部变形带产生的基础理论，不能准确预测材料失效的位置和方式。

1.3.3　净成型和异质连接

在汽车制造等领域，往往需要将部件直接成型或与其他部件进行连接。虽然目前粉末冶金法可以实现简单形状的净成型泡沫金属部件的制备，但是其生产效率、成本和净成型能力都有待提高。采用成本较低的液相法制备泡沫金属净成型件，并在表面形成一层致密的金属层是理想的方法，但目前尚未有成熟的制备工艺。

泡沫金属由于表面的多孔结构，与其他材料连接时缺乏成熟的工艺和实践的验证。目前，采用粉末冶金法或钎焊等，已经可以实现泡沫金属芯材与铝面板之间的冶金连接，或制造直接成型的泡沫铝夹芯板。但是，泡沫铝芯材与钢板、纤维复合板和功能塑料等的连接尚存在一些问题，这给泡沫金属的应用带来了一定的限制。

第2章　闭孔泡沫金属的制备技术

经过多年的发展，目前已经形成了几类较为成熟的闭孔泡沫金属制备方法[2]。如图2.1所示，闭孔泡沫金属的制备技术可分为基于在液体金属中形成泡沫的液相法和利用金属粉末形成泡沫结构的粉末冶金法。而根据气体的来源不同，又可以划分为从外部通气和内部形成气泡的方法。因此，总的来说，闭孔泡沫金属的制备技术可以分为六个系列。本章将对这六种体系的主要工艺步骤和发展情况做概括介绍。

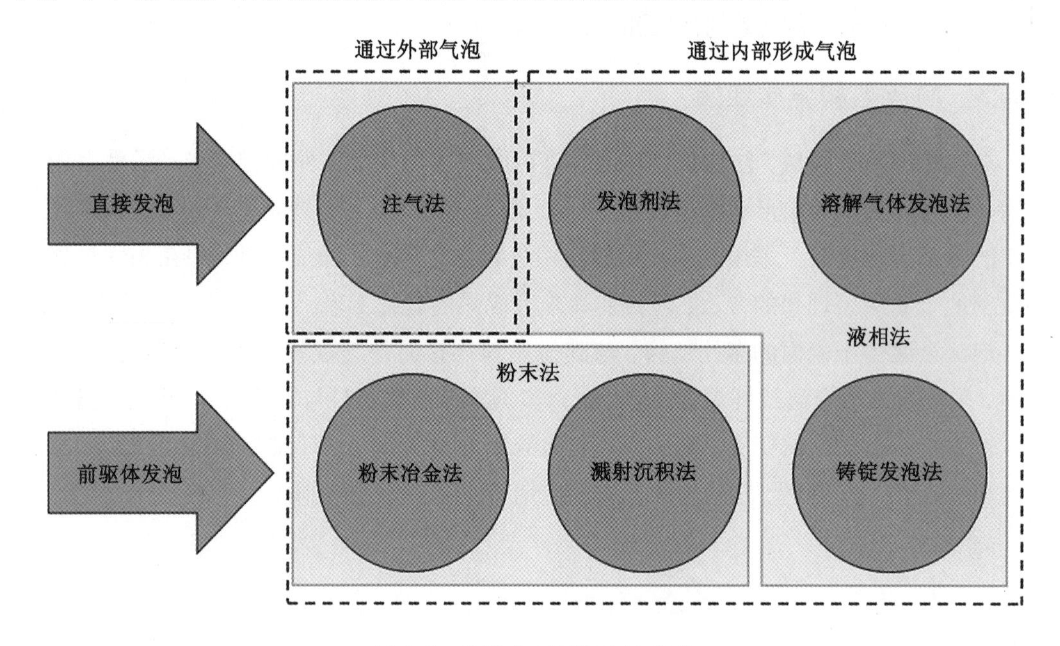

图2.1　泡沫金属制备方法分类

2.1　注气发泡法

注气发泡法是发展较早的一种泡沫金属制备方法。这种方法首先需要制备含有SiC、Al_2O_3或其他氧化物颗粒的金属基复合材料，基体可以是纯铝，也可以是A359、AlSi10Mg等合金。将这些复合材料熔化后，通过一个带有叶片、可以旋转的喷嘴向熔体中注入气体，如图2.2所示[2]。产生的气泡上升到熔体表面，使用传送带将泡沫从熔体表面拉出并冷却，凝固成型得到泡沫金属材料。目前，挪威、加拿大和匈牙利等国的一些企业采用这种工艺进行生产。

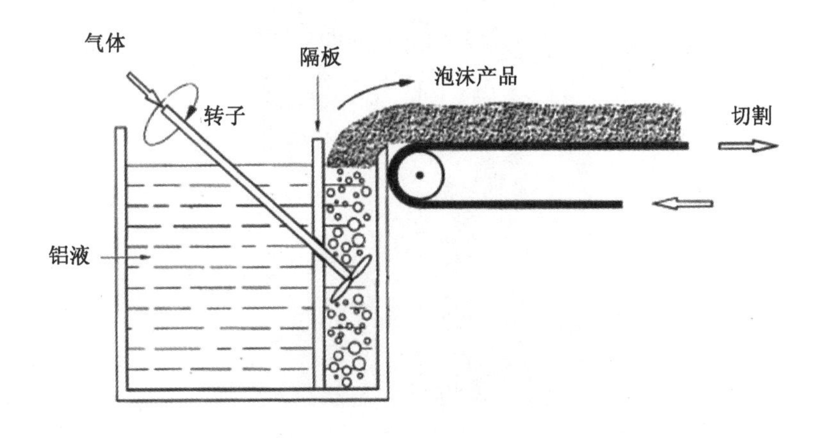

图 2.2　注气发泡法制备工艺图

这种工艺最早是在开发一种颗粒增强金属基复合材料的时候发现了复合材料熔体的发泡特征。早期的研究主要针对 SiC 颗粒增强 AlSi 合金基体复合材料开展，研究了颗粒尺寸和体积分数对发泡行为的影响，并提出了能够成功制得泡沫材料的合适工艺参数范围。对于直径为 5 ~ 20 μm 的 SiC 或 Al_2O_3等非金属颗粒，合适的颗粒体积分数一般介于 10% ~ 20%。一般认为，这些颗粒会吸附在气泡的表面，通过改变气泡表面的曲率来使气泡壁与 Plateau 边界之间的压力差降低。之后有研究指出，液态气泡壁薄膜的稳定性与气液界面氧化膜的形成有关，因此，建议采用氧化性气体代替惰性气体。

一些研究者对比了不同成分和尺寸的颗粒对铝合金熔体的稳定作用，指出不同成分的颗粒仍遵从 SiC 颗粒得出的经验数值。按照颗粒大小与体积分数绘图后，将可能的颗粒含量和体积分数分为 5 个区域。其中，只有在颗粒尺寸为 0.4 ~ 30 μm、体积分数为 3% ~ 25%时才能够形成泡沫，颗粒尺寸越大，发泡所需的体积分数越高。当颗粒过小时，难以与铝液混合。而当颗粒体积分数过低时，形成的泡沫稳定性差，很快便发生塌缩。颗粒含量过大，会使熔体的黏度过大而无法形成泡沫结构。而当颗粒尺寸过大时，根据斯托克斯公式可知，颗粒将沉降或漂浮。由于密度不同，颗粒的最大直径也不同。对于 Al_2O_3颗粒，最大直径为 22 μm，对于 SiC 颗粒，最大直径为 30 μm，而 SiO_2的颗粒直径极限为 50 μm[26]。

在生产成本上，注气发泡法有较大的优势。一方面，因为通入气体形成气泡，避免了使用价格昂贵的金属氢化物发泡剂。另一方面，通过将泡沫拉出可实现连续生产并直接成型板材，降低切割和加工的成本。但是，采用注气发泡法制备的泡沫铝样品，泡孔较为粗大，且气泡壁存在大量弯曲和褶皱，如图 2.3 所示。这种结构上的缺陷是在泡沫金属凝固过程中，气泡和铝液的体积收缩造成的，对力学性能有较大影响。此外，由于基体内含有大量的陶瓷颗粒，使金属基体的延展性变差，因此注气发泡法制备的泡沫材料压缩变形时往往表现出脆性断裂。

图 2.3 Cymat 公司采用注气发泡法制备的泡沫铝

2.2 熔体发泡法

第二种从熔体直接发泡的方法是向熔体中加入发泡剂，而不是向熔体中注入气体。发泡剂分解并释放气体，从而驱动泡沫形成。日本大阪的 Shinko Wire 公司自 1986 年以来一直以这种方式生产 Alporas 的泡沫铝，据报道产量每天高达 1000 kg。制备流程如图 2.4 所示。首先将约 1.5%的金属钙添加到铝熔体中，并搅拌几分钟。在此期间，由于形成氧化钙、钙铝氧化物或 Al_4Ca 金属间化合物，熔体黏度持续增加。在黏度达到所需值后，添加质量分数为 1.6%左右的氢化钛作为发泡剂，通过热分解释放氢气，熔体很快开始缓慢膨胀并逐渐充满发泡容器，整个发泡过程大约持续 15 分钟。将容器冷却到合金熔点以下后，液体泡沫变成固体泡沫铝，从其模具中取出进行进一步加工。典型的块体大小为 2050 mm×650 mm×450 mm[27]。

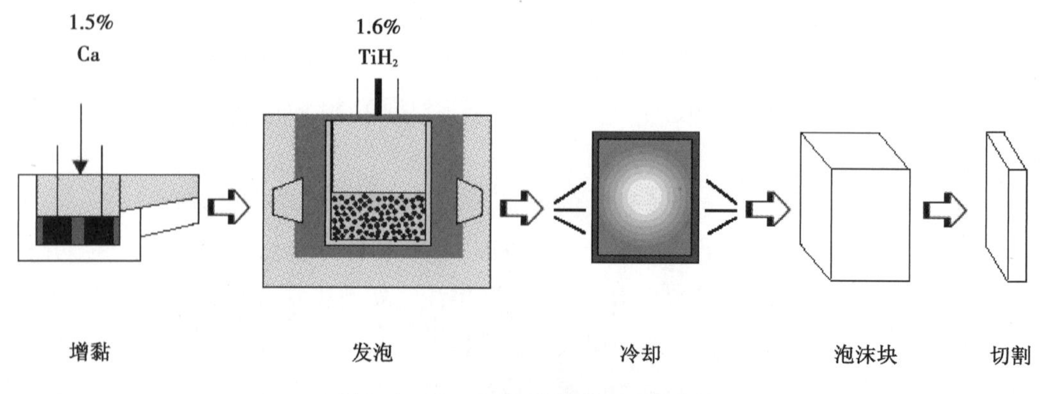

图 2.4 Alporas 泡沫铝制备工艺流程

图2.5为日本神户钢线制造的名为Alporas的泡沫铝照片。目前已经产业化的生产方法中，以熔体发泡法制备的产品孔结构最为均匀，因此，该产品也被大量用于孔结构表征和性能研究。这种工艺中，黏度是影响泡沫密度和孔径大小的主要因素。Alporas产品的典型密度介于0.18 g/cm³和0.24 g/cm³之间，平均孔径范围为2~10 mm。但是，实验表征的结果表明，Alporas的块体自上而下存在密度梯度和孔径不均，也有一定的取向性。这是由于在液态泡沫中存在重力排液，且气泡的大小和合并与静压力有一定关系。

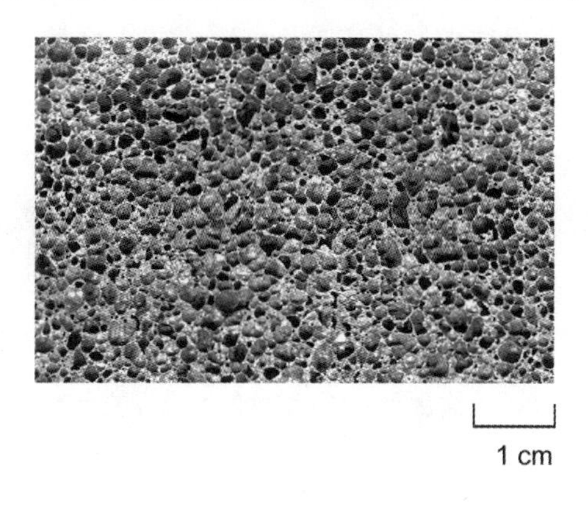

图2.5　熔体发泡法制备的Alporas泡沫铝

20世纪90年代开始，研究人员对熔体发泡法工艺进行了大量的研究。在使用的发泡剂方面，除了研究TiH_2的分解行为，以及各种预处理方式对释氢行为的影响外，还研究了其他金属氢化物（如MgH_2、ZrH_4等）和$CaCO_3$等碳酸盐作为发泡剂。TiH_2颗粒本身是利用海绵钛制备钛粉的中间体，其有较为成熟的生产技术和充足的产能储备，因此，在工业生产中，仍以氢化钛为主要的发泡剂。采用碳酸盐制备的泡沫铝的气泡细小，但孔型较差，见图2.6。其中的孔大多是连通的，并且碳酸盐分解后形成的氧化物对铝基材料的耐腐蚀性有影响，因此，较少采用[28]。

图2.6　以碳酸钙为发泡剂生产的泡沫铝板

常规的生产中采用金属Ca生成的氧化物和金属间化合物作为气泡稳定的添加剂。研究结果表明，熔体发泡法也可以采用铝基复合材料作为基体，利用增强颗粒或纤维稳定气泡。如一些研究中采用SiC或Al_2O_3颗粒成功制备了孔结构均匀的铝基泡沫材料，也有采用短碳纤维、原位生成颗粒等的报道。但是，由于金属Ca的价格较低，且对泡沫的稳定作用突出，工业化生成的产品中仍以金属 Ca 为主要的添加剂。

除了铝，镁合金也被利用类似的工艺制成泡沫镁。德国埃尔兰根大学和合作单位利用压铸机将含有发泡剂的熔体直接制造成净成型的泡沫金属材料。在熔融铝或镁被挤入模具前与 MgH_2 发泡剂颗粒混合，通过调整模具的动模，使其膨胀并在模具中形成泡沫部件。整个发泡过程仅为 5 ms 左右，之后模具在水冷的作用下使泡沫体快速冷却。如图 2.7 所示，这样制备的零件表面因冷却较早可以形成致密的表皮[29]。因为发泡时间较短，且熔体在压铸过程中需保持较好的流动性，该工艺未在熔体中添加用于稳定气泡的固相颗粒。

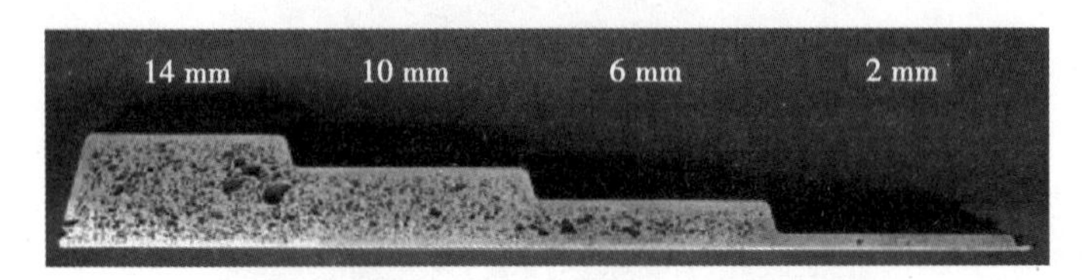

图 2.7　镁合金 AZ91 整体发泡成型的台阶板

2.3　粉末致密化发泡法

制造泡沫金属的另一种路径是首先制备固体发泡前躯体，而后通过加热使前驱体熔化、发泡剂分解形成泡沫。具体制备路线如图 2.8 所示[2]。德国的柏林科技大学、弗朗霍夫 IWU 研究所和埃尔朗根纽伦堡大学等团队对粉末致密化发泡法做了大量研究，并已经形成了奥地利 Alulight 等多家粉末冶金法制备泡沫铝部件的公司。

前驱体的制备是该方法的核心，目前已经发展了冷压、热压和包覆轧制等多种使粉末致密化的工艺。不管采用哪种方法使金属粉致密化，必须尽可能地减少前驱体内的气孔和裂纹，否则会影响最终发泡的效果和孔结构。粉末致密化发泡法也大多采用 TiH_2 作为发泡剂，但 TiH_2 的分解温度峰值为 530 ℃左右，低于铝粉的熔点。在预制体熔化前，分解出的氢气便通过颗粒中间的细小缝隙逃逸，无法形成泡沫。因此，研究者们开发了各种 TiH_2 的预处理技术，例如通过在高温下氧化使颗粒表面形成氧化膜，或通过真空预烧结、颗粒表面包覆等来提高分解温度和减缓放气[30]。另外，尽量采取熔点较低的合金来制备铝粉和预制体，如从早期的 Al-Si 合金发展至 AlSiCu 或 AlCuMg 等合金。

加热过程也是粉末致密化发泡法制备泡沫的核心工艺过程。预制体为固体，与加热体不能充分接触，导致不同批次间预制体受热状态和熔化时间不同，这给工艺的控制带来了困难。并且，由于形成泡沫体后，导热系数急剧下降，因此，不能制备厚度超过40 mm的泡沫铝构件。

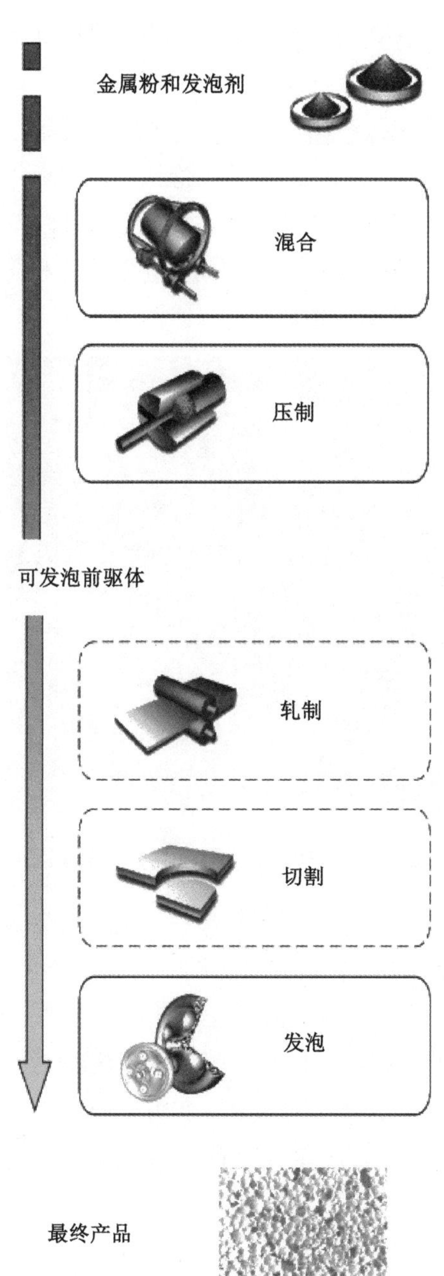

图 2.8 粉末致密化发泡法路线图

值得注意的是，在粉末致密化发泡工艺中，没有特意添加气泡稳定剂。研究认为，铝颗粒表面的氧化物薄膜对于液态泡沫的稳定起主要作用。而氧化物在预制体内的质量分数仅为0.1%~0.3%，对基体的性质影响较小。但是，预制体发泡过程的检测结果表明，泡沫体在达到最大膨胀高度后即发生快速坍塌，较难制备孔结构均匀的泡沫材料。也有向预制体中添加SiC或TiB_2等颗粒的报道，加入颗粒虽然可以减小气泡壁破裂极限厚度和增大泡沫体膨胀率，但不能达到长时稳定的目的。

相对于液相法而言，粉末致密化发泡法的一个显著优势是可以在模具内发泡制造净成型的泡沫构件。图2.9为采用粉末致密化发泡法制备的一些汽车和列车防撞部件。因为可以精确控制预制体的质量和模具的腔体体积，所以可以做到对泡沫金属密度的精确控制。而由于泡沫膨胀发生在预制体熔化期间，重力排液对孔结构的影响也较小，因此该种部件的力学性能有较好的重现性。

图2.9　粉末致密化发泡法制备的泡沫铝部件

泡沫金属在应用时，往往需要在表面复合一层致密的金属，形成所谓三明治夹芯结构。而泡沫芯材与面板之间的结合情况是影响夹芯板性能的核心要素。弗朗霍夫IWU研究所采用粉末冶金法制备预制体与铝板复合轧制，制成了致密的板状预制体。加热后，芯材熔化发泡，与面板形成冶金结合。图2.10为粉末致密化发泡法制备的泡沫铝夹芯板。因为界面为冶金结合，该类夹芯板具有很好的热加工和机械加工性能，并且界面结合力大于泡沫芯材的强度，所以，具有广阔的应用前景。该产品已经在德国和奥地利等一些企业小批量生产。

图 2.10　粉末致密化发泡法制备的泡沫铝夹芯板

2.4　铸造预制体发泡法

除了可以采用粉末致密化发泡法制备预制体外，还可以将发泡剂直接混入熔体浇铸制成预制体，即铸造预制体发泡法(也称 Formgrip 法)。如图 2.11 所示，Formgrip 法首先通过搅拌在铝基复合材料熔体中加入发泡剂，而后浇铸快速冷却获得预制体，再通过加热熔化制成净成型的泡沫金属部件[31]。因为发泡剂在加入铝熔体后会快速分解，Formgrip 法采用低熔点的 Al-Si 合金为基体，在半固态下混合经过预处理的发泡剂，以减少预制体内的气泡数量。采用这种工艺，可以将预制体的气孔体积减少至 14%~23%，且 SiC 颗粒的加入对于孔隙率的控制有直接的影响。

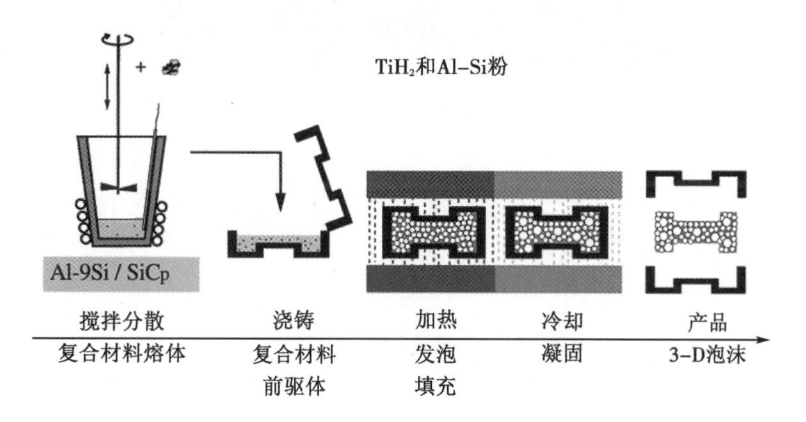

图 2.11　Formgrip 法制备工艺

2.5 其他制备方法

上面介绍的四种方法虽然原料和技术路径差异较大，但都是在液相下形成泡沫并凝固获得与液态泡沫相近的泡孔结构。除此之外，研究人员还发展了一些特殊的制造工艺。比如，采用 Gasars 法可以制备细长孔的泡沫铝。这种方法将金属在高压氢气气氛中熔化，使气体溶入金属熔体，然后降温并定向凝固，在凝固过程中气体偏析形成固-气两相分离的体系。控制金属凝固的方向和冷却速度，可以得到柱状或球形的气孔[32]。这种方法的主要问题是制备工艺和设备复杂，得到泡沫体的孔隙率也受氢气在金属中的溶解度限制。

除此之外，弗朗霍夫 IFAM 研究所还发展了一种采用粉末气相沉积的方式在球形聚合物颗粒表面形成金属薄膜，而后高温烧结使聚合物汽化，驱动泡孔由球形向多面体转变的制备方法[33]。该方法制备的泡孔结构均匀，所采用的材料往往是熔点较高的金属或合金。显然，这种方法不需要泡沫的稳定剂，但是对气相沉积需要的金属粉原料和沉积装备有较高的要求，难以实现工业化大批量生产。如图 2.12 所示。

图 2.12　气相沉积烧结制备的泡沫金属

第 3 章　泡沫金属的结构及表征方法

3.1　闭孔泡沫金属的孔结构组成

泡孔结构对于泡沫金属材料来说十分重要，直接决定其性能。由于泡沫金属的孔结构往往是不均匀的，因此，必须对其结构进行定义和表征，以便考量其对材料性能的影响。

闭孔泡沫金属是由固相和气相组成的非均质结构。其中，金属为连续相，而气体为分散相。泡孔就是由金属分隔开的一个个小的封闭空间。在液态泡沫中，泡孔应具有尽量小的比表面积，从而使体系能量尽量最小化。当孔隙率较低时，泡沫金属中的泡孔在表面张力的作用下呈球形；而当孔隙率较高时，在浮力和表面张力的作用下，泡孔转化为多面体。虽然理论上多种几何形状的孔型都能够通过周期排列占据整个三维空间，但实际泡沫中的泡孔接近开尔文孔单元，因为其空间密排时比表面积最小。如图 3.1 所示，开尔文孔单元由 8 个正六边形和 6 个正方形组成。

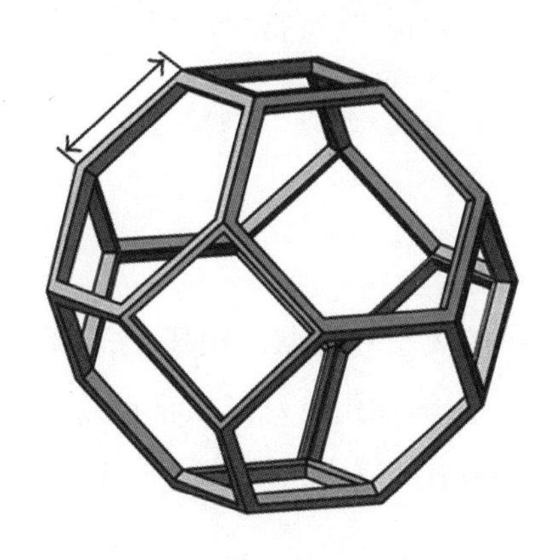

图 3.1　开尔文孔单元的结构

两个泡孔被一个薄壁分开，这个薄壁被称为气泡壁或孔壁。三个气泡壁相交于一个孔棱，或液态泡沫中的 Plateau 边界。根据 Plateau 平衡定律，在平衡时，有且只有三个气泡壁相交于一个 Plateau 边界，而它们两两之间的夹角必须等于 120°。这是因为只有这样作用在三个气泡壁表面的表面张力才能够达到力学平衡。而在三维空间中，4 个

Plateau 边界相交于一个节点，它们之间的夹角为 $\arccos^{-1}(-1/3)$，大约是 109.5°。受表面张力的作用，气泡壁与孔棱、节点之间的过渡都是平滑的[34]。

3.2 宏观结构表征

3.2.1 密度和孔隙率

对于实体金属而言，成分固定后材料的密度基本就确定了。而对于多孔材料而言，密度是对其性能有决定性影响的参数。泡沫金属的密度一般用表观密度 ρ 或者相对密度 ρ^* 来表示。与其他材料一样，表观密度可以用样品的质量 m 除以体积 V 来计算：

$$\rho = \frac{m}{V} \tag{3.1}$$

一般情况下，泡沫金属的密度可以通过称量体积一定的规则形状样品来计算。质量可以用高精度天平来称量。需要注意的是，因为表面有开孔，所以不能直接使用排水法来测量泡沫金属的体积。

相对密度 ρ^* 是表观密度 ρ 与实体密度 ρ_s 的比值，即

$$\rho^* = \frac{\rho}{\rho_s} \tag{3.2}$$

一般来说，泡沫金属材料的相对密度小于 0.3。

泡沫金属的孔隙率 Φ 是所有气孔占据整个材料的体积分数，可以通过气泡的总体积除以泡沫总体积来计算。在实际操作中，常常通过相对密度来计算：

$$\Phi = \frac{\sum V_i}{V} = 1 - \rho^* \tag{3.3}$$

3.2.2 泡孔大小

泡孔的表征主要包括孔径的大小和形状。由于泡沫金属中的气泡往往不规则，因此，对于单个气泡而言，通常采用等效孔径 D_i 来表征单个气泡的大小。等效孔径的定义为与气孔大小 V_i 相同的球形的直径，或在二维情况下与泡孔面积 S_i 相同的圆形的直径：

$$D_i^{3D} = \sqrt[3]{\frac{6V_i}{\pi}} \text{ 或 } D_i^{2D} = \sqrt{\frac{4S_i}{\pi}} \tag{3.4}$$

对于整个泡沫金属样品而言，往往需要计算每一个气孔的等效孔径，而后绘制孔径分布图。

借助计算机断层扫描技术（X-ray computed tomography，X-CT）可以得到泡沫铝的内部结构形貌。其工作原理是利用 X 射线与物质的穿透作用，当能量恒定的 X 射线穿过被

检物时，由于各个透射方向上各体积元的衰减系数不同，探测器接收到的透射能量也就不同。据此按照一定的图像重建算法，即可获得被检工件的无影像重叠断层扫描图像，利用计算机拓扑成像技术就可以重建物体的三维图像。如图 3.2 所示，微焦点工业 CT 主要包括 X 射线源、旋转台和接收探测器三部分。

气孔的体积等参数可以直接通过 VG Stadio 等三维结构分析软件获得，如图 3.3 所示。也可以采用图 3.4 所示的 CT 切片，利用 Image Pro Plus、Image J 或 MATLAB 等软件自动测量泡孔的面积，而后计算二维的等效孔径。

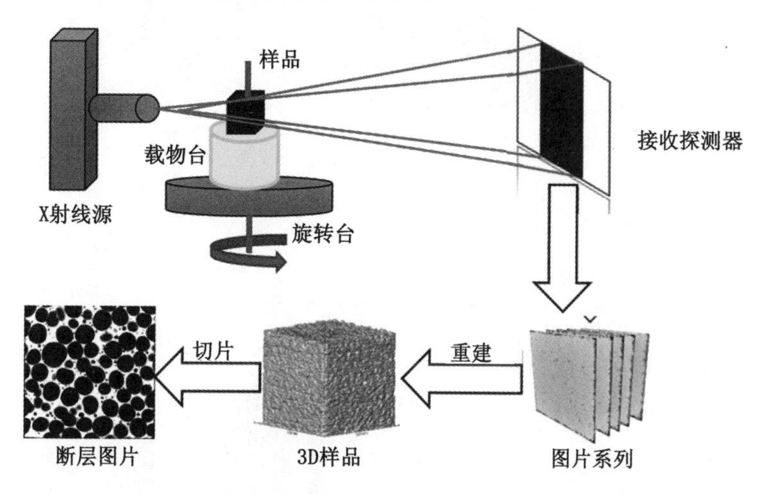

图 3.2　微焦点工业 CT 的主要结构及重建过程

图 3.3　泡沫金属三维孔结构测量

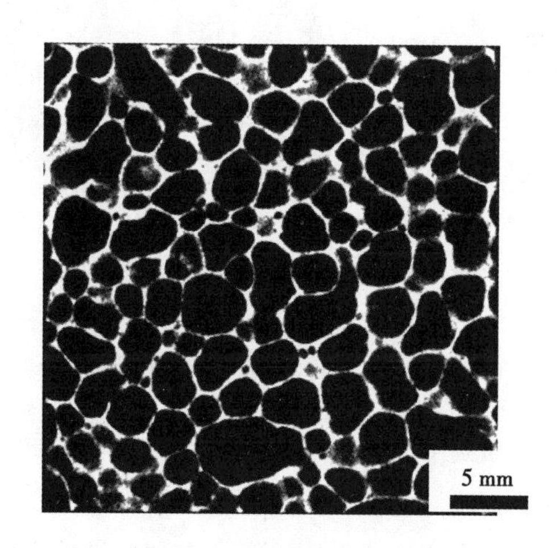

图 3.4　泡沫铝 CT 切片图

获得每个泡孔的等效孔径后，可以绘制孔径分布图，一般要求计算泡孔的数量为至少 200~500 个。图 3.5 所示为分别基于数量分数和面积分数绘制的同一样品的孔径分布图。数量分数是指在某个孔径范围内的气泡数量占总气泡数量的比例，而面积分数是某一孔径范围内气泡的面积占总面积的分数。一般而言，面积分数法更能准确地反映泡孔的大小。

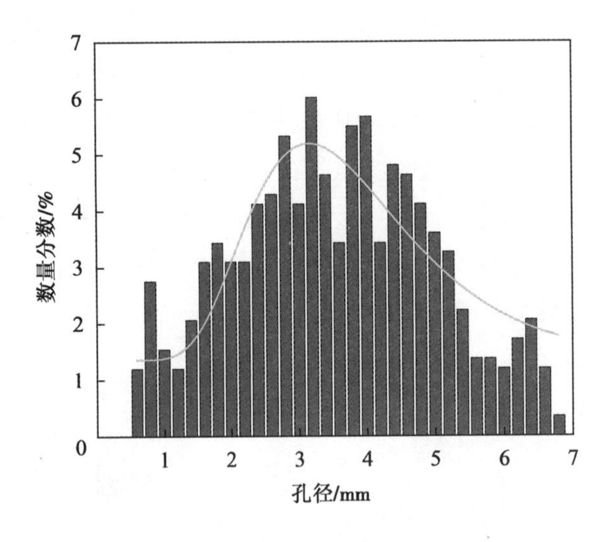

(a)基于数量分数

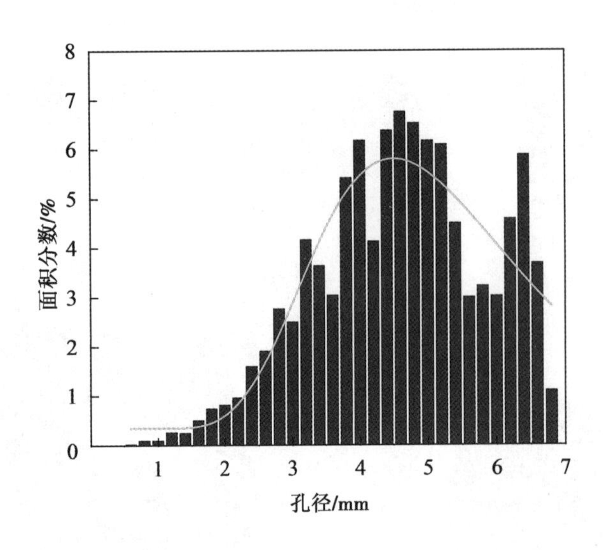

(b)基于面积分数

图 3.5 泡沫铝孔径分布图

在获得了孔径数据和分布后，有多种方法可以确定泡沫金属的平均孔径 D_{m}。最简单的方法是直接计算孔径的算术平均值，但为了更为准确地反映泡孔结构，往往采用面积分数来估算或采用高斯分布拟合来确定：

$$D_{\mathrm{m}} = \sum \frac{S_i}{\sum S_i} \cdot D_i \tag{3.5}$$

图 3.6 对比了分别采用二维和三维等效孔径绘制的孔径分布图，可以看到图中平均孔径的大小类似，但三维孔径分布的泡孔集中度更高，更符合高斯分布。原因可能是三维孔径表征所采集的孔的数量远大于二维切片，更能真实地反映泡孔的实际结构。

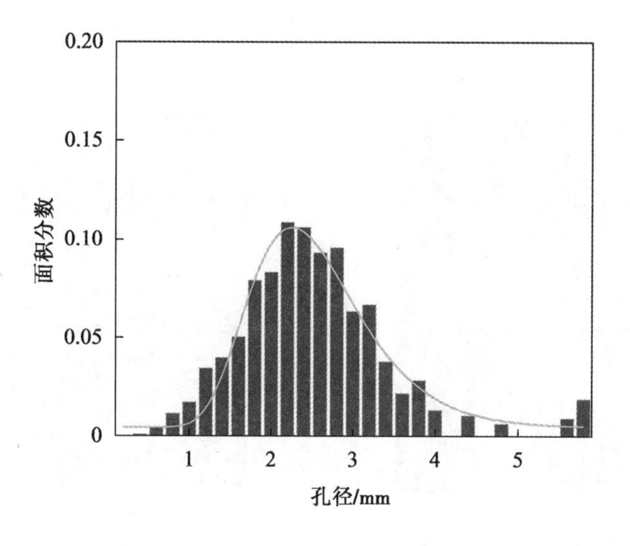

(a)二维条件

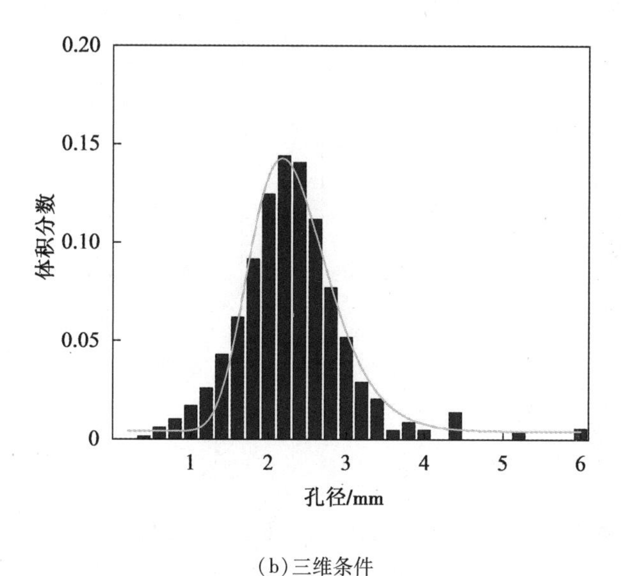

(b)三维条件

图 3.6　泡沫铝孔径分布统计

3.2.3　泡孔形状

泡沫金属中的泡孔往往是不规则的，因为气泡的大小不同时，在表面张力的作用下，气泡间的气体压力也不同，所受到的浮力也不同。为了量化泡孔的不规则程度，定义了单个泡孔的圆度 C_i，计算公式如下：

$$C_i = \frac{4\pi S_i}{P^2} \tag{3.6}$$

其中：P——测得泡孔的周长。

当泡孔越接近圆形的时候，C 值越接近 1。图 3.7 给出了两种泡沫铝的 CT 扫描切片及对应的圆度分布图。可以看到，大孔往往圆度较低，小孔径均匀度高的泡沫的平均圆度高于孔径较大的样品。

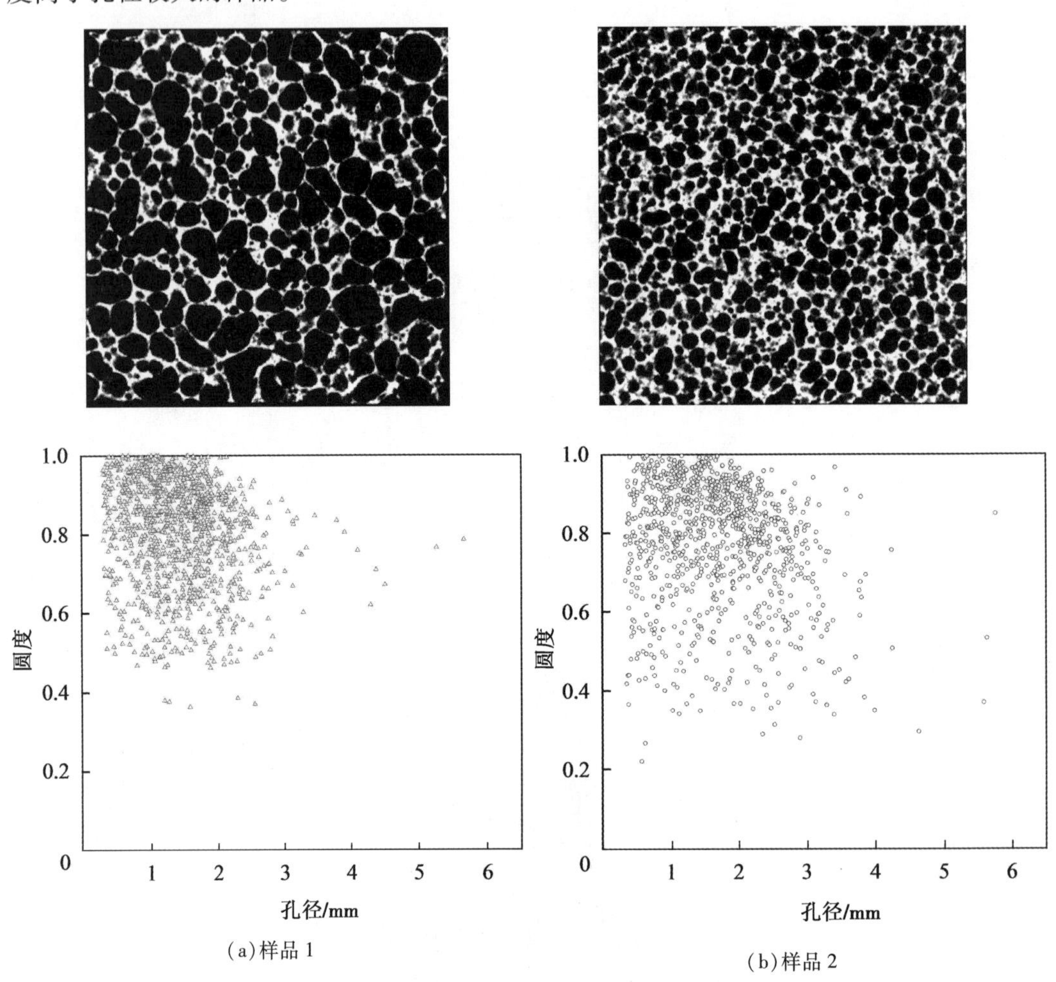

图 3.7　不同泡沫铝样品的 CT 扫描图及相应的圆度分布图

类似的，在三维表征中，可以用球度来表征泡孔的不规则性。但是，因为气泡壁表面是凹凸不平的，使其表面积明显增大，计算出的球度值远小于 1，因此，很少有文献用球度来表征泡孔的不规则性。

在二维条件下，可以通过测量泡孔的长轴和短轴来计算其长径比，用长轴与坐标轴之间的夹角来表征孔的取向性。而在三维状态下，泡孔的取向性较难直接表征，仅有少量的文献采用不同的张量对泡孔的取向性进行了表征。

3.2.4　气泡壁

由于工业 CT 的分辨率限制，气泡壁的厚度难以准确量化，因此，往往用显微镜来观察切割或抛光后的样品中气泡壁的厚度等参数。泡沫金属中气泡壁的长度一般为孔径的

0.6~0.7 倍，厚度为几十微米，适合采用低倍金相显微镜或体视显微镜来进行测量。气泡壁的长度以气泡壁两端孔棱的中心之间的距离来确定。由于泡沫金属中的气泡壁往往并不平直，也难以区分孔棱和孔壁的分界线，这些因素给气泡壁厚度参数的表征带来了困难。

一种简单的气泡壁参数测量方法如图 3.8 所示。对单个气泡测量其气泡壁边缘长度 L 的 1/4，1/2，3/4 处的气泡壁厚度，以平均值估算单个气泡壁的厚度 t。因为样品被切开的位置并不对应每个气泡壁的中间位置，因此，需对每个样本最少测量 200 条孔壁的厚度，绘制成气泡壁厚度分布图，并计算其平均厚度。图 3.9 为三种不同泡沫的气泡壁厚度分布，可以看到此测量方法可以明显区分三种气泡壁的厚度差别。

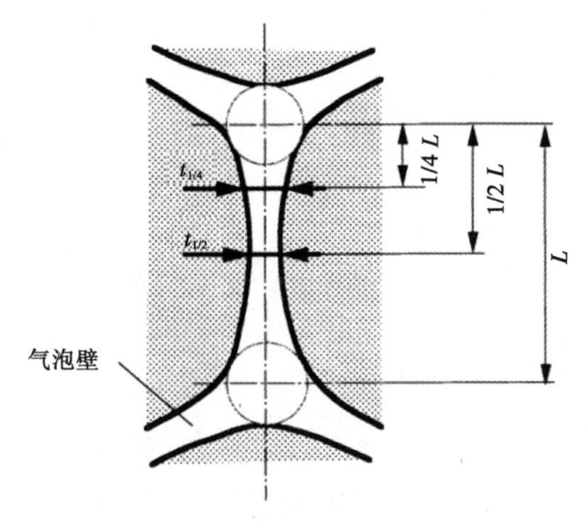

图 3.8　泡孔壁厚度的测量方法

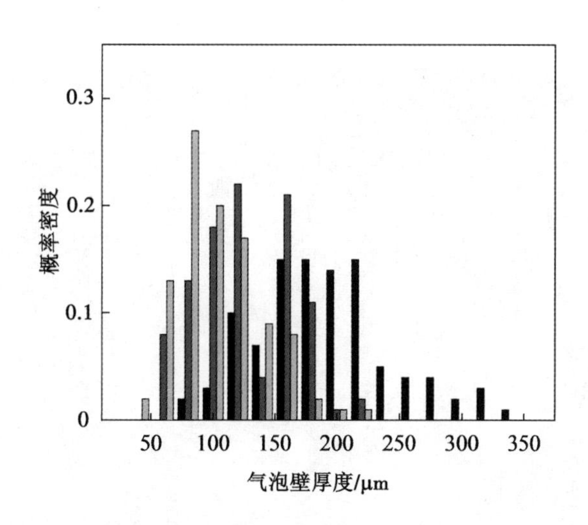

图 3.9　泡沫铝孔壁厚度分布直方图

一些文献仅测量了气泡壁最薄的位置，或能够通过气泡壁的最大圆的直径，测量结果远小于气泡壁的实际平均厚度。更为复杂的方法是先测定气泡壁的面积，然后除以长度来计算气泡壁的平均厚度，这种方法在实际操作中效率较为低下。

一些文献中还表征了气泡壁的曲率和褶皱。我们可以通过测量气泡壁两个端点的弦长和弯曲的顶点来确定气泡壁的曲率，也可以通过测定褶皱的数量和振幅来量化褶皱的情况。

3.3 微观结构表征

泡沫金属的微观结构对其力学性能和变形行为也有重要影响。由于气泡壁往往是由复合材料组成的，还需观察颗粒等增强体在气泡壁内的位置和分布，研究其对泡沫稳定的机理。因此，在研究泡沫结构的时候，不能忽视对其微观结构的表征。

泡沫金属的微观形貌观察与金属材料类似，将试样抛光后，可用光学显微镜或电子显微镜进行观察。严格上讲，应用树脂等将泡孔封装后再进行抛光，防止制样过程中造成气泡壁弯曲。但在使用电子显微镜观察时，由于树脂导电性差，对观察的效果有一定影响，因此封样多用于光学显微镜观察。

实体金属的微观形貌观察要注意晶粒的大小和晶界金属间化合物的聚集情况，分析其对金属抗拉强度和延伸率等的影响。在泡沫金属中，气泡壁的厚度仅为几十微米，与金属晶粒尺寸相当，大多数情况下不能观察到完整的晶粒和晶界。更要注意气泡稳定剂的形貌和分布，分析其对泡沫稳定性和气泡壁力学性能的影响。图 3.10 为一种颗粒稳定泡沫的扫描电子显微镜微观形貌图，从图中可看到颗粒在气泡壁内聚集。值得注意的是，除观察抛光面外，也需注意观察气泡壁表面，因为半润湿颗粒和氧化物颗粒等容易在气液界面聚集。

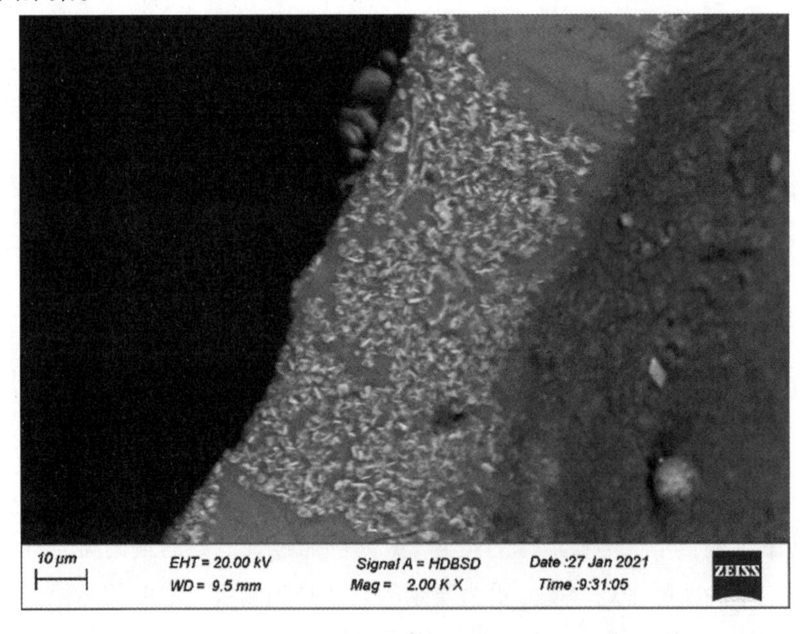

图 3.10 扫描电子显微镜照片

因其是多孔结构，难以使用 XRD 等常规技术实现原位的物相分析。通常情况下，可对制备泡沫金属所使用的实体原料进行物相分析，并通过形貌观察结合电子能谱来确定气泡壁内的物相分布。图 3.11 为某种泡沫金属基体内 Al、Ca 和 Ti 元素的分布情况，采用电子能谱进行面扫描，可以清楚地区分各成分在孔棱中的分布情况。

除微观形貌和成分分析外，对于泡沫金属而言，还可以通过测量气泡壁的显微硬度来估算气泡壁基体的屈服强度。尤其在 Al-Ca 系等基体力学性能研究较少，且金属 Ca 在发泡过程中有物相变化的情况下，这种方法尤为适用。

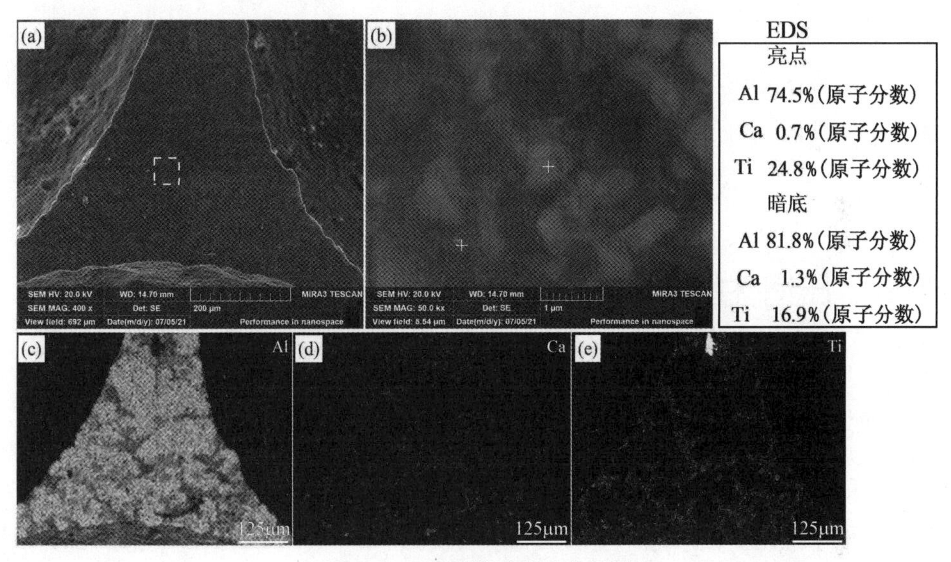

图 3.11　电子能谱成分分析图

第 4 章　泡沫金属的力学性能

由于泡孔的存在，泡沫金属的力学响应和失效模式与实体金属材料有较大的区别。本章主要介绍泡沫金属在准静态下典型的力学响应和性能，主要包括压缩性能、能量吸收性能和拉伸性能。由于单纯泡沫金属难以测定抗弯性能，该部分内容将放至夹芯板章节介绍。

4.1　压缩性能

4.1.1　泡沫金属的尺寸效应

压缩性能是泡沫金属最重要的力学性能，这是因为泡沫金属大多在承受压应力或能量吸收的部件中应用。由于泡沫金属的相对密度为 0.1～0.3，且存在大量的孔洞，因此，不能直接套用金属材料的压缩性能测试标准进行测量。泡沫金属的压缩性能具有明显的尺寸效应，如何选择实验样品的尺寸是准确表征其压缩性能的关键。Gibson 等通过简单的蜂窝结构研究了孔径大小 D_m 与样品尺寸 L 之间的比值对力学性能分散性的影响，认为，样品表面有 1/4 层不完整的气孔不能承受压应力。对于压缩强度 σ 而言，其与泡沫本体强度 σ_s 之间可用如下关系表示[35]：

$$\frac{\sigma}{\sigma_s}=\frac{\left(\frac{L}{D_m}-\frac{1}{2}\right)^2}{(L/D_m)} \tag{4.1}$$

如图 4.1 所示，试验结果与理论预测表明，当 L/D_m 的数值小于 6 时，随着样品尺寸变大，测得的压缩强度逐渐增大。而当 L/D_m 大于 6 时，泡沫的实测强度即进入平台区，接近泡沫本体的强度。因此，大部分压缩性能的样品尺寸选择都要大于平均孔径的 7 倍。

文献中常用的样品尺寸为边长为 25 mm、30 mm 或 50 mm 的立方体，或底面为正方形、高度为正方形边长 1.5 倍至 2 倍的长方体试样，也有一些研究采用圆柱形样品。准静态压缩时，所采用的压缩速度一般不超过 2 mm/min。与金属材料压缩断裂明显不同的是，泡沫金属在压缩过程中存在应力平台，并且在平台区存在波动情况，不能用应力

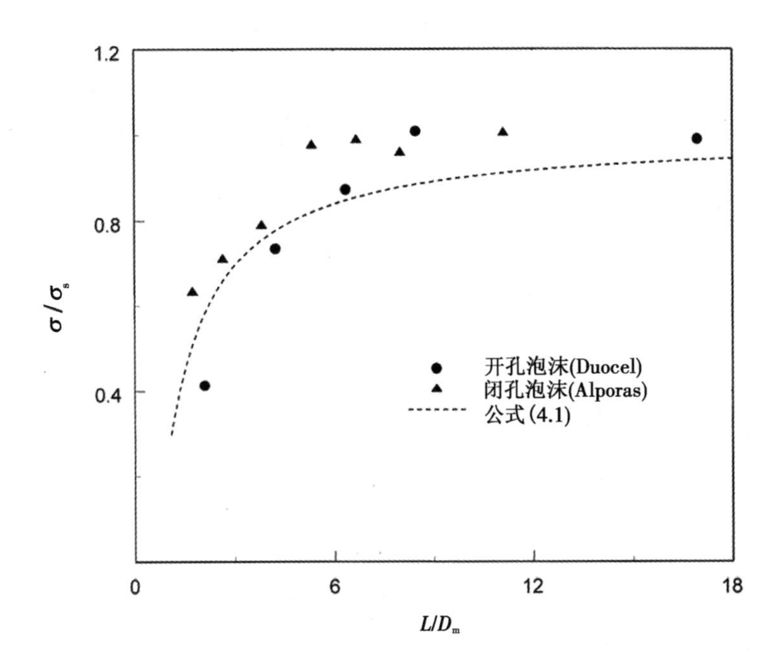

图 4.1 泡沫金属压缩强度的尺寸效应[35]

开始下降来判断压缩测试已经结束。一般来讲，只有压缩曲线测试至应变达到接近样品完全压实时才停止实验。

需要注意的是，由于泡沫金属孔结构是不均匀的，测得的样品的压缩性能有一定的分散性。实体金属采用 3 个样品即可确定其强度，而对于泡沫金属来说，如果要获得较为准确的强度，需至少测试 7 个样品。

4.1.2 压缩应力-应变响应

图 4.2 是一条典型的低密度泡沫金属压缩曲线。从图中可以看出，应力-应变曲线可划分为三个阶段。在第Ⅰ阶段，应力随着应变增大而近似线性上升，称为弹性变形阶段。第Ⅱ阶段中出现明显的应力平台区，并伴有一定的应力波动。在应变达到 0.6 以后，应力再次随应变快速上升，进入阶段Ⅲ的致密化变形阶段。

第Ⅰ阶段一般从变形开始至 0.05~0.07，具体的应变值与泡沫金属的相对密度、样品尺寸和孔结构有关。多种泡沫金属的压缩试验研究结果表明，在第Ⅰ阶段，其变形并不是完全弹性的。如果加载到一定位移，再进行卸载，应力-应变曲线的斜率会发生变化。如图 4.3 所示，通过卸载得到的模量远大于通过应力-应变曲线估算的弹性模量。这是因为泡孔结构一开始的变形就是不均匀的，在一些较弱的泡壁或孔棱处，在低应力下就发生了塑性变形。由于同密度的泡沫金属的压缩曲线的斜率也有很大的不同，一般情况下，采用卸载模量作为泡沫金属的弹性模量[36]。由于泡孔结构存在缺陷，实测的泡沫金属的弹性模量往往低于理论的预测值。

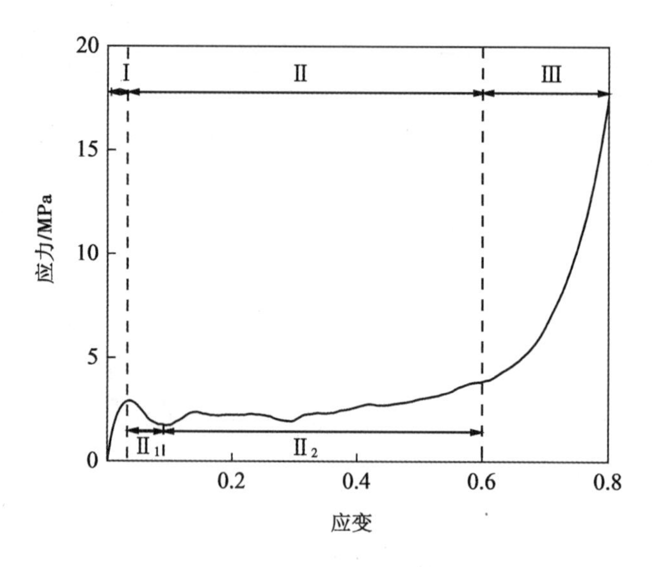

图 4.2　纯 Al 泡沫铝准静态压缩曲线

由于应力-应变曲线存在多个峰值，泡沫金属的压缩强度的定义比较复杂。一般情况下，将第一个应力峰值定义为泡沫金属的压缩强度或屈服强度，记作 σ_{ys}。因为此时是第一层泡孔发生屈服时的应力。将平台阶段的平均值记作平台应力 σ_{pl}。对于大多数泡沫来说，在应力峰值后可以观察到一个明显的应变软化区域，峰值应力和峰谷应力值的差值记作 $\Delta\sigma$，此数值的大小与基体材料的塑性有关，也与孔结构尤其是孔径的大小有关。此外，一些塑性较好的泡沫材料没有明显的峰值，可以将其应变为 0.1 或 0.2 的强度记作屈服应力或平台强度。

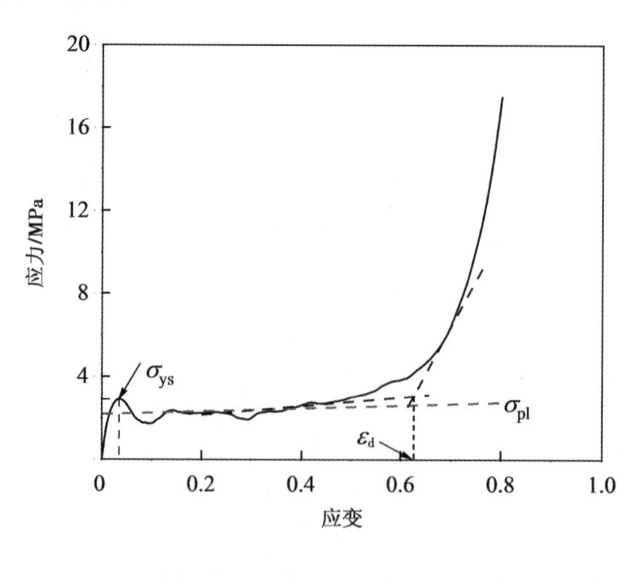

(a)

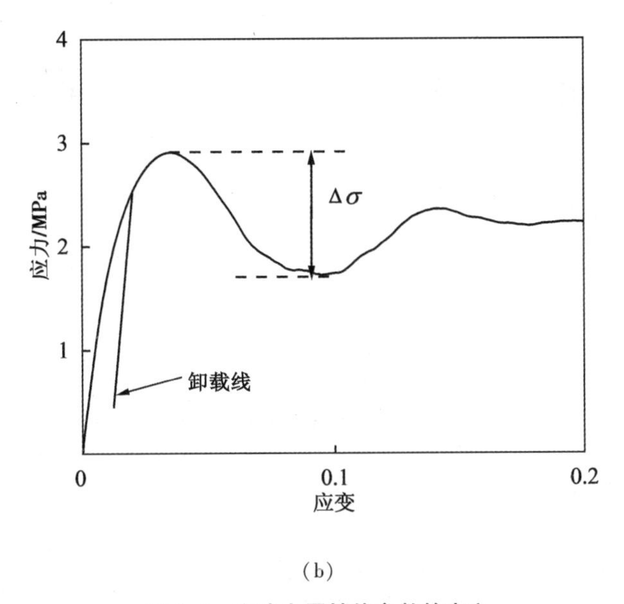

(b)

图 4.3　泡沫金属性能参数的定义

在泡沫金属的变形达到一定程度之后，随着变形的进一步增大，应力迅速增加，由平台区转化为压实区的应变称为压实应变，记作 ε_d。确定压实应变有多种方法，一般情况下将应力平台区和压实区的切线的交点对应的应变值作为压实应变。这种方法在对比平台应力相近的材料时较为准确，而当泡沫金属的应力平台有一定角度或强度变化较大时，往往会使确定的压实应变不准确。也有将吸能效率曲线中，吸能效率下降至某一特定值时的应变作为压实应变。一般认为，压实应变的数值与相对密度成线性关系：

$$\varepsilon_d = \left(1 - \alpha \frac{\rho}{\rho_s}\right) \tag{4.2}$$

其中，α 为常数，一般取 1.4~2。

4.1.3　理论模型

Gibson 和 Ashby 建立了反映基体材料性质与泡沫材料性质之间联系的数学模型。模型并没有采用开尔文孔单元，而是采用更简单的立方体胞元来代表泡沫材料结构，如图 4.4 所示。[1] 泡沫试样压缩过程并非整体均匀变形，且随着压缩的进行试样密度逐渐增大。因此在弹性变形阶段，开孔泡沫的变形模式主要与孔棱的弯曲有关，而闭孔泡沫材料还受泡壁和泡孔内气体压缩的影响。根据梁杆理论，可以得到泡沫材料的模量与相对密度的关系：

$$\frac{E^*}{E_s} = C_1 \left(\frac{\rho}{\rho_s}\right)^2 \tag{4.3}$$

$$\frac{E^*}{E_s} \approx C_1 \left(\varphi \frac{\rho}{\rho_s}\right)^2 + C_3(1 - \varphi) \frac{\rho}{\rho_s} + \frac{P_0(1 - 2v^*)}{E_s(1 - \rho/\rho_s)} \tag{4.4}$$

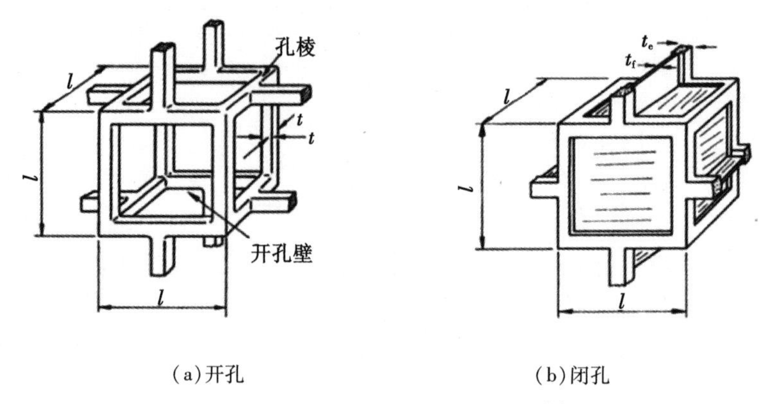

(a)开孔 (b)闭孔

图 4.4 Gibson-Ashby 泡沫模型[1]

式中，φ 表示固相在孔棱(Plateau 边界)处的比率($\rho/\rho_s \leqslant \varphi \leqslant 1$)，$\varphi$ 值对闭孔泡沫铝的力学性能有至关重要的影响，而 1-φ 表示气泡壁内固相所占比率。

在塑性坍塌阶段，对于开孔泡沫，当作用于孔棱的力矩超过其本身的塑性矩时，孔开始坍塌，孔棱产生塑性铰。闭孔泡沫材料要更为复杂，如图 4.5(b)所示，除了孔棱的弯曲外，还要考虑孔壁的延伸和弯曲以及孔内流体的影响。Gibson 和 Ashby 对坍塌强度的描述为

$$\frac{\sigma}{\sigma_s} = C_2\left(\frac{\rho}{\rho_s}\right)^{3/2} \tag{4.5}$$

$$\frac{\sigma}{\sigma_s} \approx C_4\left(\varphi\frac{\rho}{\rho_s}\right)^{3/2} + C_5(1-\varphi)\frac{\rho}{\rho_s} + \frac{P_0 - P_{at}}{\sigma_s} \tag{4.6}$$

在准静态压缩下，泡孔中气体的作用可以忽略。当 $\varphi=1$ 时，开孔泡沫材料的数学模型为

$$\frac{E}{E_s} = \left(\frac{\rho}{\rho_s}\right)^2 \tag{4.7}$$

$$\frac{\sigma}{\sigma_s} = 0.3\left(\frac{\rho}{\rho_s}\right)^{\frac{3}{2}} \tag{4.8}$$

根据实验观察，Benouali 等认为铝基泡沫材料的 φ 值为 0.65~0.85，并将 φ 值设定为 0.75，获得如下模型[37]：

$$\frac{E}{E_s} = 0.56\left(\frac{\rho}{\rho_s}\right)^2 + 0.25\left(\frac{\rho}{\rho_s}\right) \tag{4.9}$$

$$\frac{\sigma}{\sigma_s} = 0.195\left(\frac{\rho}{\rho_s}\right)^{\frac{3}{2}} + 0.25\left(\frac{\rho}{\rho_s}\right) \tag{4.10}$$

Simone 和 Gibson 利用有限元分析了当泡孔由具有平直气泡壁的正 16 面体组成时屈服强度与相对密度的关系，获得如下模型[38]：

$$\frac{E}{E_s} = 0.32\left(\frac{\rho}{\rho_s}\right)^2 + 0.32\left(\frac{\rho}{\rho_s}\right) \tag{4.11}$$

$$\frac{\sigma}{\sigma_s} = 0.33\left(\frac{\rho}{\rho_s}\right)^2 + 0.44\left(\frac{\rho}{\rho_s}\right) \tag{4.12}$$

图 4.5 比较了 AlCa 泡沫铝和 Alporas 泡沫铝强度与理论模型预测的压缩强度。可以看出，虽然 Alporas 为孔结构最均匀的商业化泡沫铝，但是它的压缩强度仍远低于理论的预测。分析认为，这是由气泡壁的弯曲、褶皱、缺失等缺陷造成的。

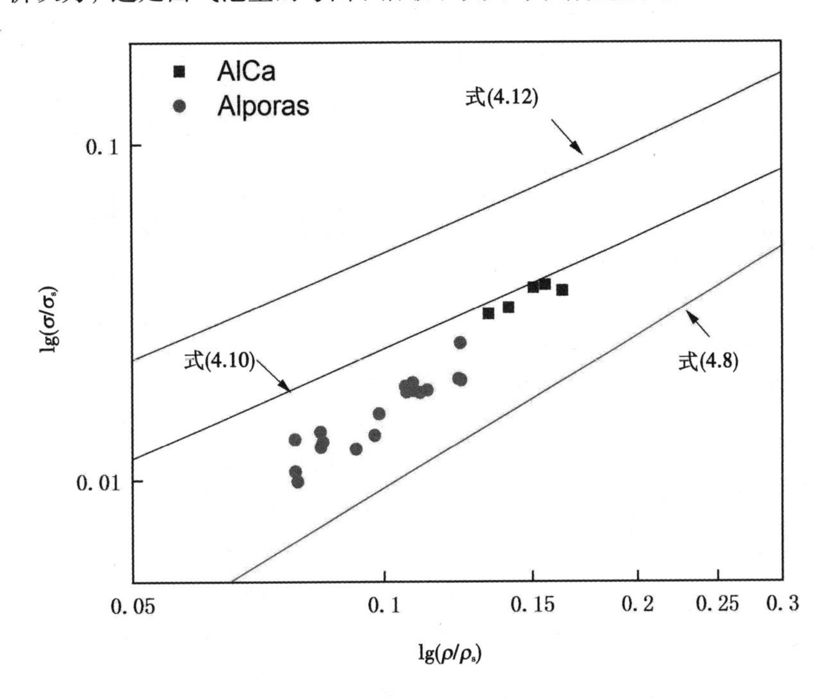

图 4.5 实验数据与理论模型对比

一些研究指出，泡沫金属的强度实测值与相对密度之间存在如下指数关系[39]：

$$\sigma_{pl} = K\rho^n \tag{4.13}$$

其中，K 为常数，而 n 的取值范围为 1.5~2。图 4.6 所示为某种颗粒增强铝基泡沫的试验数据，可以看到当 $n=1.9$ 时，实验数据与理论预测吻合良好，$R^2=0.99$。

4.1.4 压缩变形机制

一些研究者利用 DIC 技术和 X 射线扫描技术研究了泡沫金属的压缩变形过程。在初始接近弹性变形阶段，应变集中在一些分散的区域。此时，塑性变形发生在连接孔棱的节点处和气泡壁出现的塑性铰，气泡壁对材料性能的贡献较小，所以观察到了卸载模量大于应力-应变曲线的斜率，如图 4.7 所示[40]。

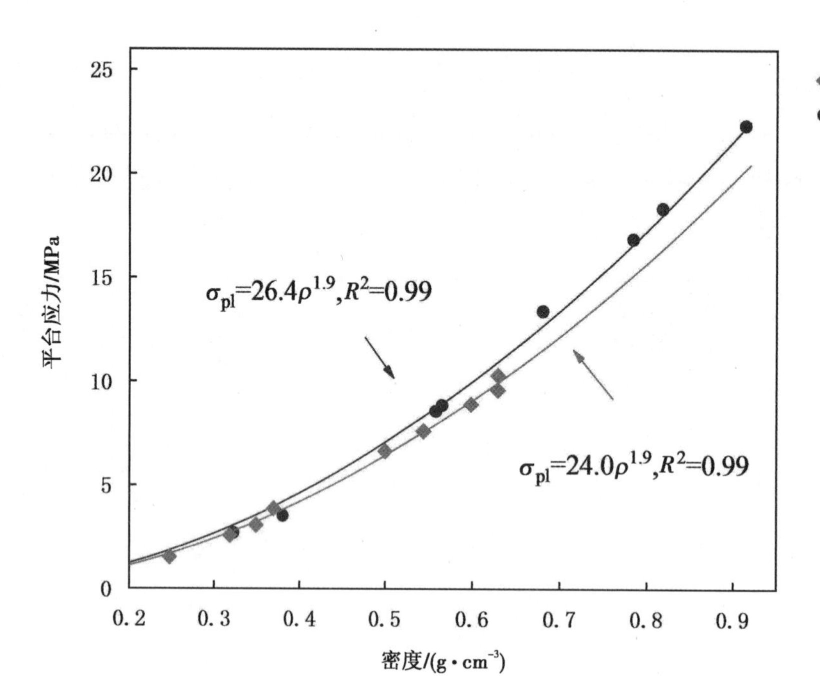

图 4.6 颗粒增强铝基泡沫的力学性能与理论模型对比

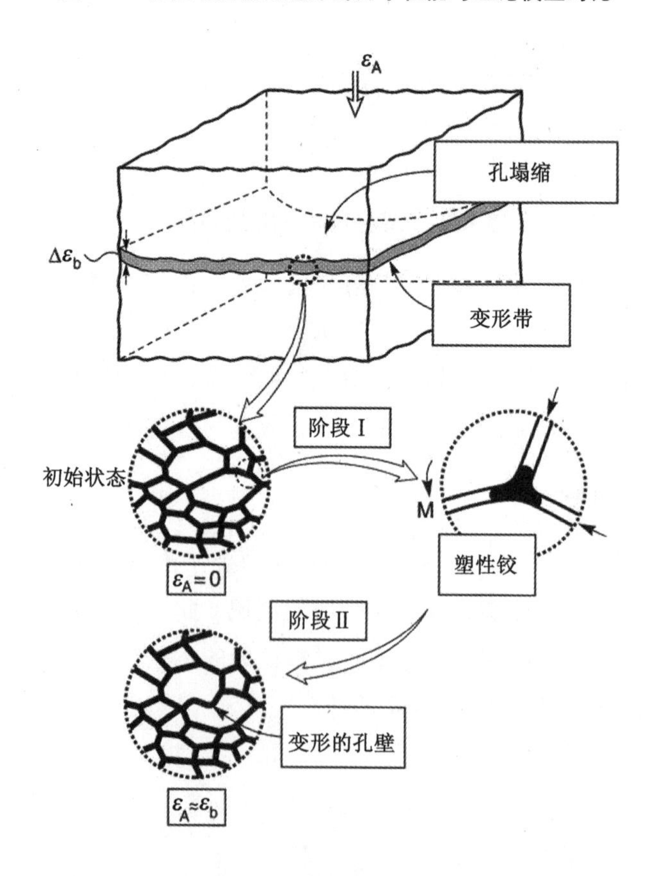

图 4.7 初始阶段变形机制[40]

在应变逐渐增大至峰值应力出现时，应变集中在厚度为一个气泡直径的区域内，可以观察到变形带内的气泡壁弯曲和折断，并伴有一定程度的旋转。图4.8为不同泡沫金属中产生的局部变形带情况。当基体材料塑性变形能力较强时，可看到泡孔出现变形和塌缩。而当气泡壁脆性较大时，可以观察到气泡壁的断裂。值得注意的是，断裂后的气泡壁也可以与相邻层的气泡壁发生接触，从而起到支撑的作用。

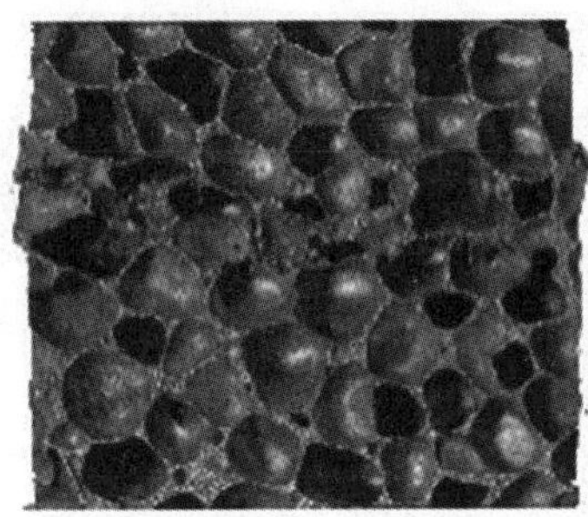
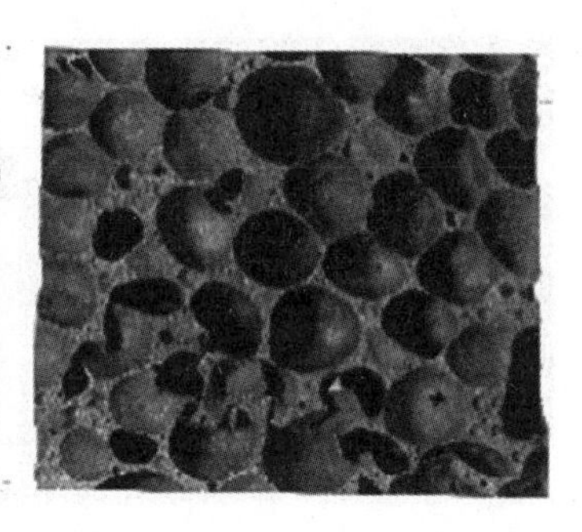

图4.8　不同泡沫金属中的局部变形带

因为局部变形带内的泡孔溃缩，其局部的相对密度增大，所以可以使用X射线观察变形带的位置和角度，如图4.9所示。在Cymat泡沫中，局部变形带与水平面的夹角为8°~16°，而在Alporas泡沫中夹角为8°~20°。一般认为，局部变形带出现在泡孔结构最弱的位置，例如含有较大或不规则的气孔或有明显取向性的孔等。但是，分歧理论认为，所有的多孔材料都会产生局部变形带，而变形带的角度可以通过模量和泊松比进行预测。

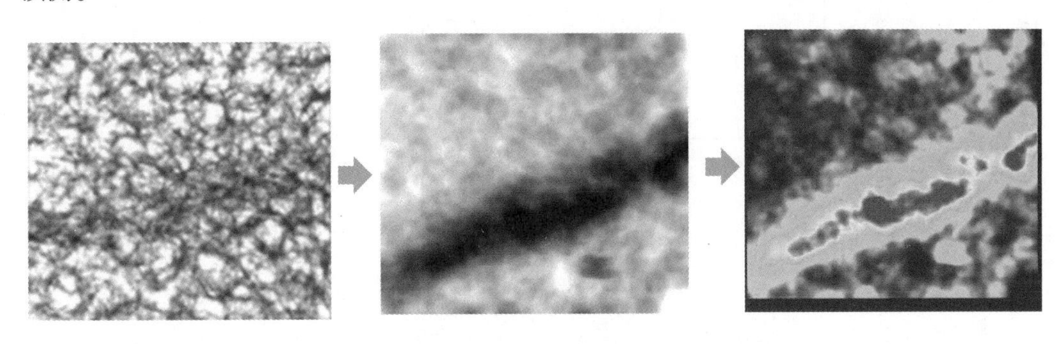

图4.9　采用X射线成像技术观察局部变形带

当泡沫金属在应力平台段继续变形时，在距离此变形带3~4个孔径的位置再次出现变形带。重复此过程，直至整个泡孔结构都被压溃后，即进入了压实阶段。

4.2　能量吸收性能

泡沫金属在压缩或冲击时存在一个应力近似不变的大变形平台，使其成为一种优良的吸能缓冲材料。泡沫金属在变形至应变 ε 时单位体积的能量吸收量可由下式计算：

$$W = \int_0^{\varepsilon} \sigma \mathrm{d}\varepsilon \tag{4.14}$$

其中，W——单位体积的能量吸收量；

σ——应变 ε 时的应力。

在获得压缩或冲击应力-应变曲线后，通过将曲线积分，可以得到能量吸收曲线。图 4.10 所示的两种不同的泡沫金属的压缩曲线，经过积分后可以得到图 4.11 所示的能量吸收曲线。泡沫金属的能量吸收能力取决于其平台强度的大小和曲线的波动情况。从图中可以看出，两种密度相近的泡沫，峰值应力高的泡沫，因为曲线波动明显，反而能量吸收能力下降。

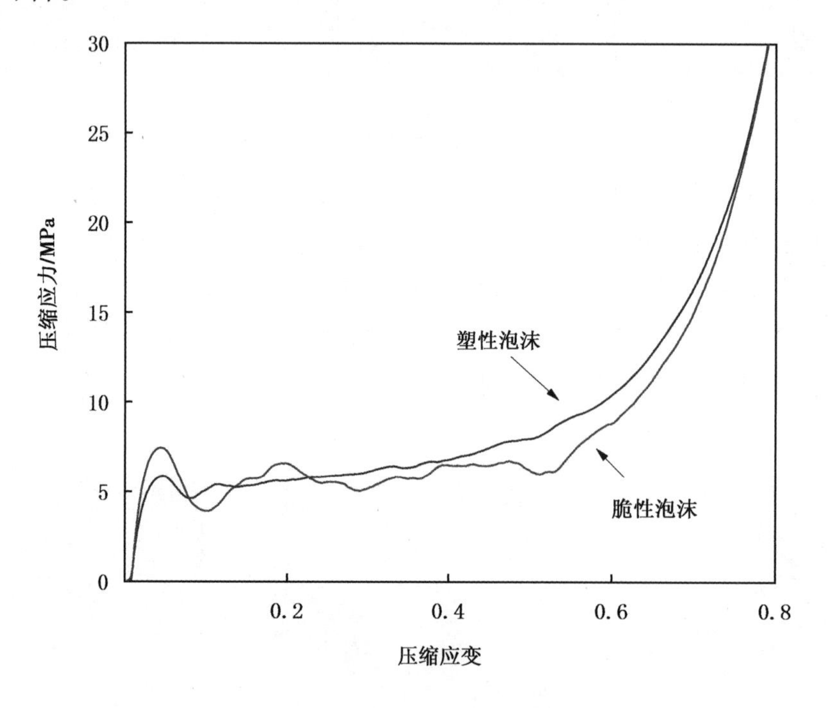

图 4.10　两种泡沫金属的压缩曲线

除了能量吸收量的大小外，还需计算泡沫金属的能量吸收效率 η，以便评估其吸能性能的优劣。吸收效率的计算公式为

$$\eta = \frac{\int_0^{\varepsilon} \sigma(\varepsilon)\ \mathrm{d}\varepsilon}{\sigma_{\max}(\varepsilon)\ \varepsilon} \tag{4.15}$$

能量吸收效率等于某一应变下的能量吸收量除以此应变前经历的最大应力值。对于理想的塑性泡沫而言，其能量吸收效率接近 1。对于脆性泡沫而言，能量吸收效率约为 0.5。如图 4.12 所示，塑性泡沫的能量吸收效率在 $\varepsilon<0.1$ 时快速上升，之后达到最大值 0.85 左右，而后经历了一段平台区后快速下降。文献报道的 Alporas 等泡沫的能量吸收

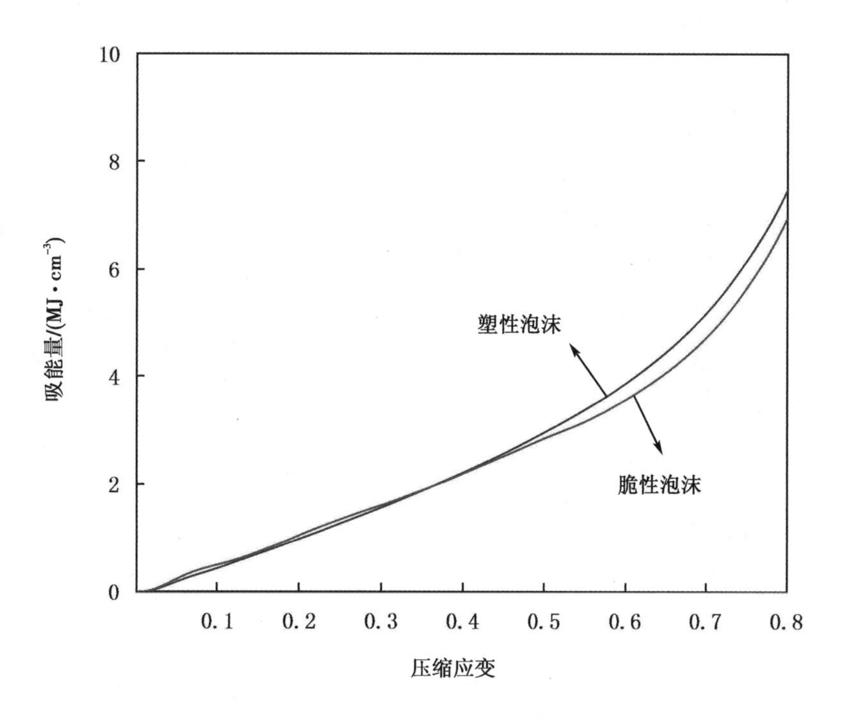

图 4.11　两种泡沫金属的能量吸收曲线

效率也有类似的变化趋势。而脆性较大的泡沫的能量吸收效率在平台区仅能达到 0.7 左右，说明能量吸收性能较差。

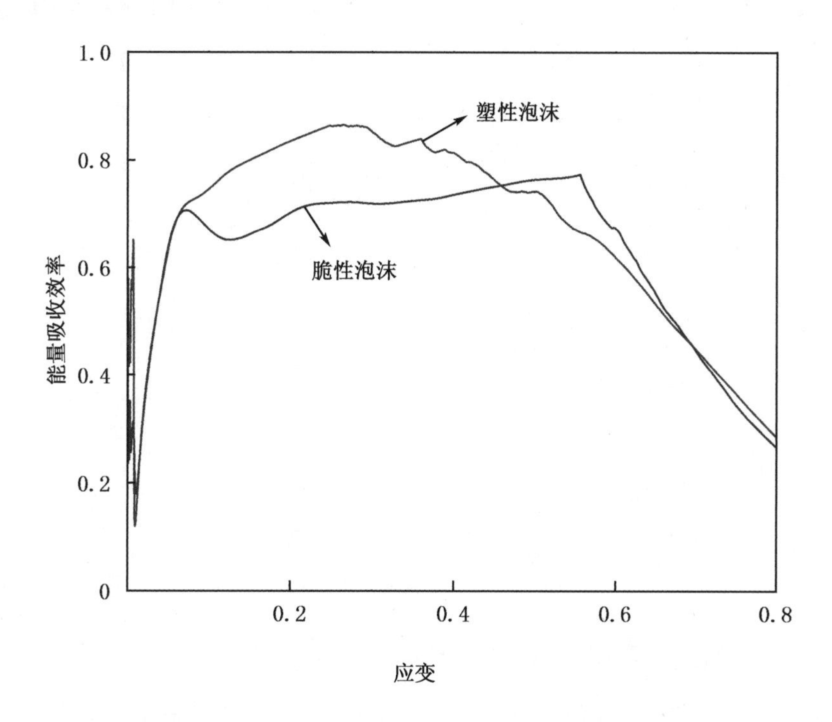

图 4.12　两种泡沫金属样品的能量吸收效率曲线

4.3 拉伸性能

与压缩性能不同的是，泡沫铝的拉伸性能测试更为困难。首先，按照金属材料拉伸试验方法的要求，拉伸件的厚度和跨距之间有一定的对应关系。例如图 4.13 所示的试样长度为 164 mm 时，横截面积为 12.5 mm×20 mm 的矩形，但 12.5 mm 的厚度仅有 3~5 层气泡。另外，泡沫金属在受到压缩时会发生塑性变形，这使得样品两端难以用卡具固定。

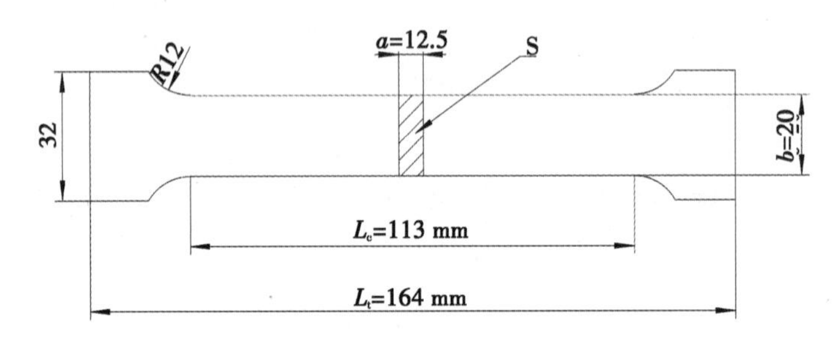

图 4.13 拉伸样品尺寸图

闭孔泡沫铝的准静态拉伸曲线如图 4.14 所示。与压缩曲线类似，在加载拉应力后泡沫金属即发生一定的塑性变形，当应变不足 0.01 时，样件发生断裂。由于铝基体具有较好的塑性，泡沫铝表现出的脆性断裂主要与孔结构有关。

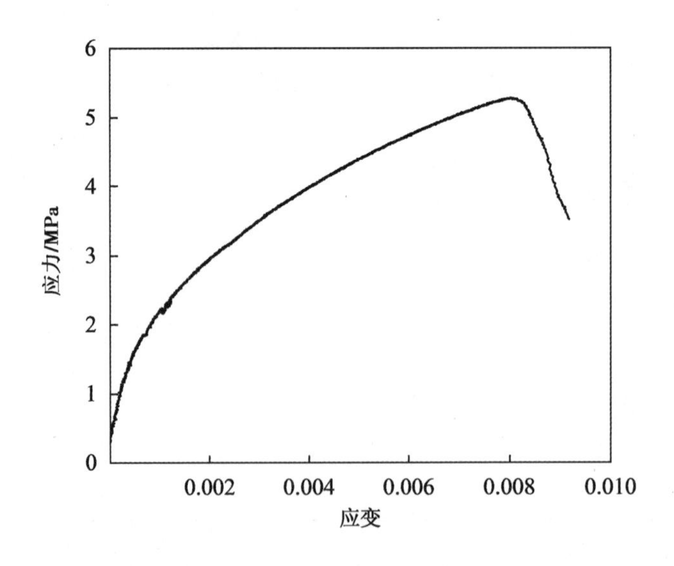

图 4.14 密度为 0.57 gcm^{-3}泡沫铝拉伸曲线

前面介绍过结构缺陷对压缩强度有一定的影响，可以预见，缺陷对拉伸强度也有明显影响。由于拉伸过程中会出现裂纹，Gibson 等考虑胞体中裂纹的扩展（图 4.15），得到加载方向上拉伸应力的关系式[1]：

$$\frac{\sigma}{\sigma_s}=\frac{1}{4\sqrt{2}\cos^{1.5}\theta}\sqrt{\frac{l}{c}}\left(\frac{t}{l}\right)^2 \tag{4.16}$$

式中，c——裂纹长度。

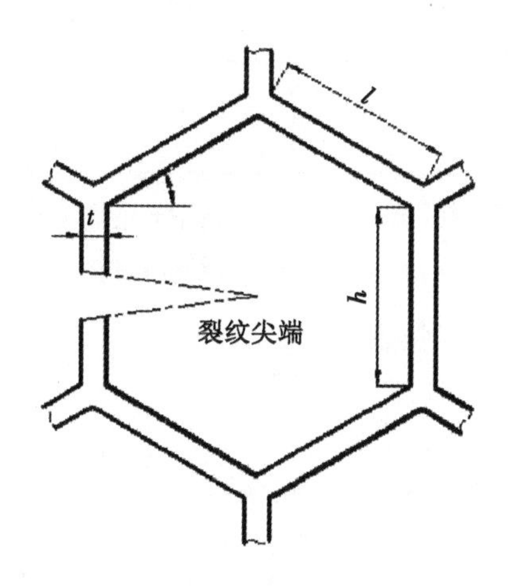

图 4.15　拉伸中的胞体裂纹扩展

由此可见，泡沫铝中的结构缺陷对拉伸强度有很大的影响。为了验证这一猜想，笔者进行了相近密度的泡沫铝样品拉伸实验，结果如图 4.16 所示。拉伸强度总结在表 4.1 中。

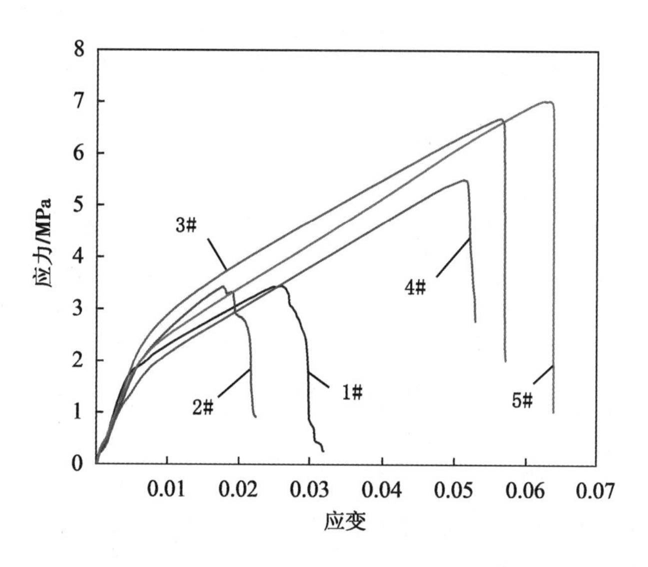

图 4.16　相近密度泡沫铝拉伸实验曲线图

表 4.1　不同密度样品拉伸强度汇总表

样品编号	样品密度/($g \cdot cm^{-3}$)	抗拉强度/MPa
1#	0.63	3.43
2#	0.61	3.45
3#	0.60	6.69
4#	0.60	5.51
5#	0.61	7.02

图 4.16 中拉伸实验所用的试样为同一泡沫铝样品切割制得的密度相近的 5 个试样，其拉伸强度却有明显的差别。这可能是因为试样的厚度小于气泡平均直径的 6 倍，也可能是由孔结构中存在的随机缺陷快速扩展造成的。

第5章　泡沫金属制备基础理论

5.1　熔体的发泡过程

图5.1所示为典型的熔体发泡法的发泡过程，铝熔体在发泡剂开始分解后快速膨胀，而后逐渐减速，在达到最大值后保持不变。这说明采用金属Ca为增黏剂，能够长时间稳定泡沫。这对于制备均匀孔结构的泡沫材料极为重要。泡沫体的膨胀高度和膨胀速度取决于发泡剂的分解行为和加入量。当采用不同的发泡剂，或者对TiH_2进行预处理时，发泡剂的分解行为将发生变化，从而对发泡工艺产生影响。

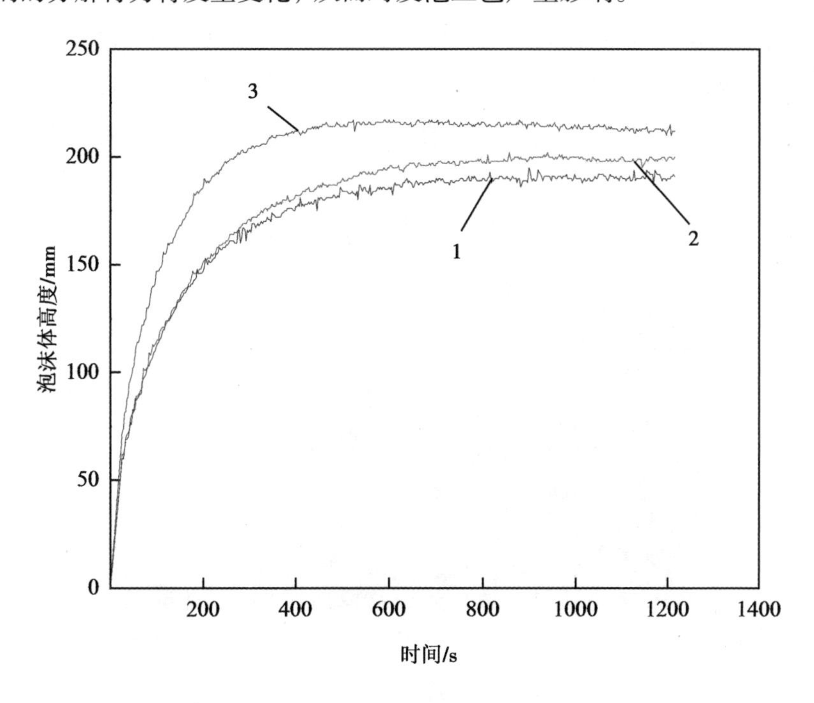

图5.1　熔体发泡法的泡沫膨胀曲线

图5.2所示为典型的粉末致密化发泡法预制体膨胀曲线[41]。从图中可以看到，泡沫体在预制体温度上升至熔点后快速增大，在达到最大高度后即开始坍塌。泡沫体的坍塌有两种类型，一种是所谓老化坍塌，是由泡孔合并和重力排液造成的泡沫体坍塌。另一

种坍塌方式是长大坍塌，表现为在达到某一特定膨胀率后即发生坍塌。在液相法工艺中，如果稳定剂的效果不佳，也会出现长大坍塌和老化坍塌。

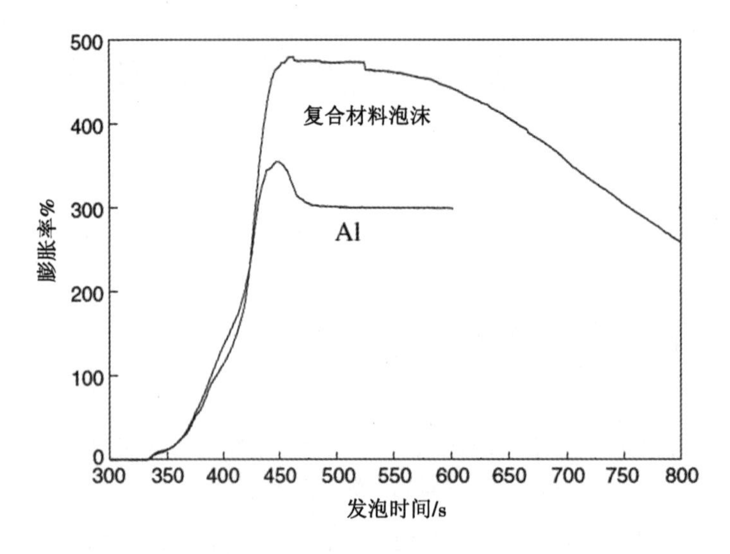

图 5.2　粉末致密化发泡法预制体膨胀曲线[41]

对于注气发泡法而言，因为没有发泡剂的分解过程，泡沫体的发泡行为以能够形成的泡沫体高度和持续时间来评价。当熔体中通入气体后，形成了孔结构分布范围较窄的气泡，随着气体注入增加，泡沫体高度增大，说明泡沫体有较好的发泡能力，如图 5.3(a)所示。而当泡沫形成过程伴随着气泡合并，孔径分布范围较大，且表面气泡破裂，只能形成少量泡沫的，认为只能部分发泡，如图 5.3(b)所示。不能形成稳定泡沫结构的合金熔体不适于采用注气法制备金属泡沫，如图 5.3(c)所示。[26]

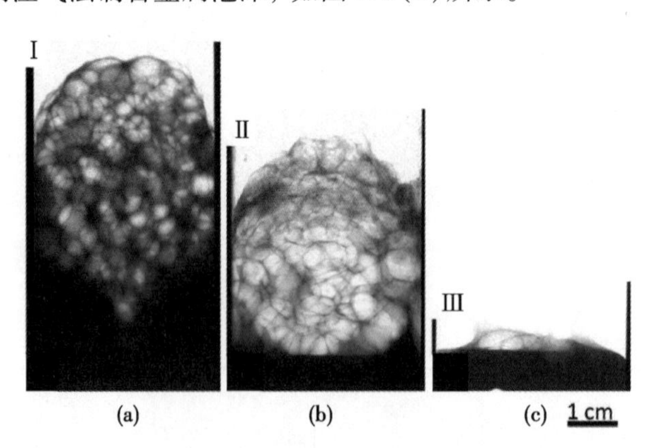

图 5.3　注气发泡法形成泡沫的 X 射线投射成像图片[26]

5.2　泡孔结构演化

闭孔泡沫金属的制备方法中，如果采用注气法，则没有气泡自发形核的过程，气泡的大小取决于注气管的尺寸和铝液的物理化学性质等。而如果采用发泡剂产生气体的熔体发泡法、粉末致密化发泡法和铸造发泡法等，则需要经历气泡的形核、长大，以及合并和坍塌等过程。

5.2.1　气泡的形核和长大

采用液相法制备泡沫铝时，发泡剂的分解在铝液中开始。而在粉末致密化发泡工艺中，在达到发泡剂分解温度时，往往预制体还处在熔化阶段。当发泡剂产生气体后，气泡即发生均质形核或异质形核。原位生成的气泡均质形核的速率可用式(5.1)表示[39]：

$$\dot{N} = c_0 f_0 \mathrm{e}^{\frac{-\Delta G_{\mathrm{hom}}}{kT}} \tag{5.1}$$

$$\Delta G = \frac{16\pi\sigma^3}{3\Delta P^2} \tag{5.2}$$

式中：c_0——气体分子浓度；

f_0——可形核气体分子的频率因子；

k——玻尔兹曼常量；

ΔG_{hom}——均匀形核激活能；

ΔP——溶解气体压力。

因此降低表面张力有助于气泡形核。实际上，铝液中存在增黏剂、稳定剂或发泡剂等固相质点。而在有固相质点存在时，气泡更容易在固液两相界面发生异质形核。形核的速率计算如下：

$$\dot{N}_1 = c_1 f_1 \mathrm{e}^{\frac{-\Delta G_{\mathrm{het}}}{kT}} \tag{5.3}$$

式中：c_1——异质形核点的浓度；

f_1——可形核气体分子的频率因子；

ΔG_{het}——异质形核激活能。

形核质点与铝液界面的存在使其形核的能量壁垒更低，更容易进行。可以看出，固体质点的浓度对形核速率有较大影响。质点本身的大小、与铝液的润湿性等也对形核速率有一定的影响。因为气泡的形核和长大产生的时间很短，现在还缺乏对高温熔体形核过程的系统观察和研究，但一般认为异质形核是主要的形式。

对于单个气泡而言，影响其长大的主要因素分别是气泡内气体的压力、液体的表面张力和黏度。黏度的增大可以延缓气泡长大，但在液态发泡时，这个影响相对来说是次要的。而在金属致密化发泡时，因为半固态下，熔体的黏度比液态高几个数量级，可能会推迟气泡长大。半径为 R_{bubble} 的球形气泡内气液界面的平衡压力可以用简化的

Rayleigh 方程表示：

$$P_{\text{bubble}} = P_{\infty} + 2\frac{\sigma}{R_{\text{bubble}}} = P_0 + \rho_1 gh + 2\frac{\sigma}{R_{\text{bubble}}} \tag{5.4}$$

式中：P_0——大气压；

ρ_1——液体密度；

g——重力加速度；

h——气泡所处深度；

σ——液体表面能。

从式(5.4)中可以看出，熔体的表面能或表面张力和气泡的半径是主要的影响因素。降低表面张力，有助于气泡长大。而随着气泡变大，气泡内的压力由明显高于铝液静压力转化为逐渐接近静压力值。

气泡长大后，在浮力的作用下加速上升，直至黏性力和浮力达到平衡。对于近似球形的气泡，气泡上升达到的速率可以用 Stokes 定律计算：

$$v = \frac{\rho g R^2}{3\eta} \tag{5.5}$$

式中：η——动力学黏度。

用熔体法制备泡沫铝时，往往通过加入金属 Ca 或者氧化物、陶瓷颗粒等来增加熔体的动力学黏度，从而减缓气泡的上升速度。一般认为，黏度的增加对于改善气泡的均匀性有益。

5.2.2 液态泡沫的排液过程

当液体中气泡的体积分数达到一定数值时，液体便在气泡的挤压下开始排液。排液过程包括两部分：一是在表面张力的作用下由气泡壁流向 Plateau 边界；二是在重力作用下液体从泡沫排向底部，如图 5.4 所示。

对于水泡沫而言，由于气泡壁非常薄，气泡壁内的液体体积可以忽略。而对于金属泡沫来说，气泡壁的厚度为几十微米，占有 15%~35%的液体体积。由于 Plateau 处的气液界面是弯曲的，在表面张力的作用下，Plateau 边界内的液体压力小于平直的气泡壁。在压力的作用下，气泡壁中的液体向 Plateau 边界汇聚，使气泡壁厚度变薄。液体在重力的作用下通过由 Plateau 边界组成的空间通道向下排液，这使得 Plateau 边界的横截面积减小，表面曲率半径也随之变小，导致其中的液体压力进一步降低，也使气泡壁薄膜的厚度进一步减薄。

排液速度随着液体体积分数的减小而慢慢降低，直至气泡壁内压力和 Plateau 边界达到平衡、重力和毛细管力达到平衡。这一过程导致泡沫体的密度、孔径和孔棱横截面积等有一定的重力方向梯度。在泡沫层和底部液体中间，会形成一个液体分数接近 0.18~0.36 的湿泡沫层，湿泡沫层的高度一般可以用 $\frac{\gamma}{\rho g D}$ 来计算。从实验观察来看，铝泡沫一般会有一个由圆形气泡组成的厚度为气泡直径的泡沫层。

相对于静止的干泡沫，金属泡沫膨胀过程中的重力排液是非常复杂的。一方面，气泡的直径和数量不断变化，使泡沫体的空间结构不断变化。另一方面，发泡过程中存在气泡合并和粗化，这些过程对重力排液均有较大影响。因此，本节仅介绍适用于稳定结构的典型公式，这些公式对于思考和研究液态金属泡沫有一定的意义。

图 5.4 Plateau 边界的空间结构

将气液界面看作非滑移边界，Plateau 边界内的流体就呈现出一个泊肃叶流的形式。在稳定状态下，假设泡沫体内的液体体积分数不变，也不考虑毛细管力的作用，可以得到排液速度 v 的一个简单的关系式：

$$v = \frac{K_c \rho g L^2 \varepsilon}{\mu} \tag{5.6}$$

式中：μ——液体的黏度；

ε——液体的体积分数；

L——孔的棱长；

K_c——一个仅依赖于 Plateau 边界空间形态的无量纲常数。

从式中可以看出，孔径减小或流体黏度增大时，排液速度显著降低。

5.2.3 泡孔的合并和粗化

重力排液导致的液体所占体积分数下降是气泡合并的原因之一。但是在低重力下对金属泡沫结构演化的研究指出，泡沫的孔径仍然随时间的增长而粗化。泡孔的合并有两种主要的形式：一种是气体在气泡间扩散造成的粗化，另一种是气泡壁破裂造成的合并。

在液体中，气泡内的压力为静压力和表面张力造成的毛细管力之和。当相邻的两个气泡间大小存在差异时，在压力的作用下，小气泡内的气体有向大气泡扩散的趋势，最终使小气泡消失、大气泡粗化。对于水泡沫而言，这个粗化的速度与时间的关系为[34]

$$d_m \propto \sqrt{t} \tag{5.7}$$

式中，d_m——平均孔径；

t——时间。

一般认为，气体只在气泡壁最薄的区域扩散，因此气体的溶解度、扩散系数及气泡壁的面积和厚度等都会影响合并的时间。在金属泡沫中，氢气在铝液中的溶解度较小，扩散系数较低，且气泡壁厚度为几十微米，气泡壁表面形成的氧化膜也对气体的扩散起阻碍作用。因此，气体的扩散速度远低于一些水溶液泡沫。此外，表面张力的作用也不能忽视，它的大小决定了两个不同半径气泡间的压力差。

二维泡沫的粗化主要是以下两个过程，如图 5.5 所示。一个三个边的气泡会逐渐收缩并消失，这叫作 T2 过程。相邻的气泡也会通过图中所示的 T1 过程来发生结构变化而造成粗化。在实际的二维泡沫中，因为气泡的直径和空间分布有很大的不均匀性，可以观察到泡孔的粗化出现了一些其他的形式，或者 T1 和 T2 联合作用的其他形式。三维泡沫会出现更复杂的粗化过程[34]。

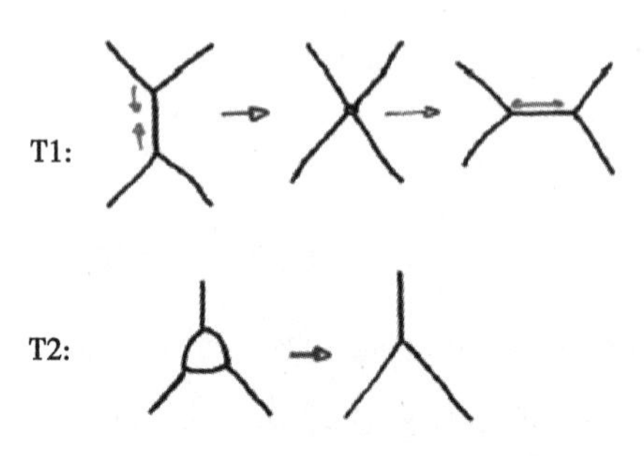

图 5.5　气泡粗化过程示意图

1952 年，von Neumann 指出二维干泡沫中的气泡随时间的变化只取决于其边数，与气泡的大小和形状无关。对于一个边数为 n 的气泡来说，它的 A_n 的变化服从 von Neumann 定律，即

$$\frac{\mathrm{d}A_n}{\mathrm{d}t}=\frac{2\pi}{3}\gamma\kappa(n-6) \tag{5.8}$$

对于六边形的气泡来说，其面积保持不变。但是边数小于 6 的气泡收缩，边数大于 6 的气泡膨胀。对于三维泡沫来说，多面体的面数的均值为 13~14。

金属泡沫的发泡过程往往是重力排液和气泡粗化同时进行。随着泡沫体的体积不断增大，气孔的粗化速度逐渐变快。从式(5.8)中可以看出，孔径的增大对重力排液有加速作用。而加速排液又会进一步使气泡的直径快速粗化，这种耦合作用使重力排液不断加速。因此，在发泡过程中减少气泡的粗化是必要的。

5.3　泡沫金属气泡壁液膜的稳定机理

泡沫金属中固体添加物主要起稳定泡沫的作用。这些固体颗粒可以是单独加入的微米级陶瓷颗粒，也可以是原位生成的纳米级氧化物薄膜。但这些稳定剂的形态和各自的制备工艺都有较大差别。泡沫金属熔体是一个结构复杂的多相不透明高温体系，对其直接进行观察比较困难，稳定气泡的作用机理还缺乏统一的理论支撑。因此，大多数金属泡沫的稳定理论都是推测性的。而人们对低温、透明的水溶液泡沫稳定机理的研究已取得了诸多进展，这有助于开展对泡沫金属稳定性的研究。

5.3.1　水溶液泡沫的稳定机理

导致泡沫体结构改变的一个重要过程是气泡壁的破裂。有的研究认为气泡在直径达到某一特定值时发生合并，有的认为当 Plateau 边界与气泡壁内的压力差达到某一特定值时发生气泡壁破裂，还有的认为气泡壁的厚度在小于某一特定值之后便发生破裂。气泡的稳定是指防止气泡壁破裂和减少排液。气泡壁破裂是一个瞬间的过程，而排液是一个时间积累的过程。影响气泡稳定性的因素很多，包括 Plateau 边界的几何构造、气泡壁的厚度、表面吸附、动力学黏度和弹性等。一般认为泡沫是一个黏弹性体系。

纯液体不能产生泡沫，在纯水或者纯铝熔体中产生的气泡会在到达液体表面时立即破裂。即使选择黏度很大或表面张力很小的单一成分的液体也不能发泡。为了阻止泡沫破裂，必须存在一个能够阻止气泡壁变薄并能够抵消液膜的热波动或机械波动的力。在使用表面活性剂稳定泡沫的水溶液体系中，表面活性剂的主要作用是提高液体的表面弹性。表面活性剂稳定泡沫的机理可以用 Gibbs-Magritte 效应解释，如图 5.6 所示。当液体薄膜的厚度出现波动时，局部变薄的区域内活性剂的浓度下降，此处的气液界面弯曲且表面张力上升，局部压强下降，在压强差的作用下其他位置的液体来此处填充，从而防止气泡壁进一步变薄。而纯液体不能产生稳定泡沫的原因就是不能产生 Gibbs-Magritte 效应来阻止气泡壁变薄。

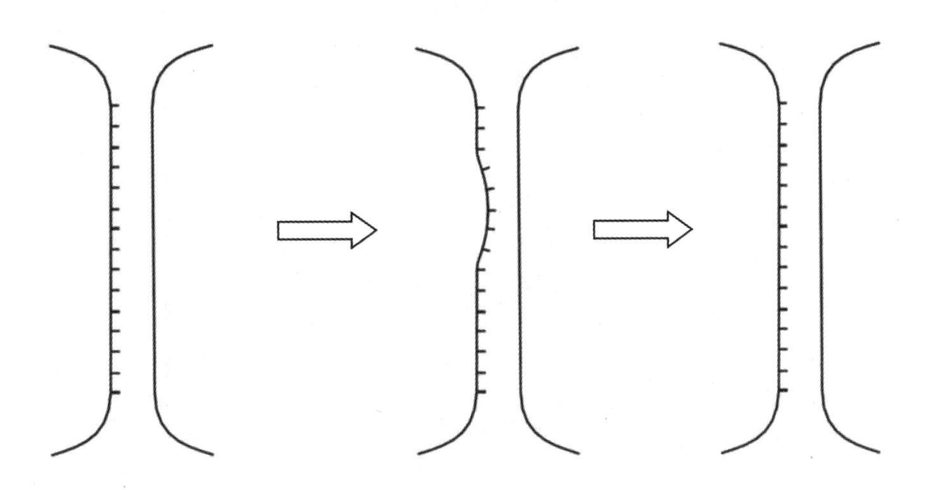

图 5.6　Gibbs-Magritte 效应示意图

水泡沫的气泡壁稳定可以用 DLVO 理论来解释。当没有表面活性剂分子存在时，两个气泡间的液膜厚度薄至一定值，就会发生范德华力的吸引作用导致气泡壁破裂。范德华力可用式(5.9)计算：

$$V_{vdw} = \frac{V_{\alpha}}{t_f^2} \tag{5.9}$$

其中，V_{α}——对于某种特定分子系统的常数。

而当表面活性剂存在时，若气泡壁液膜厚度减小，其两侧的气液界面将产生静电排斥。这个双电层的排斥可以用式(5.10)表示：

$$V_{re} = V_{\beta}\exp(-\kappa t_f) \tag{5.10}$$

式中，V_{β}和 κ——常数。

其他的排斥力来自布朗排斥力 V_{Brown} 和空间位阻 V_{steric}。这样，总的界面能可用式(5.11)表示：

$$V = -\frac{V_{\alpha}}{t_f^2} + V_{\beta}\exp(-\kappa t_f) + V_{Brown} + V_{steric} \tag{5.11}$$

如图 5.7 所示，当气泡壁较厚时，范德华吸引力起主导作用，继续变薄时在双电层斥力的作用下达到第一个能量最小值。继续减薄时，范德华力继续成为主导，直至短程斥力发挥作用，形成第二个能量最小值。在水溶液泡沫气泡壁变薄过程中可以观察到牛顿黑膜和普通黑膜，分别对应两个能量最低位。

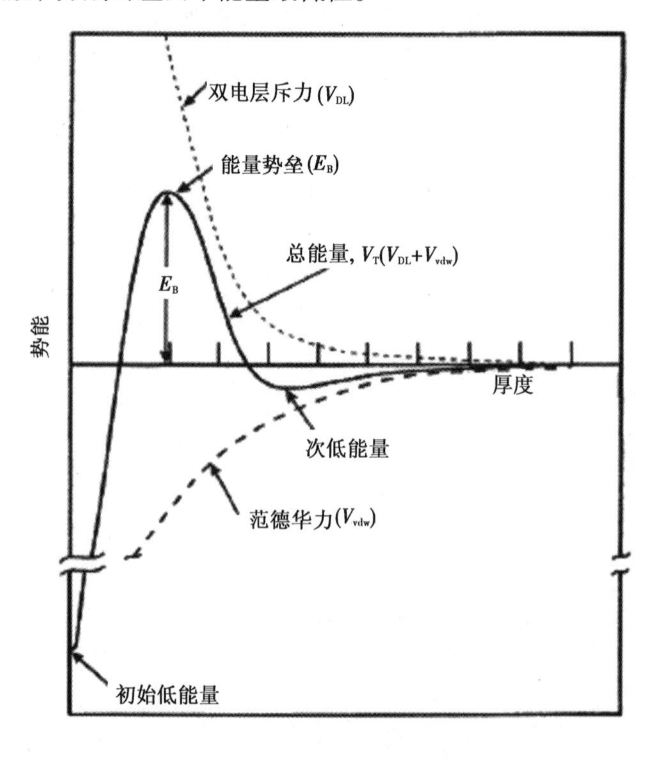

图 5.7　水溶液中的 DLVO 理论

水溶液也可以由固体颗粒稳定，但这些颗粒的粒度、浓度和液体的润湿角对泡沫的稳定性有何影响还不清楚。已有的研究结果表明，这些颗粒与液体的润湿角对稳定性的影响很大，但不同体系得到的结果有较大的差别。存在于 Plateau 边界内的完全润湿的颗粒可以阻碍排液，气泡壁内的颗粒可以形成层状结构来稳定泡沫，而半润湿的颗粒可以在气液界面处起到类似表面活性剂的作用。

5.3.2　金属泡沫的稳定机理

由于金属泡沫是一种高温的多相体系，且不透明，因此对金属泡沫稳定性的研究更加困难。目前，颗粒的稳定作用机理主要有如下几种模型。

Kumagai 等最早提出了一种颗粒稳定泡沫的模型，如图 5.8 所示。气泡壁的液膜变薄是因为气泡壁内的压力大于 Plateau 边界内的压力，压力差为

$$\Delta P = \frac{2\sigma}{R_{PB}} \tag{5.12}$$

其中，σ——液体的表面张力；

R_{PB}——Plateau 边界的曲率。

当颗粒不能被液体完全润湿时，颗粒就能够吸附在气泡壁表面的气液界面，界面就会发生弯曲。此时气泡壁内与 Plateau 边界内液体的压强为

$$\Delta P = \frac{2\gamma}{R_{PB} - R_f} \tag{5.13}$$

式中，R_f——气泡壁表面局部弯曲的曲率。

当颗粒与液体的润湿角大于90°时，界面向气泡壁外弯曲，此时，R_f为负值，不能稳定泡沫。当颗粒与液体的润湿角小于90°时，界面凹向气泡壁之内，R_f为正值，此时气泡壁与 Plateau 边界间的压强差减小。当 $R_f = R_{PB}$时，气泡壁便达到一个稳定的状态。

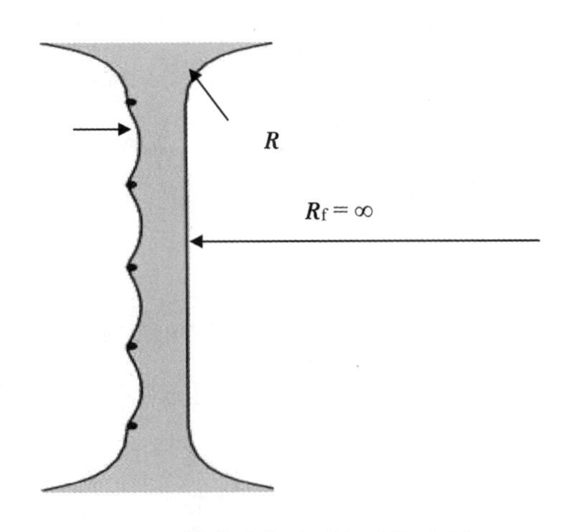

图 5.8　颗粒稳定气泡壁机理示意图

Ip 等对 SiC 稳定水溶液和铝熔体的体系进行了研究[42]，认为颗粒吸附在气泡壁表面时，改变气泡壁界面的曲率会同时改变 Plateau 边界的曲率，如图 5.9 所示。这样也可以减小气泡壁和 Plateau 边界内液体的压力差，从而达到稳定气泡的目的。

Kaptay 指出，仅仅在两个界面上存在互相不接触的颗粒不能稳定泡沫，因为在气泡壁局部变薄时不能产生回复力，只有两层颗粒之间发生机械接触，有了力的传递才能产生回复力[43]。并提出了六种颗粒在气泡壁内可能的聚集方式，如图 5.10 所示。他还讨论了不同方式下颗粒与液体润湿角对稳定性的影响。

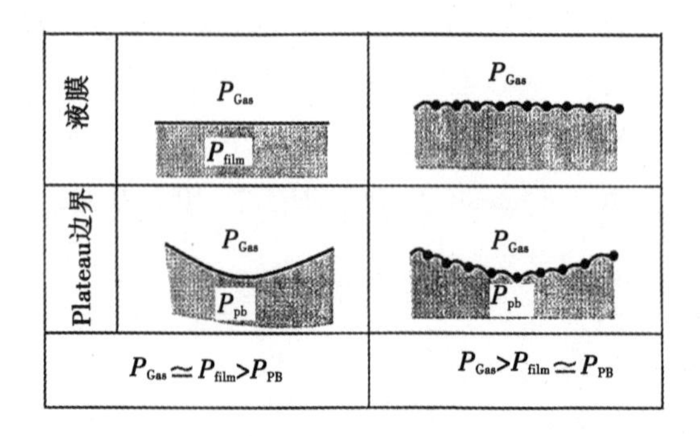

图 5.9　吸附在气泡壁表面颗粒降低压力差作用机理示意图[42]

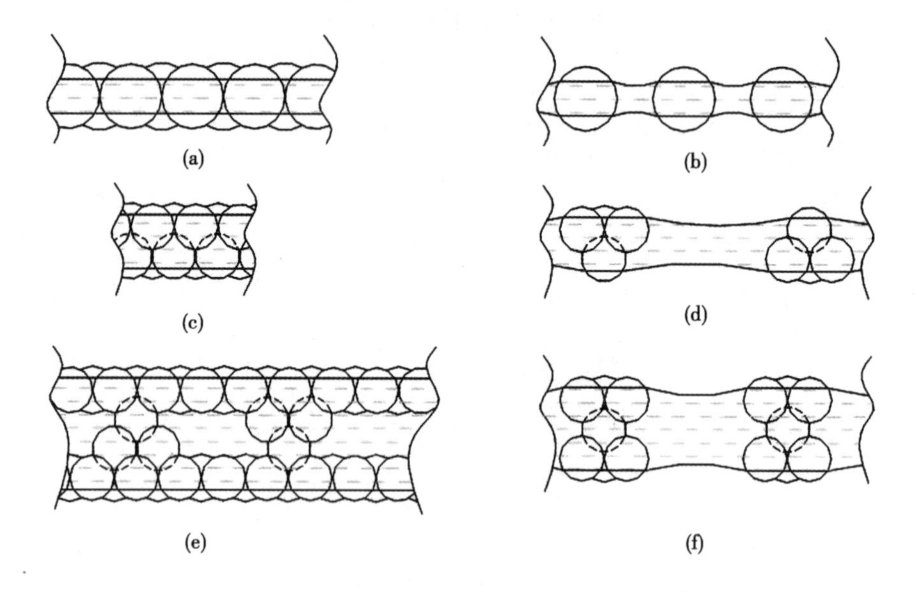

图 5.10　几种颗粒稳定气泡壁中的结构示意图[43]

图 5.10(a)、(c)、(e)三种模型需要颗粒完全填充气泡壁两侧的气液界面，要求颗粒的体积分数很高，显然这在实际泡沫中是很难达到的。图 5.10(b)和图 5.10(d)两种模型可以在低的颗粒体积分数时稳定泡沫，但要求颗粒直径和彼此之间的距离与气泡壁厚度有特定的关系，而在实际颗粒稳定泡沫中，颗粒的直径往往只是气泡壁厚度的几分之一。图 5.10(f)所示模型是与实际泡沫最接近的，颗粒可以以某种形式团聚，互相之

间传递力来抵抗液膜变薄。此时颗粒的体积分数约为 10%，与实际颗粒稳定泡沫体系中稳定剂的体积分数很接近。但是，稳定的颗粒团聚结构在气泡壁内也是不常见的。

Korner 等对粉末冶金法制备泡沫铝中网状氧化物的稳定机理进行了研究[44]，认为这些网状结构的氧化物薄膜在气泡壁内团聚，并与金属本体构成颗粒状的结构，这种复合结构的体积分数可以达到 30%~40%。这些复合结构的氧化物被夹在两边的气泡壁表面内，当气泡壁变薄时，没有氧化物的部分就向气泡壁内弯曲，使压强降低，从而产生回复力阻止气泡壁进一步变薄。他们称颗粒在气泡壁内的这种作用为机械隔离作用（mechanical barrier effect），并且指出这是颗粒稳定金属泡沫的共同机理。图 5. 11 所示为这种机制的理想模型和实际泡沫观察的结果对比。

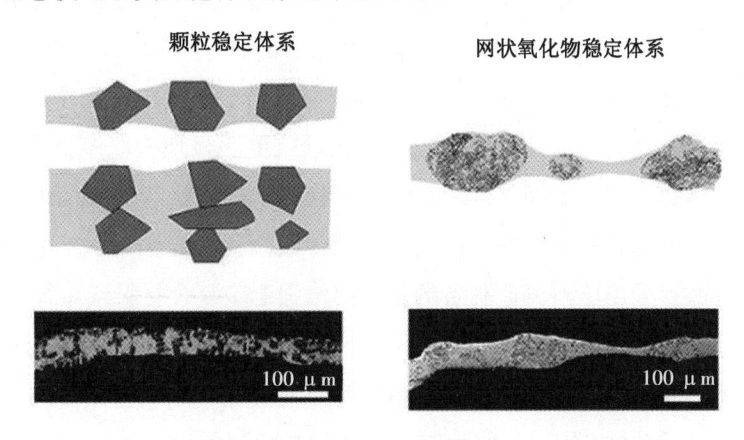

图 5. 11　颗粒机械隔离作用机理示意图和实际观察的比较[44]

第6章　碳纤维复合铝基泡沫材料

碳纤维是目前应用最广的高性能纤维之一，具有模量高、韧性好等特点，碳纤维增强铝基复合材料也因具有良好的力学性能而被广泛研究。碳纤维增强铝基复合材料包括连续纤维增强、短纤维预制体增强和短纤维弥散增强三种主要形式。根据纤维长度和含量的不同，采用的制备工艺也不尽相同，包括真空吸铸、高压压铸和搅拌复合等工艺。纤维加入铝熔体后，由于其长径比很大，可以比颗粒更明显地提高基体的动力学黏度，也可以像氧化物薄膜那样产生相互作用，形成网状的结构。从这些相似性来看，短纤维应可以作为金属泡沫的新型稳定剂。但是采用熔体法制备泡沫铝时，需进行强力搅拌使发泡剂和气泡分散。采用压力铸造制备的长纤维增强铝基复合材料或短纤维预制体增强复合材料中碳纤维含量很高，难以搅拌，不适于制备铝基泡沫材料。而采用搅拌复合制备纤维含量较低的碳纤维增强铝基复合材料时，可采用与发泡工艺相近的工艺装备，相对易于制备大尺寸的试样，较适于作为制备泡沫材料的制备方法。

采用搅拌复合制备铝基复合材料时，存在的主要问题是碳纤维与铝基体的润湿性差，在加入铝液过程中容易烧损，并且容易在基体内团聚。此外，碳纤维在高温下容易与铝液发生反应，生成脆性的 Al_4C_3，影响界面结合和复合材料性能。因此，必须对碳纤维进行处理。一般的方法是在碳纤维表面形成一种涂层或镀层来改善润湿性和阻止界面反应。这些涂层可以是金属、氧化物、纳米级金刚石颗粒等。采用的方法也不尽相同，如化学沉积、电镀、真空气相沉积等。其中，金属涂层由于与铝熔体润湿性好，且制备方法较为简单，研究和应用得较多。目前，镀铜、镀镍等碳纤维已经实现了商业化生产和应用。

本书主要以铜镀层的制备方法为例，介绍碳纤维表面处理方法对铝液润湿性和制备泡沫材料的影响。

6.1　碳纤维表面金属化

碳纤维表面有一层有机胶，使得碳纤维的亲水性很差，不能在水溶液中分散开，导致镀覆难以进行。因此，镀铜前必须对碳纤维进行表面处理，除去有机胶并改善表面活性，使碳纤维能够在水溶液中充分分散。

制备铜镀层的方法有很多，主要分为化学镀和电镀两种。其中，化学镀沉积速度较慢，适合制备厚度较薄的镀层。化学镀铜以氧化还原反应为驱动力，不受电场分布限制，得到的镀层细密、平整、厚度均匀。目前，碳纤维表面化学镀铜工艺比较成熟。

酸性镀液中电镀铜的沉积速度较快，工艺简单，成本低，不需要使用有毒的甲醛等试剂。但是，电镀层的质量容易受电场影响，尤其是对于每束1.2万根的碳纤维束，外部纤维很容易屏蔽电场，使内部纤维表面不能形成镀层，造成所谓“黑心”现象。很多研究认为，酸性镀液均镀能力差，容易造成“黑心”现象，且结晶粗大，不适合用于碳纤维直接电镀，在制备较厚镀层时往往采用两步电镀法或化学镀-电镀两步法。这些工艺比较复杂，得到的镀层质量也不理想。也有使用焦磷酸盐镀液在碳纤维表面进行电镀铜的报道，但存在镀液不稳定、成本高、对环境污染大等缺点。总的来看，酸性镀铜工艺在成本、环保等方面具有很多优势，但必须解决“黑心”问题，并提高镀层的平整度和均匀性。

6.1.1　碳纤维预处理

不管采用何种方式进行表面处理，首先需要去除碳纤维表面的有机胶，否则碳纤维与水润湿性差，即使搅拌也不能使纤维在水中分散开。碳纤维预处理常用的方法是在空气中氧化或在硝酸溶液中氧化，目的是增加碳纤维表面的粗糙度，增大比表面积，并增加表面的含氧官能团。

图6.1所示为碳纤维在空气气氛中400 ℃加热时的失重曲线，可以看到碳纤维在空气气氛中加热有明显的失重。在前15 min，失重速度较快，到30 min时出现拐点，转为较慢的失重速度。开始加热时快速失重主要是由于碳纤维表面的有机胶被烧损。而在加热时间增长时逐渐转变为碳纤维受到氧气氧化而失重，碳纤维失重速度越来越慢。但长时间的加热会使碳纤维的强度降低。因此，一般认为在30 min时除胶已经比较完全，是合适的加热氧化除胶时间。

图6.2所示为碳纤维预处理前后的SEM微观照片。该研究中碳纤维采用12K碳纤维，直径约为7 μm。预处理前，碳纤维表面光滑，纹理不清晰。而预处理后，碳纤维表面纹理加深，粗糙度加大，表面积增加，表面活性提高。并且粗糙的表面有利于增强镀层与碳纤维间的结合力。而碳纤维表面没有开叉、断裂等明显的损伤，表明预处理对纤维的机械性能没有明显的影响。

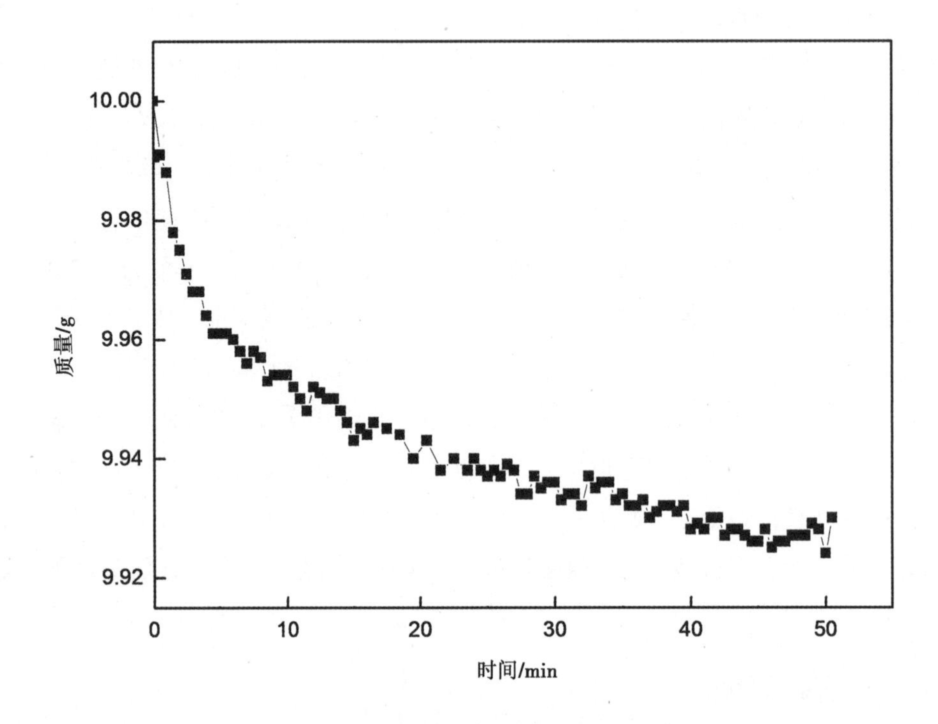

图 6.1　碳纤维在空气中 400 ℃加热时的失重曲线

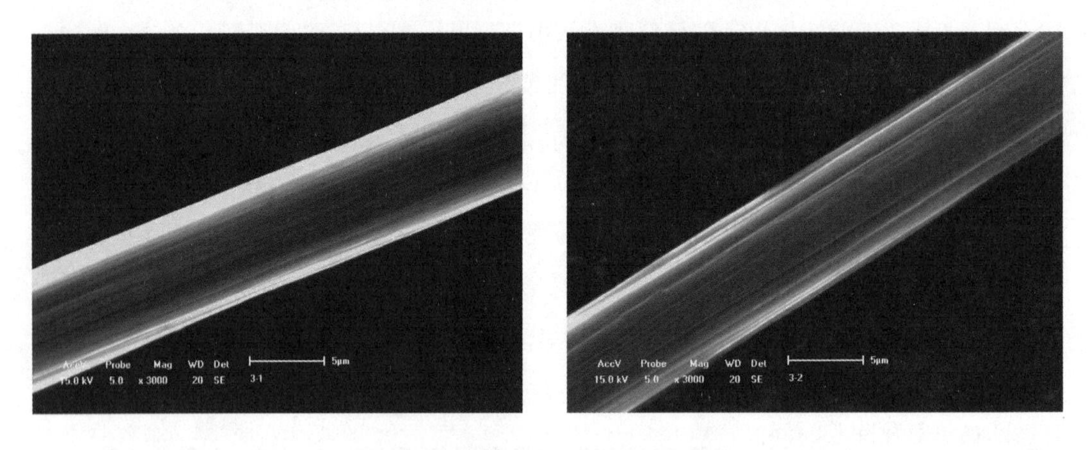

图 6.2　碳纤维预处理前后 SEM 照片

预处理前后的碳纤维样品表面的官能团可以使用 X 射线光电子能谱(XPS)来分析。图 6.3 所示为两试样的 XPS 全谱图，532 eV 左右为 O_{1s}峰，可以看出氧化除胶和硝酸粗化氧化后碳纤维表面含有丰富的氧。对 C_{1s}进行分峰处理，分析碳纤维表面存在的各官能团及其百分含量，结果如表 6.1 所示。经过预处理后，碳纤维表面存在大量以 C—OH 为主的含氧官能团，这些含氧基团的亲水性能有效改善了碳纤维与水溶液的润湿性，使碳纤维能够在镀液内充分分散，为下一步表面金属化避免“黑心”问题、得到均匀镀层创造必要条件。

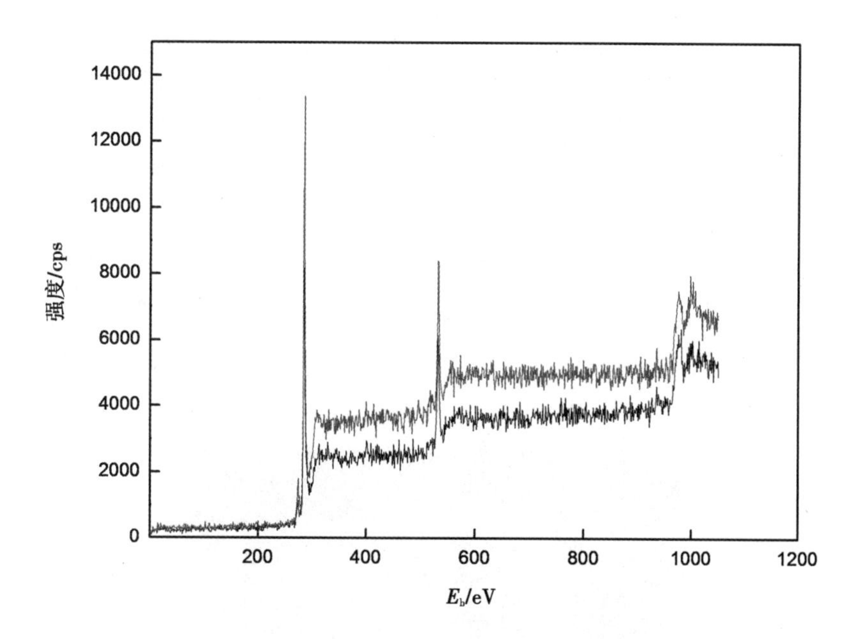

图6.3　采用高温空气氧化和硝酸粗化氧化碳纤维表面XPS全谱图

表6.1　XPS分析氧化处理后碳纤维表面官能团含量结果[45]

氧化方式	C—H		C—OH		C═O		COOH	
	E_b/eV	a	E_b/eV	a	E_b/eV	a	E_b/eV	a
空气	284.61	60.8%	286.30	22.4%	287.75	9.3%	289.32	7.4%
硝酸	284.59	61.0%	286.04	31.7%	287.94	5.6%	288.94	1.6%

6.1.2　化学镀铜

化学镀铜是一种较为成熟的工艺。其主要过程是通过敏化和活化在物体表面形成细小的贵金属颗粒，然后以甲醛等为还原剂使溶液中的铜离子沉积在以贵金属颗粒为核心的物体表面。本书主要介绍一种在碳纤维表面进行化学镀铜的方法。

将预处理后的碳纤维放入10~20 g/L的$SnCl_2$水溶液中，室温浸泡5 min，取出洗净。然后将纤维浸入含有2~5 g/L $AgNO_3$和6~8 mL/L $NH_3 \cdot H_2O$的水溶液中，浸泡5~10 min，取出洗净。最后，加入1%HCHO溶液，浸泡30 s，取出后放入化学镀镀液中开始化学沉积。化学镀铜的镀液质量浓度如表6.2所示。这种镀液采用酒石酸钾钠和EDTA双络合剂，形成的Cu^{2+}络合物较为稳定。在操作中，需注意控制镀液的温度。当温度过高时，溶液容易不稳定而分解；而当温度过低时，反应速度很慢。

表6.2　化学镀铜镀液成分

成分	含量
$CuSO_4 \cdot 5H_2O$	16 g/L
$C_{10}H_{14}N_2O_8Na_2 \cdot 2H_2O$	25 g/L

表6.2(续)

成分	含量
$C_4H_4KNa_6 \cdot 4H_2O$	15 g/L
NaOH	16 g/L
2-2′-Dipyridyl	40 mg/L
$K_4Fe(CN)_6 \cdot 3H_2O$	80 mg/L
HCHO	15 mL/L

采用化学镀得到的镀层微观形貌如图6.4所示，镀层比较细密、均匀，经过计算，化学镀铜得到的镀层厚度约为0.25 μm。

图6.4 化学镀镀层微观照片

6.1.3 电镀铜

因为碳纤维本身导电，所以可以直接通过电镀在碳纤维表面形成铜镀层。“黑心”问题是碳纤维镀铜需要解决的首要问题。根据型号不同，每束碳纤维为3000~12000根，电镀时内外层纤维到阳极的距离存在差异，再加上外层的纤维对内层纤维的电屏蔽作用，很容易造成内部纤维不能得到镀层。解决“黑心”问题，要求镀液必须有很好的分散能力。在阴极的形状及其与阳极的位置固定时，电镀液的分散能力取决于溶液的导电性能和阴极极化度。对于硫酸铜酸性镀液而言，增加游离硫酸的浓度，可以有效提高镀液导电性和阴极极化，从而提高镀液的分散能力。

图6.5(a)所示为$CuSO_4 \cdot 5H_2O$ 200 g/L、H_2SO_4 70 g/L的镀液中电镀得到的样品表面微观形貌，分布在外层的部分碳纤维上能够形成镀层，但结晶比较粗大；而在纤维束内侧的纤维表面很难得到镀层，产生了所谓“黑心”现象。图6.5(b)为$CuSO_4 \cdot 5H_2O$ 60 g/L、H_2SO_4 180 g/L镀液中得到的镀层微观形貌，可以看出，在各根纤维上都能得到镀层，没有“黑心”出现。[45]

但是，在提高H_2SO_4浓度的同时，由于同离子效应必须降低主盐$CuSO_4 \cdot 5H_2O$的浓度，否则镀液中 $CuSO_4 \cdot 5H_2O$ 极易结晶析出。而电镀液主盐浓度的降低会造成镀液的整平能力变差。图 6.5(c)所示为放大后的镀层微观形貌 SEM 照片，镀层表面比较粗糙，不平整，且背对电极方向出现一条明显的沟壑。电镀时，往往通过添加整平剂或光亮剂来解决局部沉积不平整的问题。巯基苯并咪唑(M)、乙撑硫脲(N)和聚二硫二丙烷磺酸钠(SP)等是常用的酸性镀铜添加剂，其与甲基蓝和乳化剂配合使用可以使镀层晶粒细化，并使镀液具有良好的整平能力。在游离硫酸浓度高的情况下，有机添加剂的加入对阴极极化贡献不大，也就是说，镀液的分散能力影响较小。其主要的作用表现在扩大了允许阴极电流密度上限，而在高电流密度下工作有助于提高晶核形成的速率，使结晶细密。图 6.5(d)所示为在 $CuSO_4 \cdot 5H_2O$ 60 g/L、H_2SO_4 180 g/L 镀液中加入添加剂后得到的镀层微观形貌，可以看出镀层细密平整，表明加入有机添加剂后，镀液的整平性能明显提高。

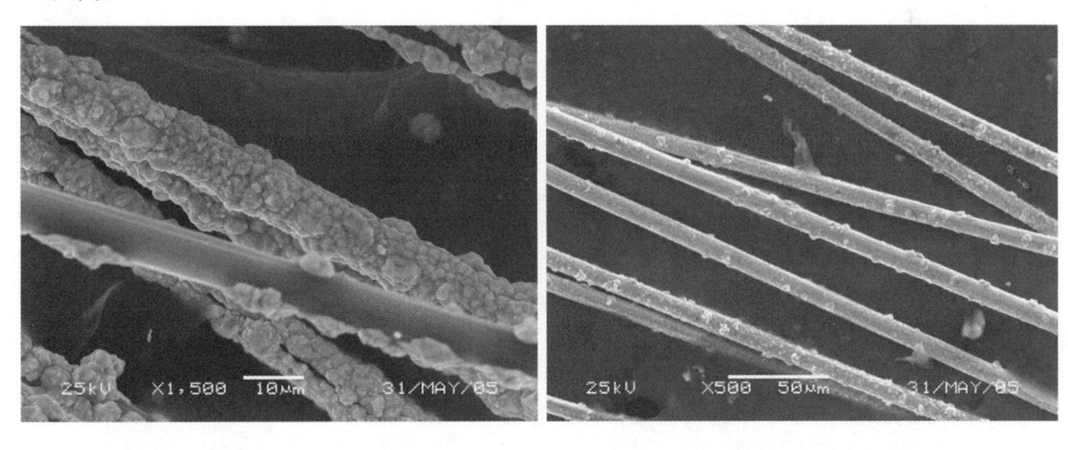

(a) $CuSO_4 \cdot 5H_2O$ 200g/L, H_2SO_4 70 g/L　　(b) $CuSO_4 \cdot 5H_2O$ 60 g/L, H_2SO_4 180 g/L

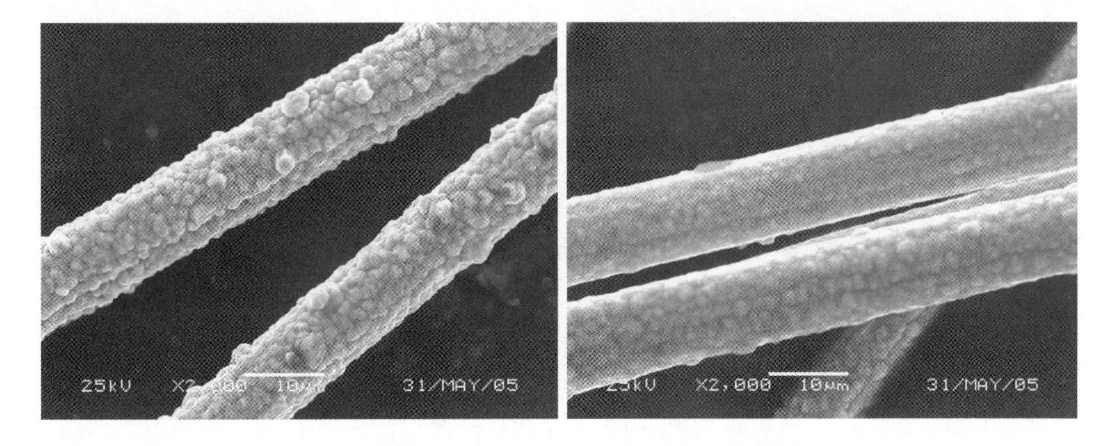

(c) $CuSO_4 \cdot 5H_2O$ 60 g/L, H_2SO_4 180 g/L　　(d) $CuSO_4 \cdot 5H_2O$ 60 g/L, H_2SO_4 180 g/L,添加剂

图 6.5　不同镀液中得到的镀铜层微观形貌[45]

6.1.4 镀铜对碳纤维性能的影响

碳纤维单丝拉伸的失效模式是脆性断裂。图 6.6 所示为典型的碳纤维单丝的拉伸应力-应变曲线，可以看到碳纤维的应力-应变曲线在断裂前为一条直线，在应变仅为 2.0%左右时即发生断裂。

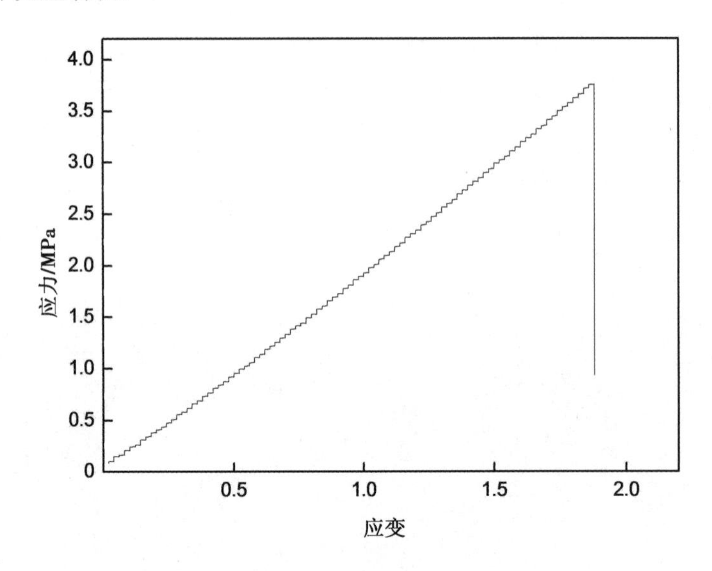

图 6.6 化学镀铜碳纤维应力-应变曲线

碳纤维的断裂概率受缺陷控制，强度分布符合由 Griffth 公式推导出的 Weibull 分布。根据碳纤维的强度，可计算出其表面典型缺陷的尺寸：

$$a_c = \frac{2\gamma E_f}{\pi \overline{\sigma}^2} \tag{6.1}$$

对于碳纤维原丝，如果 2γ 约为 2 J/m^2，E_f为 230 GPa，$\overline{\sigma}$ 为 3.3 GPa，那么典型缺陷长度约为 20 nm。

在碳纤维表面镀铜后，碳纤维单丝的断裂概率仍符合 Weibull 分布。如图 6.7 所示，Weibull 图为一条直线，碳纤维原丝的测试结果与 Weibull 分布吻合得很好。同时，其他几种碳纤维的强度分布都与 Weibull 分布吻合，只是参数有所不同。[46]

预处理对碳纤维的强度有所影响，如表 6.3 所示，而在镀铜后延伸率有一定提高，尤其是化学镀铜和电镀铜镀层较厚时延伸率最大。对于碳纤维而言，变形时表面缺陷对强度的影响起主要作用。说明预处理使纤维的表面缺陷长度有少许增大，而镀铜有助于减少碳纤维表面缺陷的敏感性，能够阻碍表面裂纹扩展。这种作用在镀层致密时显得比较明显，而在电镀液中主盐浓度很低时，镀层并不致密，对碳纤维表面的微小裂纹扩展的阻碍作用较小。

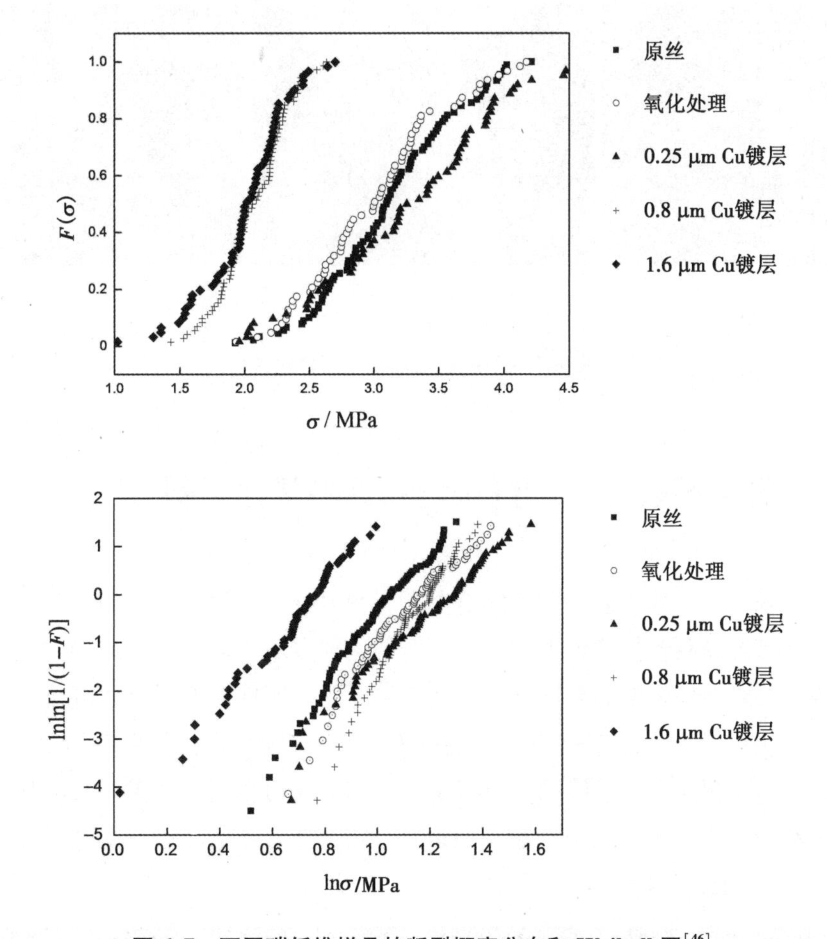

图 6.7　不同碳纤维样品的断裂概率分布和 Weibull 图[46]

表 6.3　不同纤维的拉伸性能

纤维	平均抗拉强度/GPa	平均伸长率	平均杨氏模量/GPa
原丝	3.3	1.38%	229.55
预处理后	2.98	1.24%	221.5
化学镀 0.25 μm 厚	3.25	1.76%	199.1
电镀 0.8 μm 厚	2.45	1.59%	157.56
电镀 1.6 μm 厚	2.34	1.77%	119.1

镀层质量可以通过观察镀铜碳纤维断口的形貌来考察。图 6.8 给出了不同镀铜碳纤维丝的断口照片。化学镀的镀层机械强度不好，得到的镀层在断裂时与纤维表面分离。电镀铜的镀层比较致密，表现出金属良好的延展性，厚度较厚时镀层在断裂过程中发生塑性变形。而电镀较薄的镀层结晶不致密，塑性变形不明显，这与镀液中 Cu^{2+}浓度过低有关，也是这种镀铜碳纤维的断裂延伸率较前两种低的原因。

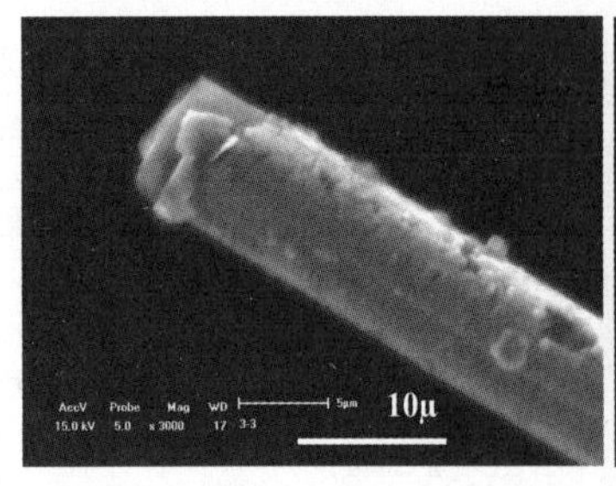

(a)化学镀 0.25 μm

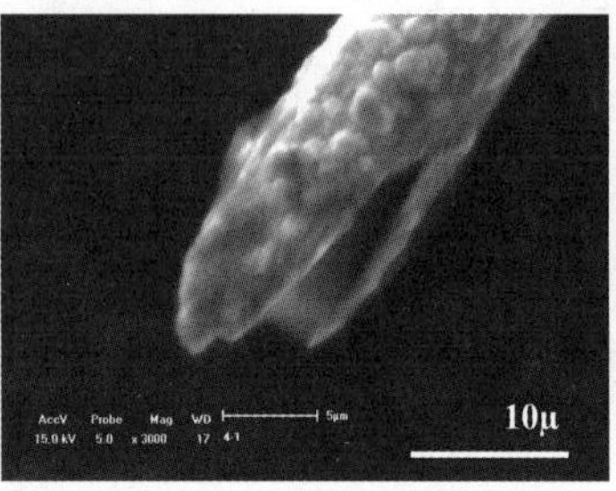

(b)电镀 0.8 μm

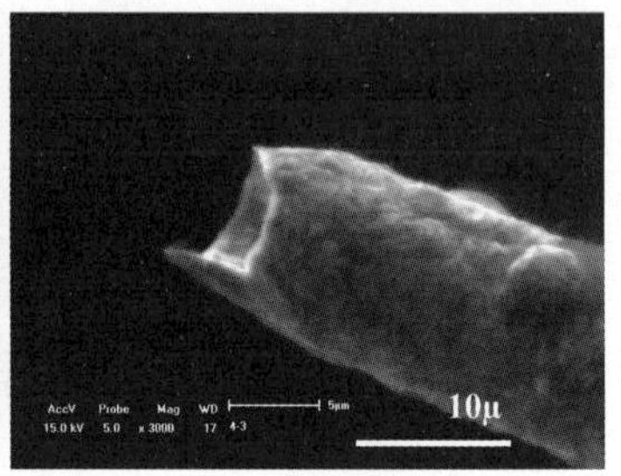

(c)电镀 1.6 μm

图 6.8　不同镀铜碳纤维断口照片

6.2　搅拌铸造制备碳纤维增强铝基复合材料

搅拌铸造法是工业生产颗粒增强复合材料的常用方法，这种工艺操作简单，对设备要求不高，并且容易制备尺寸较大的试样。但是这种方法不适合制备纤维含量高的复合材料，因为短纤维会使铝液的黏度迅速升高。界面的润湿性对于制备碳纤维复合材料尤为重要，铜镀层可以显著改善铝与碳的润湿性。图 6.9 所示为采用座滴法测试得到的 720 ℃时铝液与镀铜前后石墨块的润湿情况。从图 6.9 可以看到，铝与石墨的润湿性很差，润湿角约为 130°。而在石墨块表面有电镀层存在时，铝滴很快在石墨块上铺展，表明能够与其完全润湿。

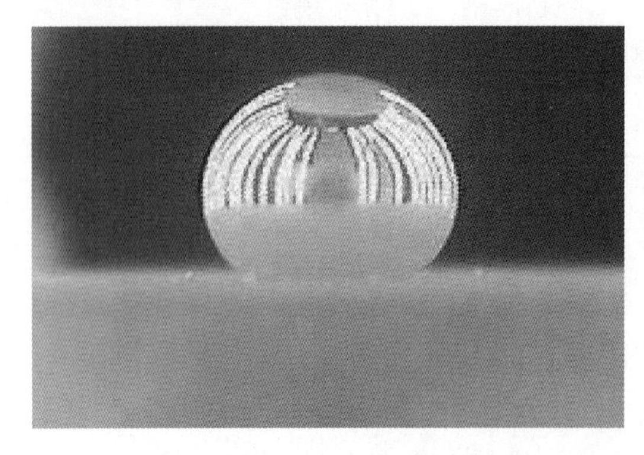

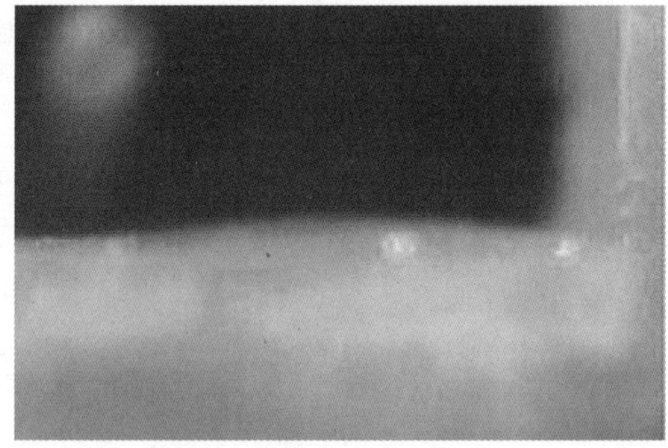

图 6.9　铝与石墨块和镀铜后石墨块润湿情况

铜镀层在搅拌时很容易溶入铝液。碳纤维增强铝基复合材料的物相结构可以使用 XRD 检测，除少部分溶入铝基体形成 α-Al 固溶体外，其他几乎完全以 $CuAl_2$ 相存在，如图 6.10 所示。因此，采用搅拌铸造法制备铝基复合材料时，镀层厚度需较厚，且与铝液结合力强。

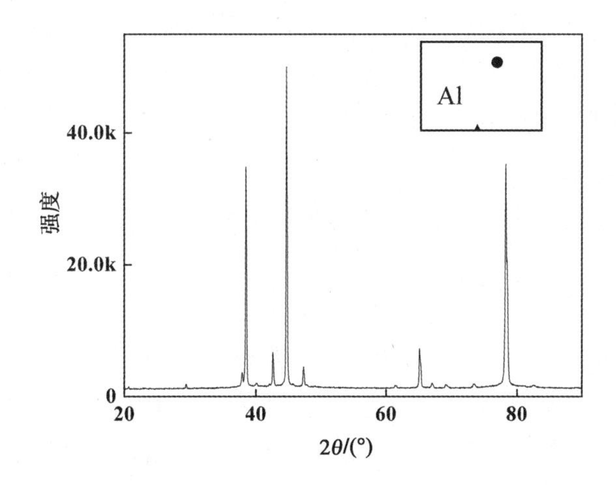

图 6.10　复合材料 XRD 衍射谱线

6.2.1　镀层厚度对润湿性的影响

采用化学镀层也可通过加压浸渗法制备出结构均匀的复合材料，其具有较高的强度，但在搅拌复合时，镀层极易脱落，从而无法与铝液润湿。镀层较薄时，碳纤维与铝熔体的润湿性没有得到有效改善，而此时碳纤维表面的镀层已经溶解或脱落。微观结构上表现为纤维在复合材料内部出现团聚，如图 6.11(a)所示。但是在此温度下，即使很薄的铜镀层也能够起到阻止界面反应的作用。[47] 图 6.11(b)中碳纤维与铝基体界面没有明显的界面反应层。采用较厚的、与纤维结合较紧密的电镀层后，镀层在铝液中溶解速度较慢且不容易脱落，能够有效起到改善润湿的作用，使碳纤维在基体内均匀分散。

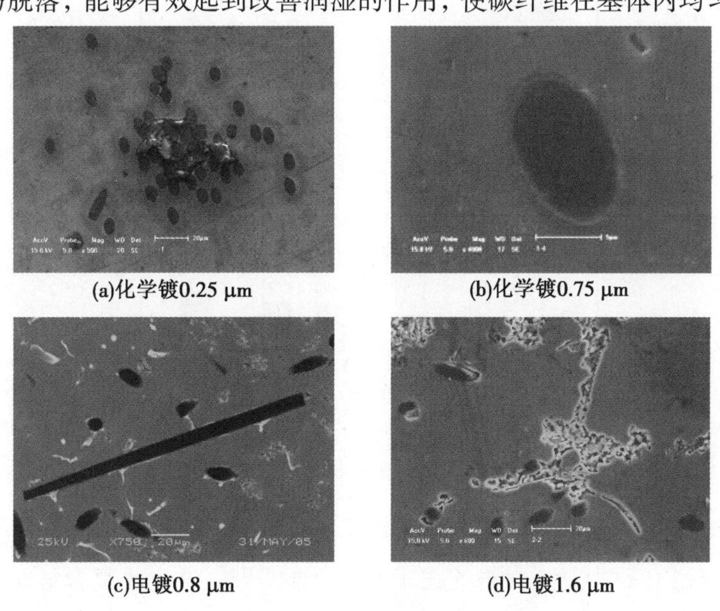

图 6.11　复合材料 SEM 微观结构照片[47]

随着镀层厚度的继续增大，复合材料内部中出现富铜相，且其数量和尺寸也随之增大，大部分富铜相散布在基体中，也有部分聚集在碳纤维与基体界面处。当镀层厚度为 1.6 μm 时，富铜相变得比较粗大，碳纤维的周围也包裹了很厚的富铜相。这一方面说明镀层与碳纤维结合比较紧密，复合后仍在界面处存在；另一方面说明当镀层较厚时，没有溶入铝液的铜镀层会在原位与铝液反应生成 $CuAl_2$。

6.2.2 镀层对界面结合的影响

铜镀层对复合材料的性能有重要影响。一方面，不同的镀层形成的界面黏结强度有很大差异；另一方面，铜的溶解和 $CuAl_2$ 相的存在对复合材料基体的性质有显著的影响。本节中碳纤维的体积分数为 1.7%，对于复合材料而言，增强体含量很低，通过界面传递承担载荷对复合材料强度的贡献很小。相反，碳纤维表面的镀铜层在溶入基体后，对复合材料的结构和力学性能有较大影响。当镀层厚度超过 1.3 μm 时，复合材料内的 $CuAl_2$ 相已大量存在，并且其尺寸也与碳纤维相当。可以认为，碳纤维在铝基体中的主要作用是通过影响位错密度而对复合材料有一定的增强效果，但远小于铜镀层生成的大量金属间化合物的影响。

当纤维表面镀层厚度较低时，因纤维团聚，复合材料的抗拉强度和延伸率均较小。而随着镀层厚度的增加，复合材料的屈服极限 $\sigma_{0.2}$ 逐渐增大。抗拉强度和延伸率先随厚度的增加而增大，在 1.1 μm 时达到最大值，而后又逐渐降低。镀铜层厚度的变化对复合材料抗拉强度 σ_b、屈服强度 $\sigma_{0.2}$ 和延伸率的影响如图 6.12 所示。

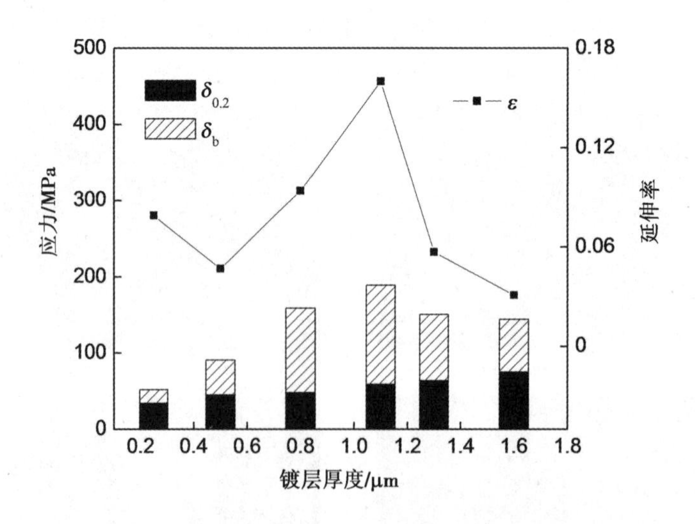

图 6.12　镀层厚度对复合材料的拉伸性能的影响

图 6.13 所示为厚度分别为 0.25 μm、0.5 μm、1.1 μm 和 1.6 μm 的复合材料的拉伸断口形貌。图 6.13(a) 中复合材料的破坏源于纤维团聚。这也是复合材料受力时在较低的应变下断裂的原因。也可以看出此时纤维的加入非但不能起到增强作用，反而造成材

料的抗拉强度下降，在很低的应变下即发生断裂。

图 6. 13(b)显示，当镀层厚度为 0. 5 μm 时，轴向垂直于受力方向的碳纤维与铝基体界面处的脱黏或纤维出现纵向断裂。说明界面与铝基体之间黏结强度低，界面的脱黏诱发了材料的失效。在脱黏的纤维表面能够观察到仍有镀层存在，说明镀层与碳纤维结合紧密，但与铝基体形成的界面层比较疏松，容易断裂。这主要是因为制备此种厚度的镀液中主盐浓度很低，极限电流密度也较低，很容易出现浓差极化，使得到的镀层疏松。此时界面层的铜以 $CuAl_2$ 的形式存在，有很大的脆性，这种疏松的脆性界面层在受力时容易产生裂纹。又由于其与碳纤维结合紧密，裂纹向纤维的扩展造成如图 6. 13(b)所示的纤维沿轴向撕裂的现象。

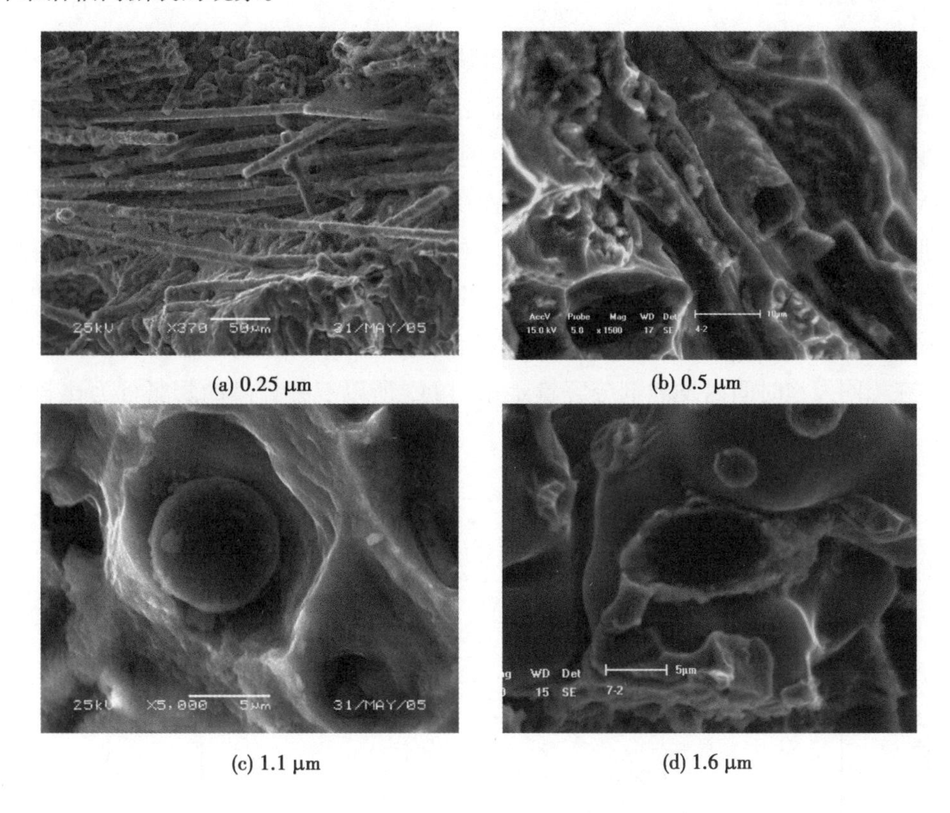

(a) 0.25 μm　(b) 0.5 μm　(c) 1.1 μm　(d) 1.6 μm

图 6. 13　复合材料断口 SEM 照片

从图 6. 13(c)中可以观察到以纤维和基体内第二相颗粒为核心的韧窝。说明此时碳纤维与铝基体界面结合比较紧密，并且基体具有较好的塑性。此时由于纤维的加入和 $CuAl_2$ 相的出现，复合材料的刚度有所提高，能在一定程度上改善基体与碳纤维的相容性，界面可以比较有效地承受载荷。基体良好的塑性也是制备金属基复合材料希望得到的，因为纤维周围的塑性流变能够阻碍裂纹的扩展，从而提高复合材料的断裂韧性。这样制得的复合材料既有比较高的弹性模量，也可以产生较大的塑性变形，从而使复合材料的整体力学性能较好。

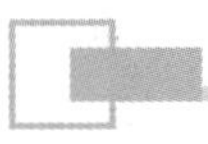

图 6. 13(d) 中断口的纤维被很厚的 $CuAl_2$ 相包覆，材料的失效与粗大金属间的化合物有关。这主要是因为纤维表面被大量脆性相包覆时，界面层在受力时基本不能发生塑性变形，虽然此时界面与铝基体和碳纤维之间结合非常紧密，但如此大尺寸的脆性相的存在很容易导致材料的脆性失效。

6. 3 碳纤维复合泡沫铝的制备

6. 3. 1 膨胀过程

气泡内气体的压力、液体的表面张力和黏度是对气泡长大有主要影响的几个因素。碳纤维加入量的增加可以使熔体的黏度明显增加，但对表面张力的影响很小。铜的加入可以使铝熔体的黏度少量增加，而对铝熔体的表面张力的影响很小。这样可以认为加入镀铜碳纤维后铝液的表面张力等物理化学性质变化较小。图 6. 14 所示为碳纤维体积分数分别为 0. 35%，1. 0%和 1. 7%三种泡沫铝样品的膨胀曲线。三种泡沫的膨胀过程比较相近，因为三种样品液态时的表面张力是相当的，相同直径的气泡内的压力也是相同的。对于碳纤维含量不同的三种样品而言，加入相同量的发泡剂，发泡剂分解气体的速率也相当，在相同发泡时间内发泡剂分解量是相同的，所以三种样品的膨胀行为比较相似，达到的最大膨胀率也没有明显的差别。

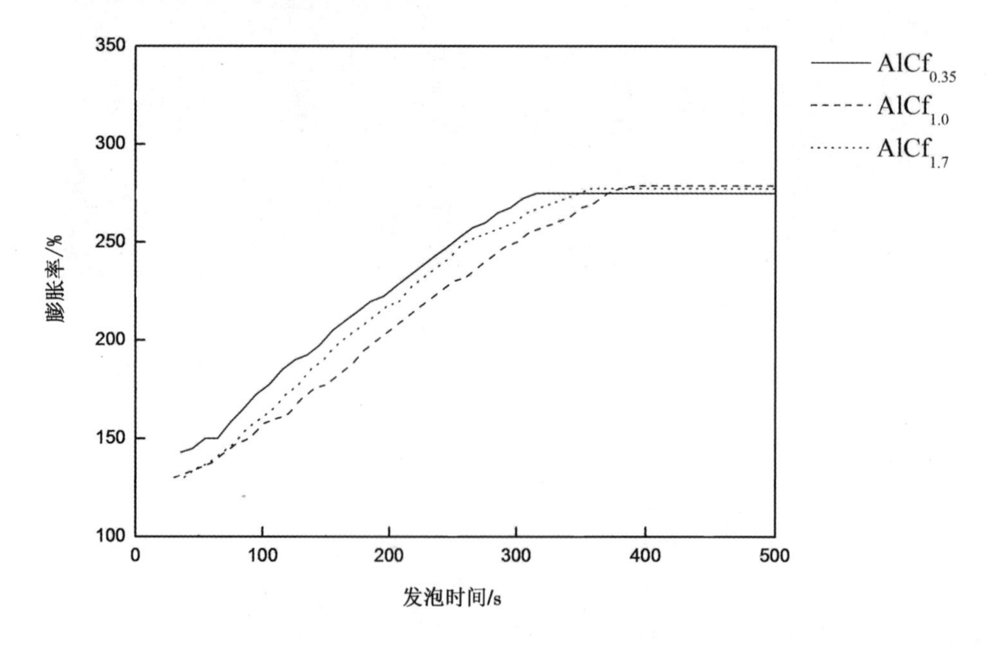

图 6. 14　不同碳纤维含量泡沫铝的膨胀曲线

6.3.2　孔结构演化

碳纤维含量增加时，泡沫铝气泡壁的稳定性增强，表现为在相同的发泡时间内，具有更小且均匀的泡孔结构以及更薄的气泡壁。图 6.15 所示为发泡时间分别为泡沫的形成阶段、快速膨胀阶段和稳定阶段时，碳纤维含量对泡孔结构的影响。[48]

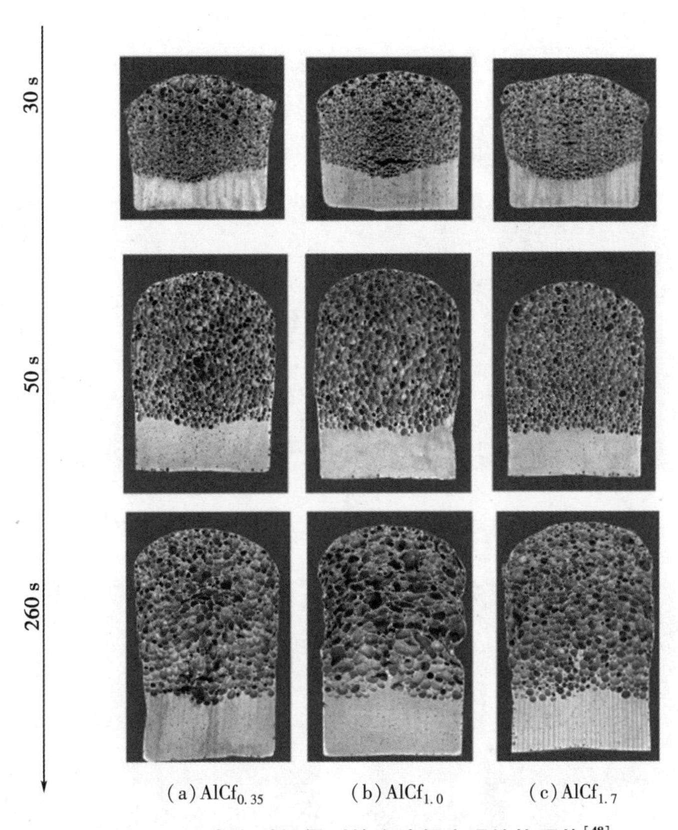

图 6.15　不同发泡时间得到的泡沫铝宏观结构照片[48]

当发泡时间为 30 s 时，三种泡沫体都由大量的小气泡组成。此时处于发泡过程的初期，三种样品的结构基本相同。因为气泡壁的稳定性增强，气泡壁厚度破裂极限厚度降低。当发泡时间为 150 s 时，碳纤维质量分数为 1.7%的样品孔径分布范围明显小于其他两种，并且没有大孔径的不规则孔。当发泡时间为 150 s 时，碳纤维质量分数为 0.35%的泡沫铝样品中最小厚度小于 40 μm 的气泡壁数量明显小于其他两种样品。这说明碳纤维含量高时，气泡壁可以在较小的厚度下稳定存在，给气泡壁收缩的时间变长，增加了气泡壁的稳定时间。这也使碳纤维含量高的样品的平均孔径降低。

6.3.3　微观结构

因为镀铜后碳纤维与铝液完全润湿，碳纤维存在于制得泡沫铝的气泡壁和 Plateau 边界内。如图 6.16 所示，碳纤维体积分数为 1.0%的样品中，碳纤维在 Plateau 边界内是随机分布的，而在气泡壁中与气泡壁表面基本平行。在气泡壁内和气泡壁表面都观察到了分解后的 TiH_x。

气泡壁表面观察不到碳纤维，但有大量铝和铜的氧化物，并且铜的含量远高于原始作为铜镀层加入的量。一般认为，气液界面的氧化膜对气泡的稳定有辅助作用。而对于本发泡体系，由于使用 TiH_2作为发泡剂，氢气是发泡气体，在发泡过程中的这种还原气氛下，泡沫体内部不应出现大量氧化物。而在冷却过程中，铜在铝中的溶解度会大大降低，铜元素向晶界和气液界面处富集，并且在泡沫体冷却过程中气泡壁出现很多缩孔或微裂纹，氧气进入泡沫体后能够在气泡壁表面形成大量的氧化物。因此，这些氧化物是在凝固后产生的，其对液态气泡的稳定不产生影响。

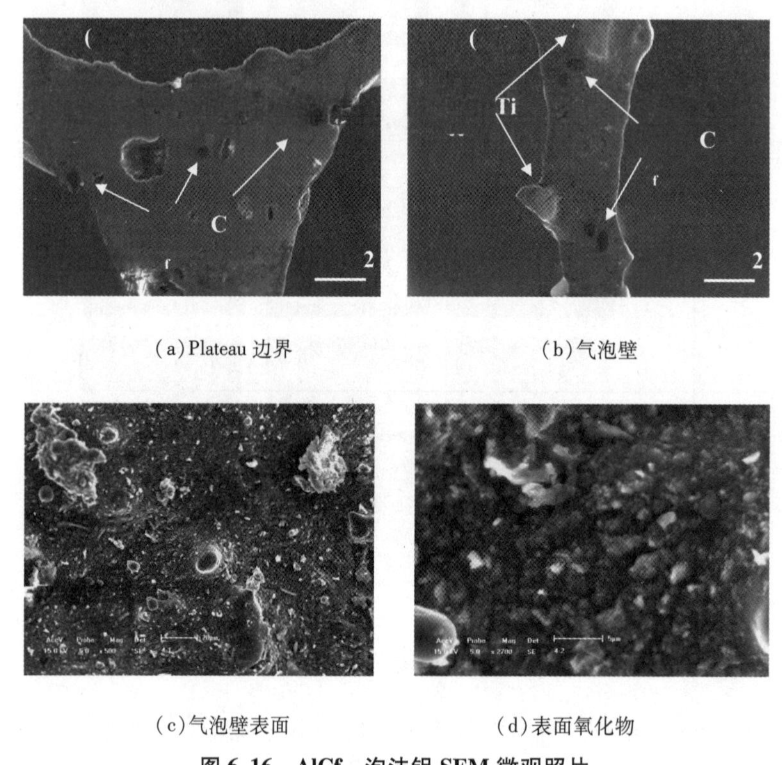

(a) Plateau 边界　　(b) 气泡壁

(c) 气泡壁表面　　(d) 表面氧化物

图 6.16　$AlCf_{1.0}$泡沫铝 SEM 微观照片

6.3.4　Mg 对发泡行为的影响

铝熔体的表面张力随 Mg 的加入量增加而迅速降低。即使加入少量镁，也可以明显降低铝熔体的表面张力。这是因为 Mg 是一种活性元素，加入铝熔体后迅速向气泡表面富集，对铝液的作用类似水溶液中表面活性剂的作用。而表面张力的降低有助于气泡的长大。此外，Mg 的加入可以降低铝熔体的黏度，也有助于气泡的加速长大。

图 6.17 所示为不同 Mg 加入量碳纤维稳定液态泡沫的膨胀曲线。可以看出，在加入 Mg 后，膨胀速度和最终达到的膨胀率均迅速增加。在泡沫开始膨胀初期，加入 Mg 之后的样品的膨胀率也明显高于只加入相同含量的碳纤维的样品，这说明加入 Mg 之后泡沫

体的异质形核更容易。

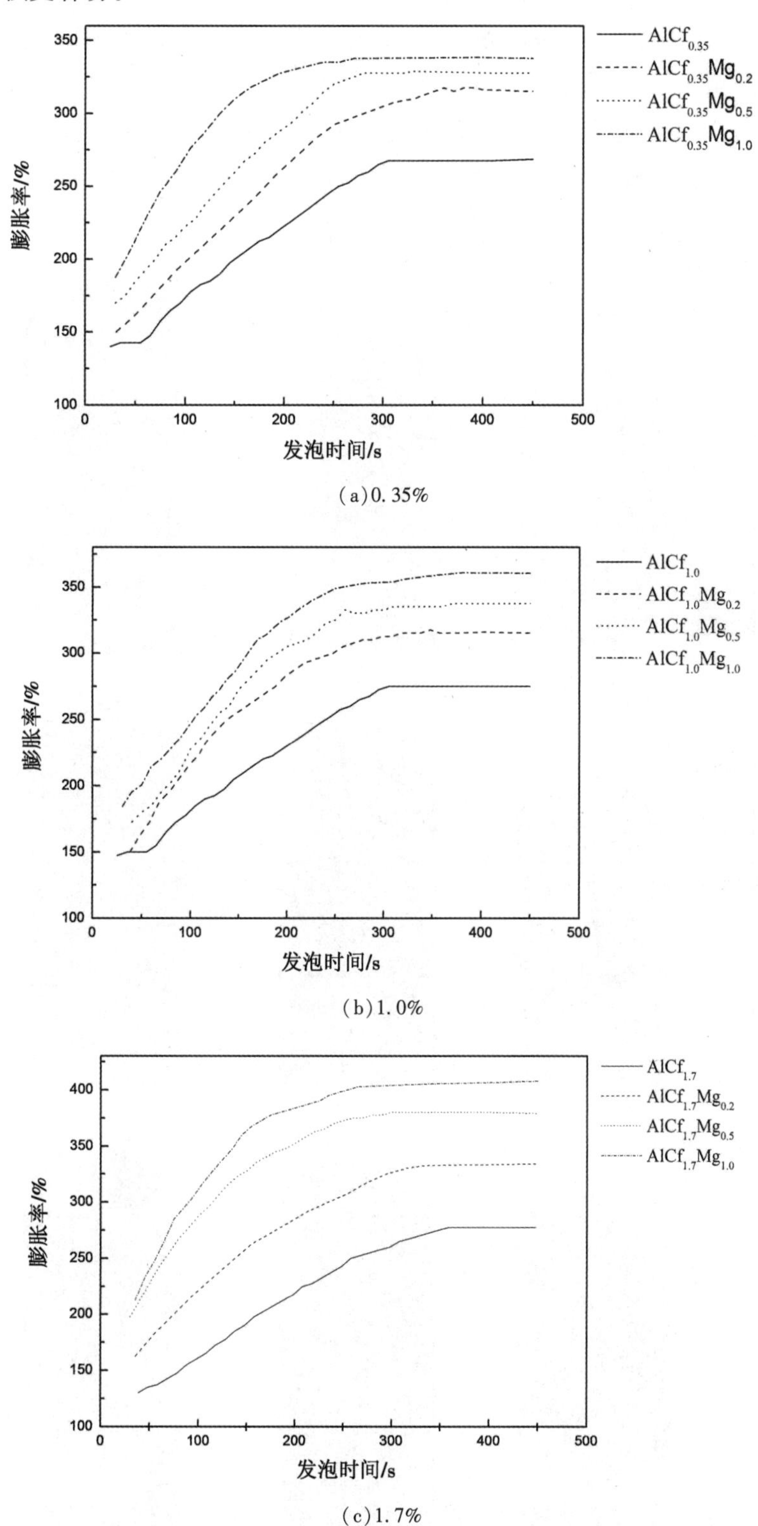

(a)0.35%

(b)1.0%

(c)1.7%

图6.17 Mg对不同纤维体积分数泡沫铝发泡行为的影响

图 6.18 所示为不同纤维含量和 Mg 含量的泡沫铝在发泡 150 s 时的泡沫结构图像。可以看到,加入 Mg 后泡沫体的高度明显增加,同时实铝层的厚度明显减少[49]。这是因为在加入 Mg 后,虽然熔体的黏度有一定降低,但气泡的形核和长大速度都加快,使 Plateau 边界迅速收缩。Plateau 边界是重力排液的主要通道,Plateau 边界的收缩不仅使排液通道变窄,也使毛细管作用增大,这些作用都使重力排液减慢,实铝层厚度减少。

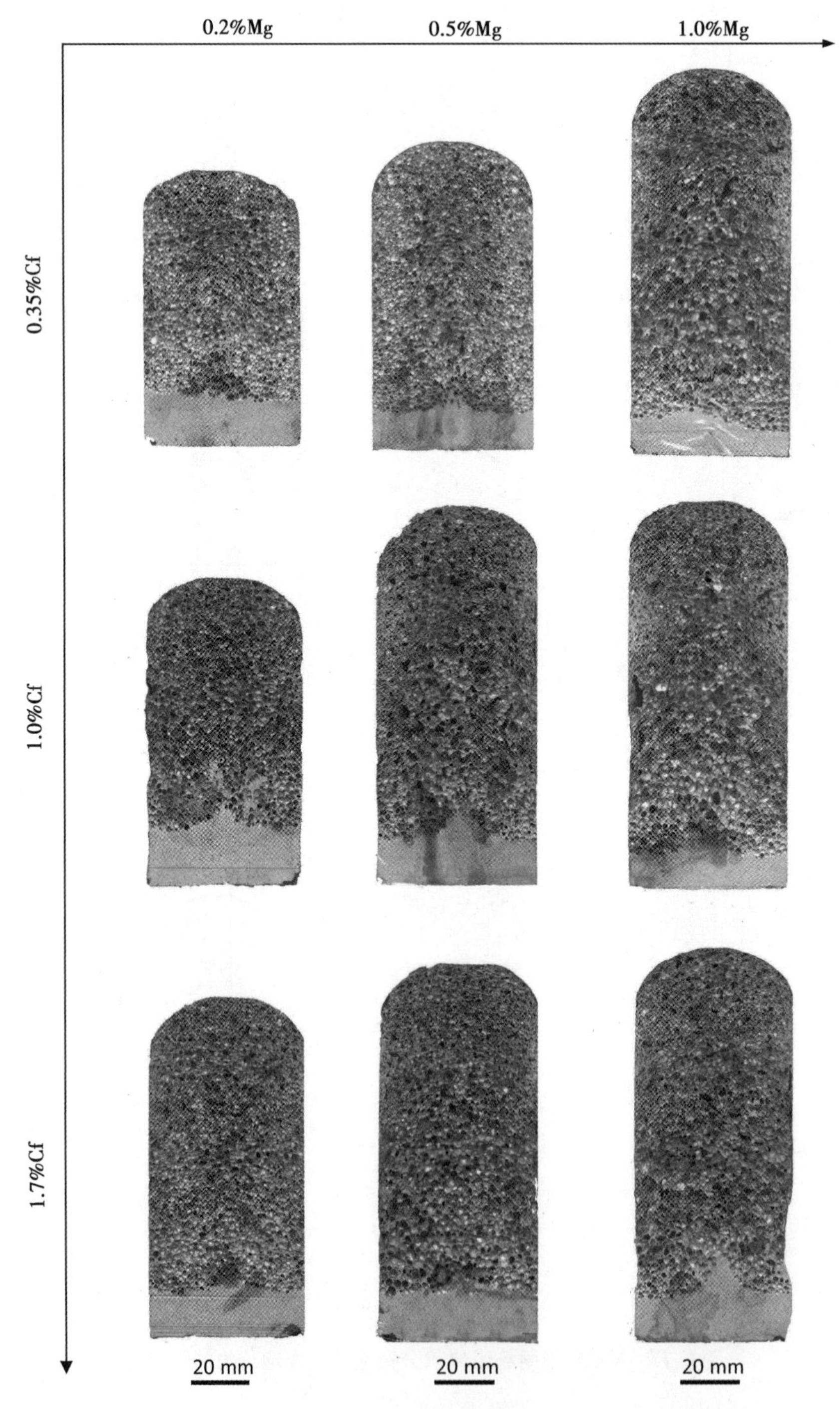

图 6.18　加入 Mg 对不同纤维体积分数泡沫铝宏观结构的影响

6.4　碳纤维稳定气泡的机理

碳纤维具有大的长径比，镀铜后与铝液完全润湿，这使得其稳定气泡壁的机理与等轴颗粒完全不同。在颗粒稳定气泡的体系中，颗粒往往与熔体是半润湿的，由于表面张力的作用，颗粒吸附在气泡表面并随气泡上升，最后停留在气泡表面，发挥稳定气泡的作用。而镀铜碳纤维都存在于气泡壁两个气液界面之间，表面与铝熔体是完全润湿的状态，不能发生吸附效应。这种新的气泡稳定体系受到其他机制的控制。

对碳纤维体积分数为1.7%的泡沫铝样品的不同部位取样进行化学分析，取样部位包括泡沫层的顶部和底部，以及实铝层。结果如表6.4所列。可以看出，铜在泡沫体中的分布是比较均匀的，而绝大多数碳纤维都分布在泡沫层。说明碳纤维对气泡的稳定起主要作用，而铜镀层的影响很小。实际上，在690 ℃时单纯的Al-Cu合金熔体中由于没有固相存在，不具备发泡能力。

表6.4　泡沫铝中不同部分C和Cu体积分数分析结果

泡沫铝部位	C体积分数	Cu体积分数
泡沫层顶部	1.72%	3.75%
泡沫层底部	1.53%	3.54%
实铝层	0.02%	3.60%

6.4.1　碳纤维产生回复力的原理

要稳定泡沫，碳纤维必须能够产生回复力来阻止气泡壁变薄和抵消气液界面的波动。如前所述，由于碳纤维的长径比很大，因此碳纤维只能与气泡壁表面成很小的角度，几乎平行。这样，当数根碳纤维存在于这样狭窄的液体薄膜中时，就会彼此产生机械接触，形成稳定的多层网状结构，如图6.19所示。当液膜进一步变薄时，在没有纤维的区域，气液界面会发生弯曲凹向气泡壁内部，此处液膜内压力就会减小，其他区域的液体在压力的作用下填充此处的凹陷区域，从而达到阻止液膜进一步变薄的目的。这一过程的作用原理与网状氧化物的机械隔离作用类似。

碳纤维稳定铝泡沫的体积分数可以低至0.35%，远低于微米级颗粒稳定泡沫铝的体积分数，低于网状氧化物与本体结合物的体积分数，而与氧化物本身的含量接近。如图6.20所示，与等轴颗粒相比，碳纤维具有大的长径比，容易彼此产生机械接触而发生力的传递。对于直径为d_{Cf}的纤维，可以很容易用$2n$根纤维筑起nd_{Cf}厚的结构。因此，长径比大于100的碳纤维可以比颗粒更有效地占据泡壁内的空间，将力传递给两边的气-液界面，稳定气泡所需的体积分数也远小于颗粒。

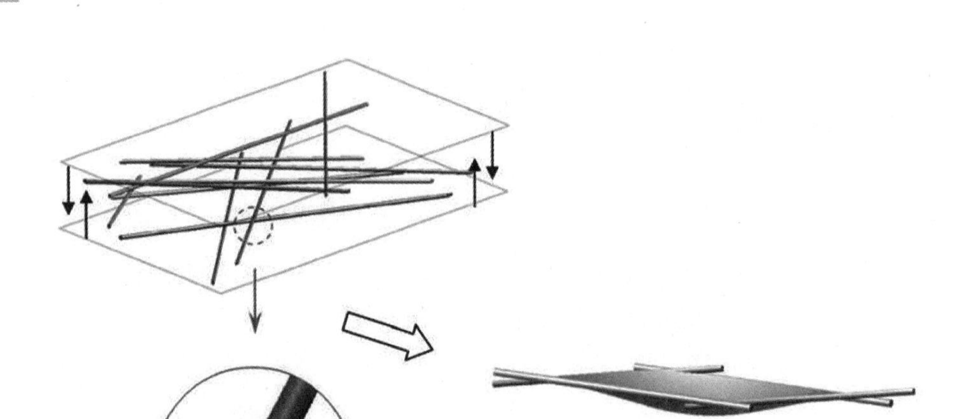

图 6.19　碳纤维产生回复力示意图[50]

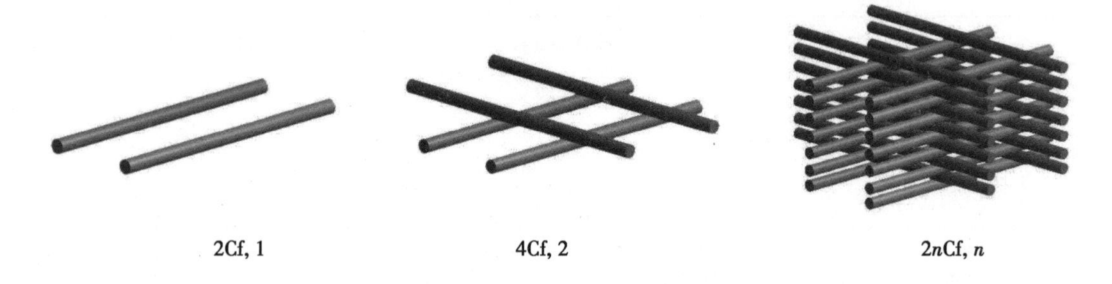

图 6.20　碳纤维的堆积结构示意图

使用弱硝酸和弱氢氧化钠溶液对气泡壁进行腐蚀，去除部分铝基体，用扫描电子显微镜观察腐蚀后的泡沫铝气泡壁，如图 6.21 所示。气泡壁内部的碳纤维基本是在平行于气泡壁表面的平面内随机分布的，这些纤维气泡壁内很容易发生机械接触，形成一种近似网状的结构。

6.4.2　回复力的计算

下面用一个简单的模型来估算碳纤维产生的回复力。如图 6.21 所示，假设纤维都分布在厚度为 d_{Cf} 且平行于气泡壁表面的平面内，并且每层中纤维的体积分数都是相等的，且等于复合材料中纤维的体积分数 v。如图 6.22 所示，忽略表面弯曲对体积分数的影响，弯曲的曲率 R_f 可用式(6.2)表示：

$$R_f = \frac{1}{2}\left(\frac{d^2}{4h} + h\right) \tag{6.2}$$

式中，d——处于同层的纤维之间的距离；

h——界面凹槽的深度。

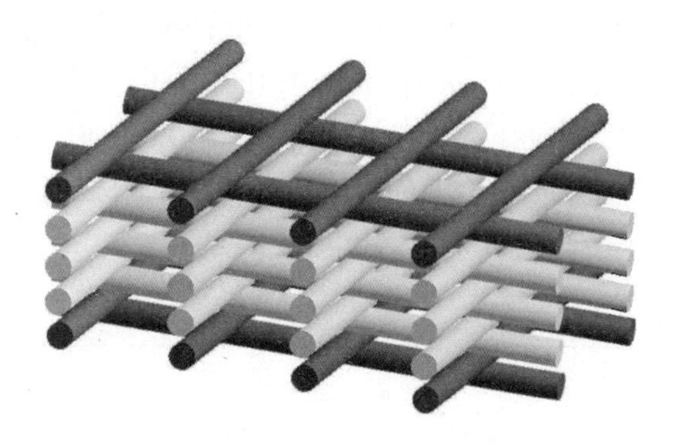

图 6.21　碳纤维在气泡壁内的结构模型

忽略凹槽对气泡壁体积的影响，d 与纤维的体积分数 v 有如下关系：

$$d = \frac{\pi d_{\mathrm{Cf}}}{4v} \tag{6.3}$$

气液界面弯曲所产生的回复力 Π 为

$$\Pi = \frac{2\sigma}{R_{\mathrm{f}}} = \frac{256\sigma h v^2}{\pi^2 d_{\mathrm{Cf}}^2 + 64v^2 h^2} \tag{6.4}$$

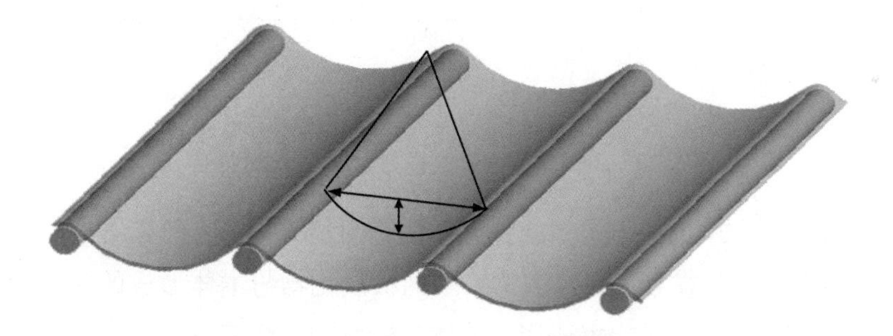

图 6.22　回复力的计算

从式(6.4)可以看出，表面张力越大时，相同波动下产生的回复力也就越大，这与 Mg 加入 Al 熔体会降低气泡的稳定性的实验结果相符。图 6.23 所示为纤维含量不同时由式(6.2)、式(6.3)计算得出的 h 与 R_{f}的对应关系曲线。可以看出，气泡壁表面波动越大，即 h 越大时，R_{f}越小，式(6.4)产生的回复力也就越大，这样就可以有效阻止气泡壁进一步变薄，从而达到稳定气泡的目的。同时，纤维含量越高，即 v 越大时，相同波动(h)产生的液面曲率 R_{f}越小，回复力也就越大，这也与高的纤维含量可以更好地稳定泡沫的实验结果吻合。

回复力的作用除了消除气泡壁厚度的局部波动外，还要能够平衡气泡壁内与 Plateau 边界内的液体压力。为使气泡壁内压强与 Plateau 边界内平衡，R_{f}必须等于或近似于 R_{PB}。实际的泡沫铝中，R_{PB}的范围为 1～4 mm，从图 6.23 中可以看出，此时纤维体积分数为 0. 35%的试样中凹槽的深度超过 100 μm。当凹槽深度超过 d_{Cf}时，界面将与下一层的纤维接触，使情况变得复杂，但此时由模型计算出的数值已经远远超过了观察到的气泡壁的厚度。尤其是在 R_{PB}小于 3 mm 时，h 大于 100 μm，已经大于气泡壁本身的厚度，这显然与实际情况不一致。因此，气泡壁的稳定不能仅用这种理论解释。并且，观察到的气泡壁表面往往是平直的，表面波动的幅度很小，也说明泡沫的稳定还受其他因素的制约。

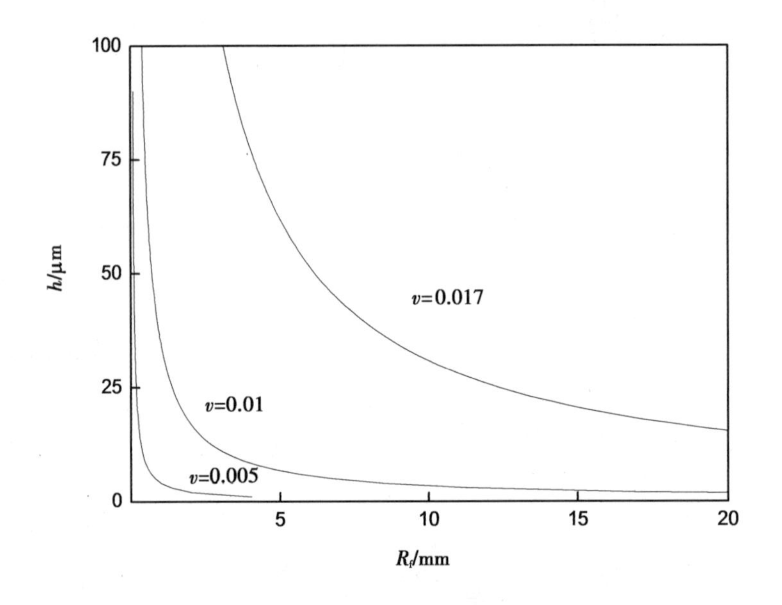

图 6. 23　不同纤维含量的样品中 R_f与 h 的关系

Korner 等在其研究中也做了类似的计算来估算回复力的值，计算结果表明泡沫能够达到稳定，这主要是因为在其所研究的体系中网状氧化物与本体形成的颗粒状复合体的体积分数达到了 30%以上，是本书所用纤维体积分数的 100 倍左右。

从以上分析来看，理论计算的结果与实际观察的情况有较大差距，因此气泡壁的稳定必然还受其他因素的影响。

6. 4. 3　稳定机理的完善

观察泡沫铝的微观结构可以发现，碳纤维除存在于气泡壁内以外，也大量存在于 Plateau 边界内。Plateau 边界的空间理想形态如图 6. 24(a)所示。Plateau 边界是泡沫体排液的主要通道，在排液过程中，Plateau 边界的横截面积也会发生收缩。当 Plateau 边界收缩到一定程度时，这些纤维会彼此接触，形成稳定的网状结构，如图 6. 24(b)所示。如果 Plateau 边界继续收缩，在这些网络的作用下，气液界面没有碳纤维的区域也将发生弯曲。这时，Plateau 边界表面气液界面的曲率已不再是宏观观察到的曲率，而与气泡壁表面形成凹槽的曲率相近。

这样，气泡壁表面不需要产生明显的弯曲就能够与 Plateau 边界内的压强近似平衡，在很大程度上减少液体向 Plateau 边界流动，使气泡壁变薄减慢，从而稳定泡沫。这种结果与实际观察到的平直的气泡壁和光滑的 Plateau 边界一致。

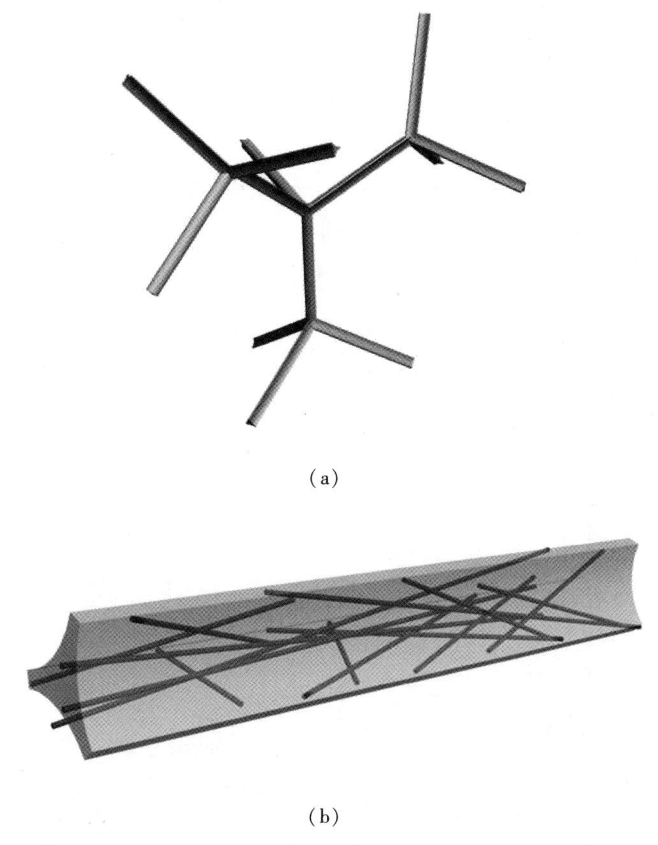

(a)

(b)

图 6.24　Plateau 边界的空间形态和碳纤维在其中的分布示意图

对于颗粒稳定泡沫的体系，之所以认为提出的几种稳定机理是推测性的，是因为没有实际观察结果的支持，如很少观察到气泡壁的弯曲或颗粒的团聚。本书的讨论指出，稳定剂同时使气泡壁和 Plateau 边界表面的气液界面发生弯曲可以平衡两者之间的压力差，因此并不需要气泡壁发生明显的弯曲。泡沫中颗粒的存在显然也可以起到类似的作用，使气泡壁表面在保持平直的情况下稳定泡沫。但是，等轴的颗粒相互之间并不容易发生接触，形成稳定的结构。Kaptay 的计算认为，润湿性不同的颗粒可以共同作用形成稳定的团聚结构，而图 5.10(c)所表示的结构是在泡沫金属中经常观察到的，气泡壁中间的颗粒对吸附在气泡壁表面的颗粒产生力的作用，从而达到稳定泡沫的目的。

对于网状氧化物作为稳定剂的体系，由于氧化物薄膜的厚度只有几十纳米，氧化物之间互相产生机械力比较困难，而通过与本体液体形成复合结构，就能够有效传递载荷。不应简单地将网状氧化物和本体的复合结构看成一种等轴的颗粒，如果这些氧化物可以在整个气泡壁内互相作用，产生力的传递，就能高效地起到稳定泡沫的作用。

6.5 碳纤维复合泡沫铝的力学性能

6.5.1 碳纤维加入量的影响

Cu 的加入和碳纤维的加入能够提高复合材料的强度和模量，但也使复合材料脆性增大。当镀铜纤维体积分数由 0.35%增加到 2.5%时，泡沫铝的压缩器强度随纤维含量的增加而升高，如图 6.25 所示。但是纤维含量低的泡沫在进入致密阶段后仍能保持塑性变形，而变形后的纤维含量高的样品有明显的气泡壁断裂的现象出现。

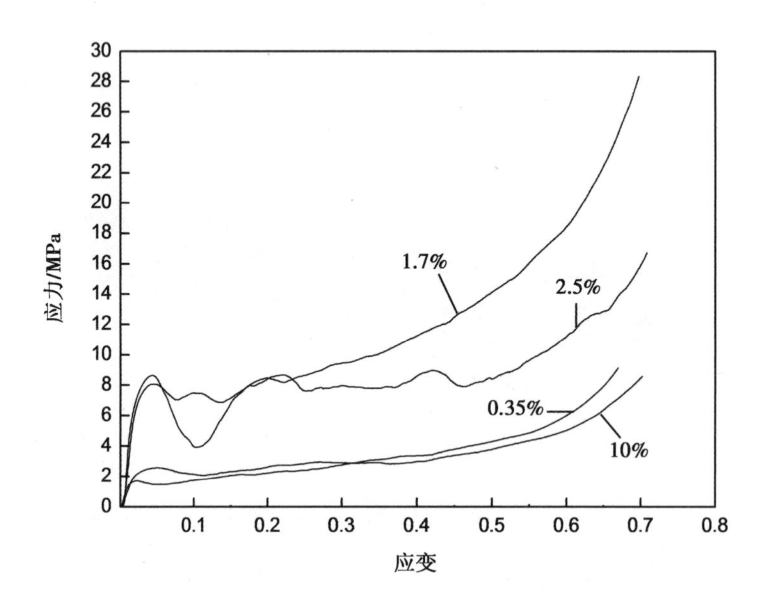

图 6.25　碳纤维含量对泡沫铝力学性能的影响

6.5.2 铝合金基体的力学性能

采用碳纤维作为稳定剂，理论上可以使用任何铝合金作为基体制备泡沫铝。但是因为碳纤维表面的铜镀层在铝液中溶解，所以更适合采用含铜铝合金作为原料。比如采用 ZL201 和 2024 时，可制备出性能截然不同的泡沫铝。因为 2024 中含有 Mg，其膨胀率大、密度低。如图 6.26 所示。

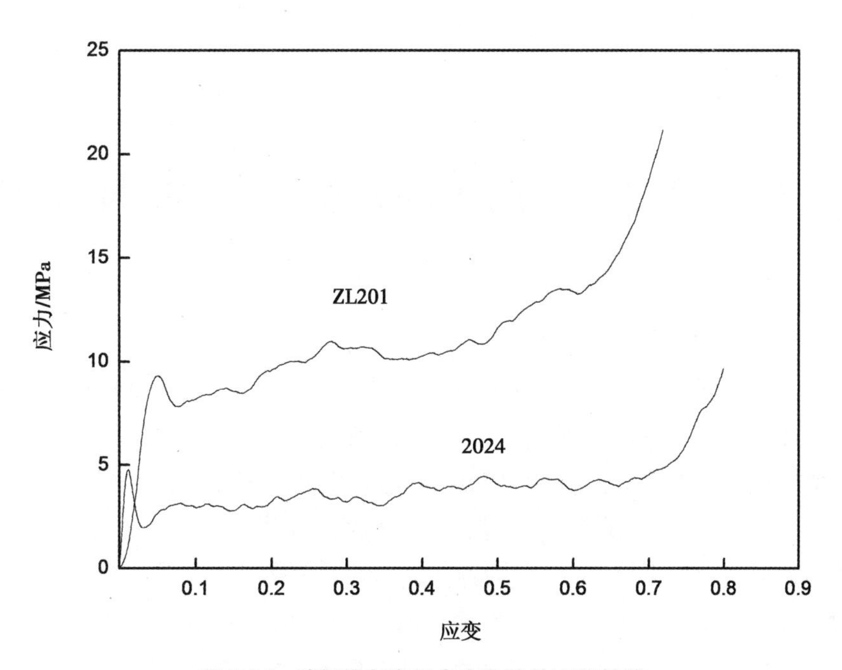

图 6.26　碳纤维复合铝合金泡沫的压缩性能

第 7 章　原位生成颗粒增强铝基泡沫材料

常用的泡沫金属的稳定颗粒是直径为几微米至几十微米的 SiC 和 Al_2O_3等半润湿颗粒。如前所述，这些颗粒可以吸附在气泡壁液相薄膜两侧的气液界面，使气液界面发生微弯曲产生毛细管力来平衡气泡壁和 Plateau 边界中液体的压力，从而阻碍气泡壁变薄和破裂。但是，这些颗粒稳定气泡所需的体积分数为 10%~20%，会对基体的力学性能、尤其是塑性变形能力产生较大影响，使泡沫材料的力学性能变差。

相对于外加颗粒，原位生成的 TiB_2颗粒的尺寸较小，与铝液有良好的润湿性，具有在基体内分散均匀和界面结合力强等特点，对铝基体有更优的增强效果。因此，采用原位生成颗粒增强铝基复合材料作为原料，有望制备具有更高性能的铝基泡沫材料。但 TiB_2颗粒对液态金属泡沫的稳定性具有不确定的影响。在粉末致密化前驱体中添加质量分数为 10.0%、直径为 10 μm 的 TiB_2颗粒可以增大液态泡沫的膨胀率，但泡沫在膨胀率达到最大值后快速坍塌[41]。使用 X 射线实时成像技术对注气发泡法形成的泡沫情况进行观察，发现体积分数为 6.0% 的 TiB_2颗粒增强 AlSi9Mg0.6 合金可以形成液态泡沫结构[26]。采用熔体发泡法制备原位生成 TiB_2颗粒增强 A357 基体泡沫的研究发现，当 TiB_2颗粒质量分数由 5.0%增大至 10.0%时，泡孔出现了更多的气泡合并和结构缺陷[51]。由于孔结构缺陷的存在，原位生成 TiB_2颗粒增强 A357 基体泡沫的力学性能低且分散性较大[52]。由于 Si 和 Mg 等合金元素对液态泡沫的稳定性和基体的力学性能均有显著影响，因此，在研究原位生成颗粒对泡沫稳定性和性能影响时应尽量避免不明合金元素的加入。

7.1　原位生成颗粒对发泡过程的影响

原位生成颗粒对液态泡沫的稳定作用与其含量和泡沫体的膨胀速度有关。图 7.1 所示为采用实时激光测距技术获得的 TiH_2加入量（质量分数）为 0.3%，0.5%和 0.7%时，TiB_2颗粒质量分数为 5.0%和 10.0%两种泡沫铝的膨胀率随时间变化曲线。当 TiB_2质量分数为 5.0%时，不同 TiH_2加入量的铝熔体的膨胀过程均分为快速膨胀、保持稳定和坍塌三个阶段。在第 1 阶段，在 TiH_2热分解的驱动下，铝熔体的体积快速膨胀，并在 1000 s 左右达到最大值。随着 TiH_2的添加量增大，相同时间内热分解产生的气体增多，泡沫体

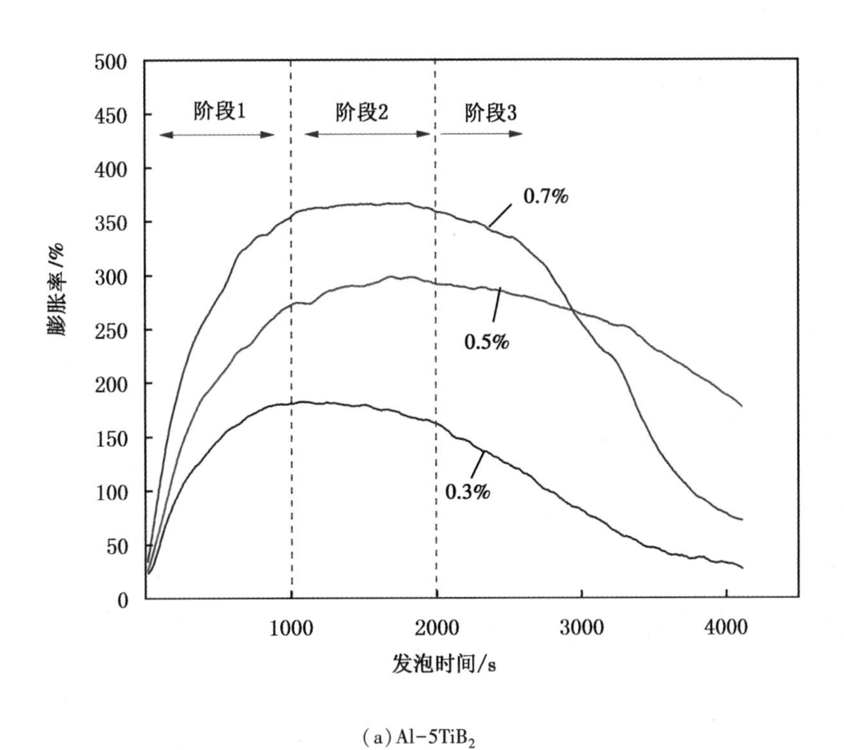

(a) Al-5TiB_2

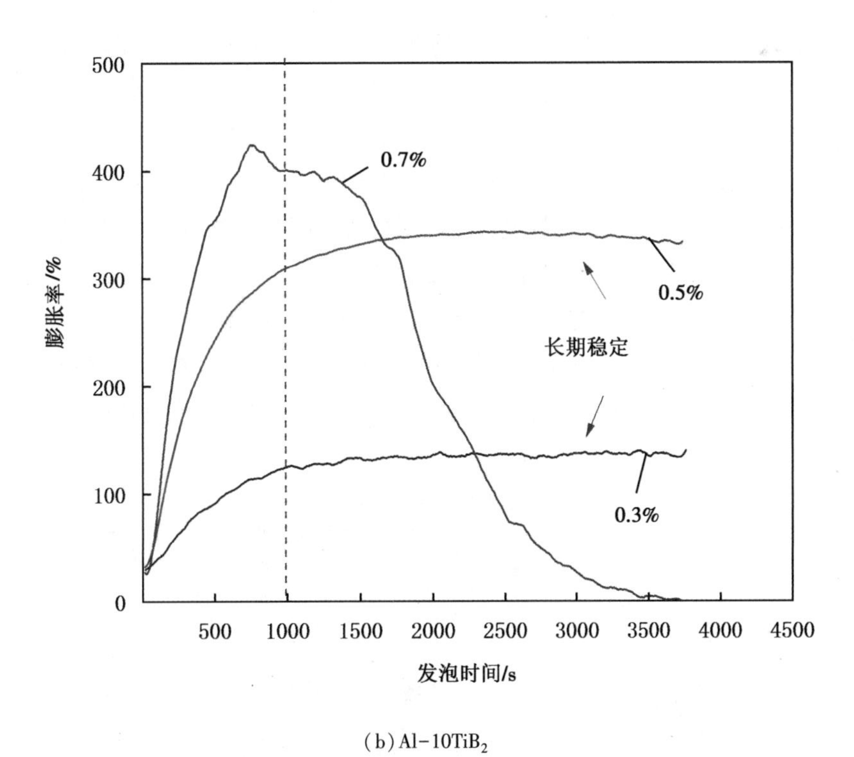

(b) Al-10TiB_2

图 7.1　不同颗粒质量分数泡沫铝的膨胀率随时间变化曲线

的膨胀速度和达到的最大膨胀率均显著增加。在第 2 阶段，发泡剂分解接近完成，泡沫体的体积保持不变或因表面气泡破裂而缓慢降低。在约 2000 s 之后，发泡过程进入第 3 阶段，泡沫体发生坍塌，膨胀率快速下降。研究指出，原位生成 TiB_2颗粒增强 A357 合金熔体的膨胀过程也表现为上述三个阶段，但因铝熔体的温度不同，泡沫体达到最大膨胀率的时间有明显区别。

图 7.1(b)所示为 TiB_2颗粒质量分数为 10.0%时铝熔体的膨胀曲线。当 TiH_2加入量(质量分数)为 0.3%和 0.5%时，泡沫体的膨胀率在达到最大值后保持不变，直至 4000 s 未出现坍塌，说明液态泡沫的稳定性显著改善。而当 TiH_2加入量(质量分数)为 0.7%时，泡沫体快速膨胀，在发泡剂未完全分解时即出现快速坍塌，说明泡沫体是否出现坍塌与发泡剂的加入量有关。一些工作中使用质量分数为 1.4%的 TiH_2作为发泡剂，发现 TiB_2颗粒质量分数由 5.0%增加至 10.0%时，液态泡沫更易坍塌，很可能与发泡剂加入量过多有关。

7.2 泡孔结构演化

图 7.2 所示为发泡时间为 630 s 时将坩埚取出冷却制得的泡沫铝样品的 CT 断层扫描照片。各样品的密度和孔结构参数如表 7.1 所示。可见，在发泡剂加入量(质量分数)为 0.3%和 0.5%时，使用原位生成 TiB_2颗粒质量分数为 5.0%和 10.0%的铝基复合材料均可制备出孔结构均匀的铝基泡沫材料。当发泡剂加入量(质量分数)由 0.3%增加至 0.5%时，对应于膨胀率的增大，泡沫铝的密度减小，平均孔径增大。在发泡剂用量相同时，两种颗粒含量的泡沫铝平均孔径相近，但 Al-10TiB_2的密度均显著大于 Al-5TiB_2样品。这是因为颗粒增大时，铝液的黏度增大，气泡上浮和重力排液均随铝液黏度的增大而减小。并且，Al-10TiB_2样品的气泡壁厚度较 Al-5TiB_2泡沫显著增厚，这也是孔径相近样品密度不同的主要原因。对单个气泡壁稳定性进行研究，结果表明，当 TiB_2颗粒含量增大时，液态金属泡沫中的气泡壁破裂极限厚度增大，这与本书的研究结果一致。同时，Al-10TiB_2样品的圆度较 5TiB_2更大，主要是因为 10TiB_2样品孔隙率较低，气泡仍接近球形。

表 7.1 泡沫铝的密度和孔结构参数

样品	TiB_2质量分数	TiH_2质量分数	D_m/mm	ρ/(g·cm^{-3})	d_m/μm	C_m
Al-5TiB_2	5.0%	0.3%	1.92	0.629	92.4	0.91
Al-10TiB_2	10.0%	0.3%	2.09	1.089	385.2	0.93
Al-5TiB_2	5.0%	0.5%	2.50	0.398	95.3	0.79
Al-10TiB_2	10.0%	0.5%	2.43	0.654	170.9	0.83

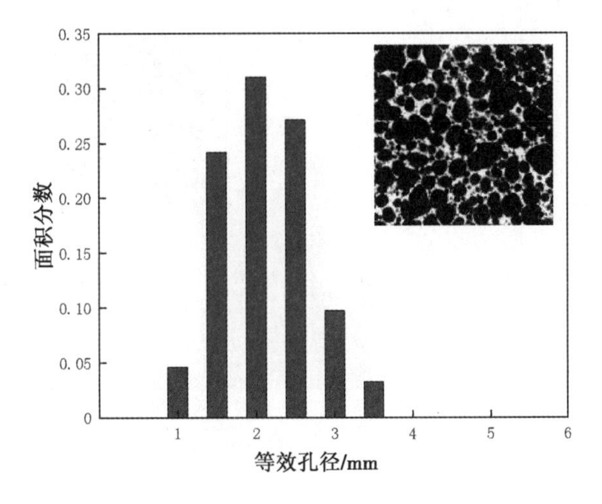

(a) Al-5TiB_2, 0.3%TiH_2

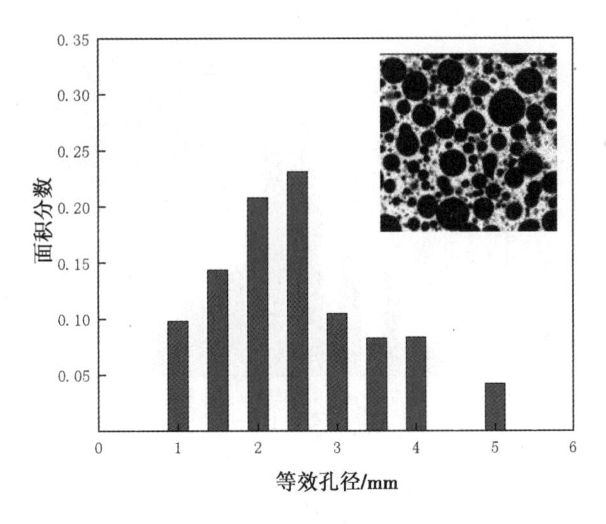

(b) Al-10TiB_2, 0.3%TiH_2

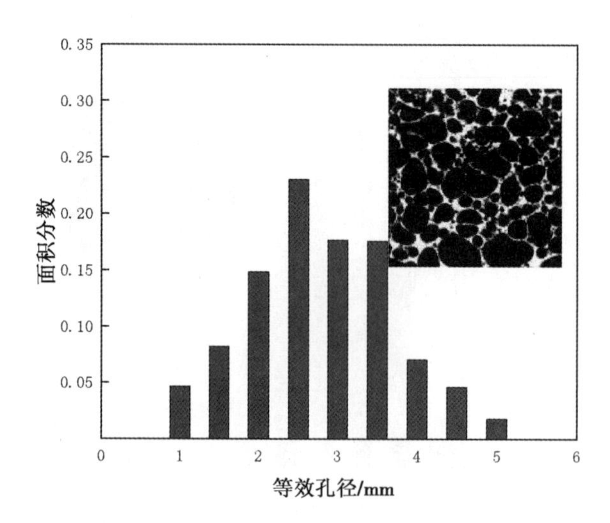

(c) Al-5TiB_2, 0.5%TiH_2

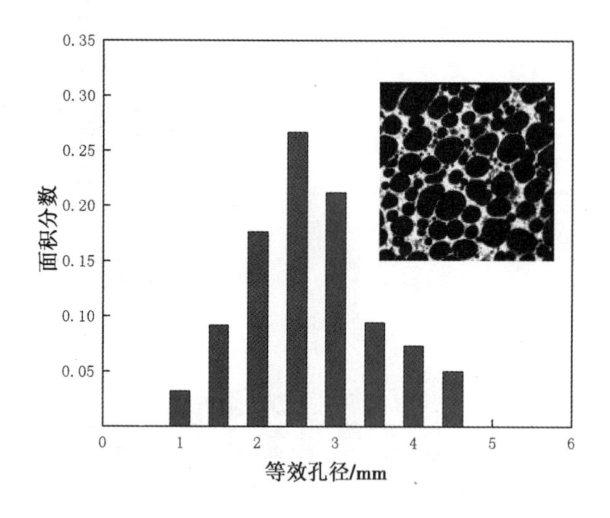

(d) Al-10TiB_2, 0.5%TiH_2

图 7.2　泡沫铝样品的孔结构和孔径分布

图 7.3 给出了 TiH_2质量分数为 0.3%时不同时间冷却获得的铝基泡沫材料的平均孔径随发泡时间的变化。当 TiB_2质量分数为 5.0%时，在泡沫体膨胀初期，孔径随膨胀率的增大而逐渐增大。而当泡沫体达到最大膨胀率后，泡孔迅速粗化，在 1500 s 时已经出现孔结构塌缩，导致泡沫体坍塌。说明 Al-5TiB_2泡沫的气泡壁稳定性较差，不能在气泡由球形向多面体转变时平衡气泡壁与 Plateau 边界内的压力差，造成气泡壁变薄和破裂，引起泡孔快速合并，最终导致泡沫结构塌缩。

当 TiB_2质量分数为 10.0%时，在发泡初期，泡孔大小与 Al-5TiB_2样品接近。而当泡沫膨胀高度达到最大值并保持不变后，泡孔仍保持较慢的粗化速度，在发泡时间 2000 s

时也能获得均匀孔结构的泡沫材料。这说明 TiB_2质量分数增大至10.0%后，可以明显提升液态气泡壁薄膜的稳定性，从而抑制泡孔合并。但是，由于 Al-10TiB_2泡沫的气泡壁破裂极限厚度显著增大，因此可达到的最大孔隙率较低。当发泡剂加入量增加至0.7%时，泡沫体内孔隙率持续增大至 Al-10TiB_2泡沫可达到的极限值，继续膨胀造成气泡壁大量破裂、气体逸出，导致泡沫体快速塌缩。

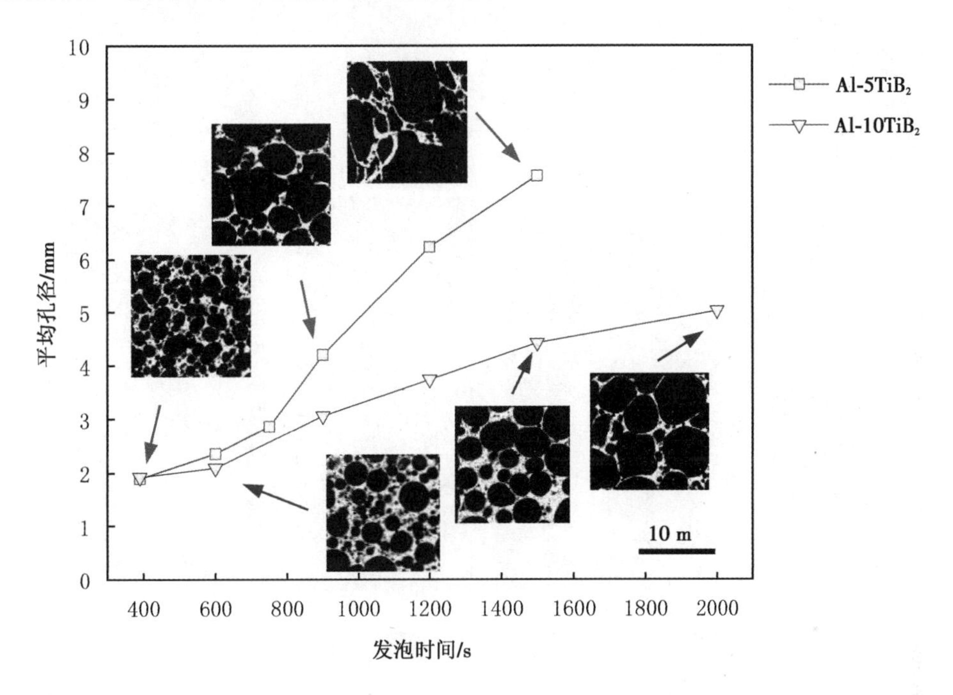

图7.3　发泡过程中孔径和泡孔结构随时间的演化

7.3　原位生成颗粒稳定泡沫机理

图7.4所示为不同含量 TiB_2颗粒制备的泡沫材料气泡壁微观结构照片。原位生成的 TiB_2颗粒为多边形片状，尺寸普遍小于2 μm。由于在金属凝固过程中会将第二相质点推向凝固前沿，TiB_2颗粒多聚集在晶界处。在 Al-5TiB_2样品的气泡壁内，因为 TiB_2的体积分数仅为3.0%左右，且气泡壁厚度只有30～40 μm，颗粒分散在由 α-Al 晶粒分隔开的几处晶界处。Al-10TiB_2气泡壁内的 TiB_2颗粒数量显著增多，形成了成片连接的聚集区域。而在 Al-10TiB_2的气泡壁表面，也聚集了大量细小的 TiB_2颗粒。

Korner 认为，颗粒在气泡壁内对两侧的气液界面起如图7.5(a)所示的支撑作用。当气泡壁变薄时，气液界面向内弯曲，在表面张力的作用下，内凹部分的液体压力降低，阻止气泡壁进一步变薄和破裂。基于拉普拉斯公式建立的数学模型指出，当 $0.5<d_w/2R_p<1$ 时，回复力 Π 随 d_w减小而增大，从而阻止气泡壁进一步变薄和破裂。而当 $d_w/2R_p<0.5$

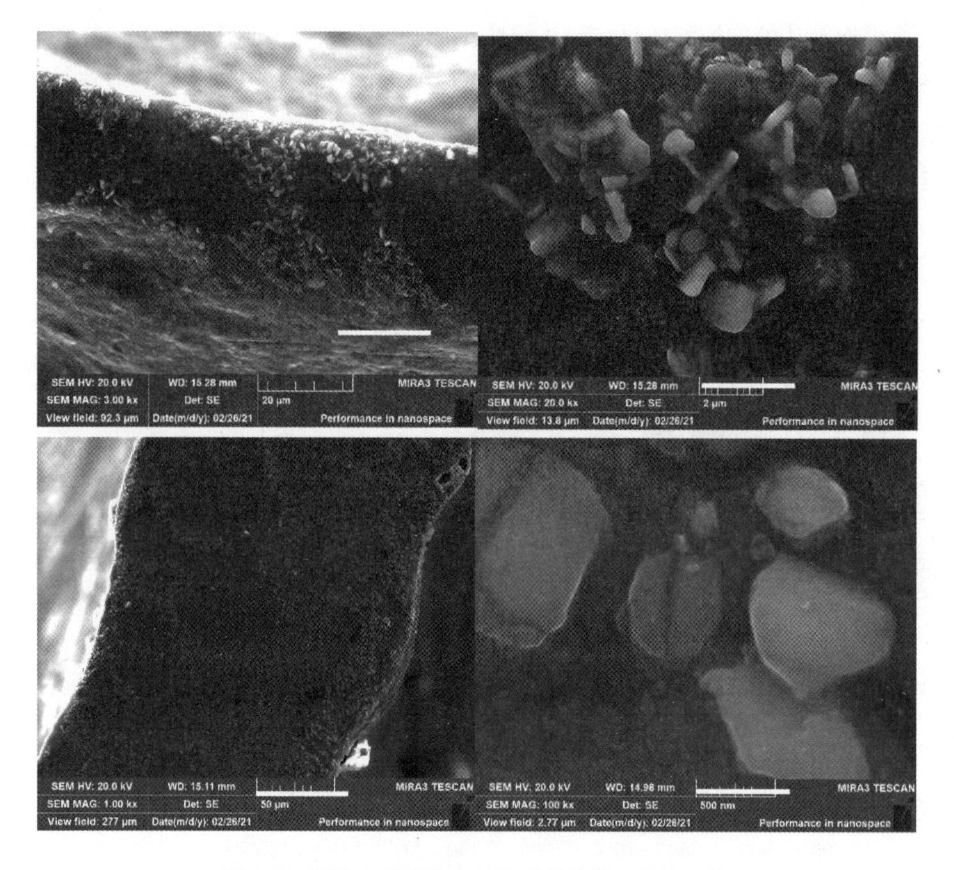

图 7.4　原位生成颗粒在气泡壁内的微观结构照片

时，气泡壁失稳[44]。从孔结构和微观结构表征的结果可以看出，当气泡壁厚度为 90 μm 以上，而原位生成 TiB_2颗粒的尺寸小于 2 μm 时，单个颗粒不能起到有效的支撑作用。Babcsán 等研究了颗粒对单个气泡壁薄膜厚度和稳定性的影响，认为原位生成 TiB_2颗粒在铝液中以团簇的形式存在，当颗粒含量增加时，团簇的体积增大，这是造成气泡壁破裂极限厚度增大的主要原因[53]，与 Korner 理论分析和本书气泡壁厚度测试结果一致。

Kapaty 认为，固相颗粒在液态气泡壁内部形成了不同的结构来稳定泡沫，并建立了各种颗粒聚集结构产生的回复力模型。他认为，图 7.5(a)所示结构对气泡壁薄膜的稳定作用受颗粒与液体间润湿性的影响，最佳润湿角为 72°~88.5°[42]。而当气液界面存在较多颗粒，形成如图 7.5(b)所示的结构时，颗粒对气泡壁的稳定作用增强，且不受其与铝液润湿角的影响。根据微观结构观察的结果，当原位生成 TiB_2颗粒质量分数为 5.0%时，颗粒在气泡壁内形成图 7.5(a)所示的结构，因原位生成 TiB_2颗粒与铝液的润湿角小于 30°或接近于 0°，气泡壁不能长时间稳定。而当原位生成 TiB_2颗粒质量分数增至 10.0%时，气泡壁表面的颗粒堆积形成了图 7.5(b)所示的结构，使液态气泡壁薄膜稳定性显著改善，表现为液态泡沫长时间稳定。

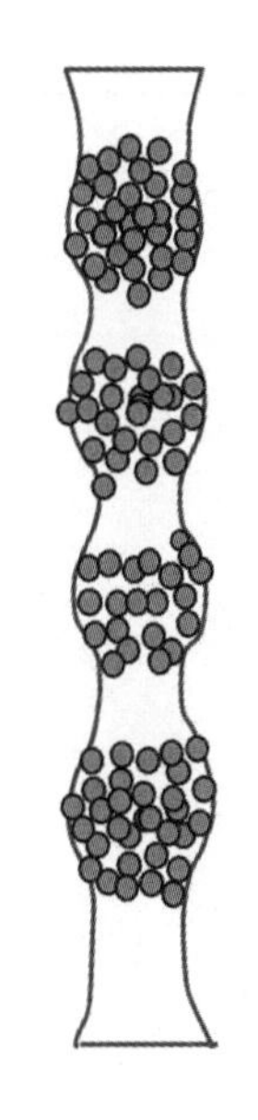

(a)颗粒支撑作用

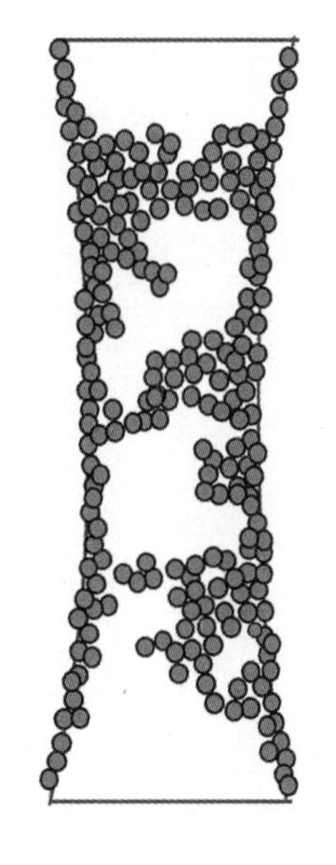

(b)多层复合团聚结构

图 7.5　颗粒稳定液态气泡壁薄膜机理示意图

7.4　Al-TiB_2泡沫的力学性能

原位生成 TiB_2具有尺寸小、与铝基体结合力强的特点，因此含量增大时对铝基体有增强作用，且对塑性变形能力影响较小。图 7.6 所示为颗粒质量分数分别为 5%和 10%时制得的铝基泡沫材料的压缩应力-应变曲线。可以看到，压缩平台应力随着相对密度的增大而增大，但每种样品都具有平滑的应力平台区，说明泡沫金属具有较好的塑性变形能力。

当泡沫金属的密度不同时，无法直接比较颗粒含量对平台应力的影响。因为曲线中没有明显的峰值应力，所以可采用应变为 0.2 时的应力作为平台强度。对平台强度与密度作图，图 7.7 比较了两种颗粒含量的泡沫金属的压缩平台强度。在低密度区，从结构表征的结果可以看出，由于颗粒含量高时泡孔的粗化速度加快，所以颗粒质量分数为 10%的铝基泡沫材料与 5%的样品的性能相近，没有表现出强度随颗粒含量增加而增大。在高密度区，虽然颗粒质量分数为 10%的铝基泡沫材料的孔结构有所改善，但由于重力排液受到抑制，孔棱中的固体分数提升，使其总体表现仅略高于颗粒质量分数为 5%的样品。这说明单纯采用原位生成颗粒增强铝基体时，泡沫材料的力学性能对颗粒含量并不敏感，这与原位生成颗粒增强 A357 合金泡沫的研究有类似的结果。

但是，由于原位生成颗粒增强铝基泡沫材料的平台更为平滑，因此，其能量吸收性能优于普通泡沫铝。图 7.8 所示为密度不同的复合材料泡沫的能量吸收效率曲线。可以看出，颗粒质量分数为 5%和 10%的铝基泡沫材料的能量吸收的最大值均在应变为 0.2

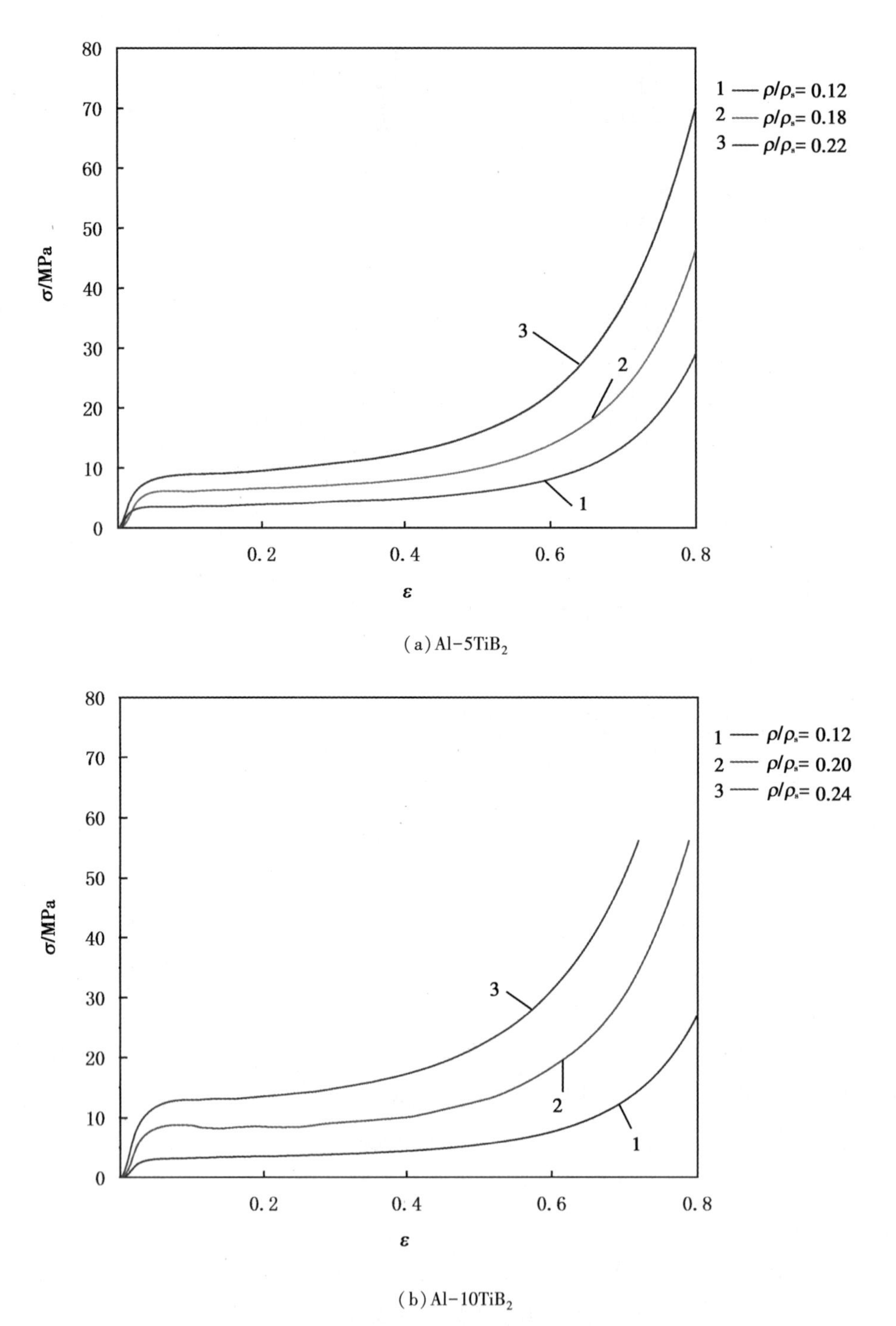

(a) Al-5TiB_2

(b) Al-10TiB_2

图 7.6 不同颗粒增强样品的应力—应变曲线

左右达到 0.85 以上，并保持了一定的平台阶段。这种能量吸收效率曲线甚至优于熔体发泡法制备的 AlCa 系泡沫，体现了原位生成颗粒的优势。此外，值得关注的是，一般情况下，随着泡沫密度的上升，泡沫铝的压缩平台长度减小，能量吸收效率平台变短。而采用原位生成颗粒制备的泡沫铝，增大泡沫材料的密度时，平台强度和能量增大，但吸

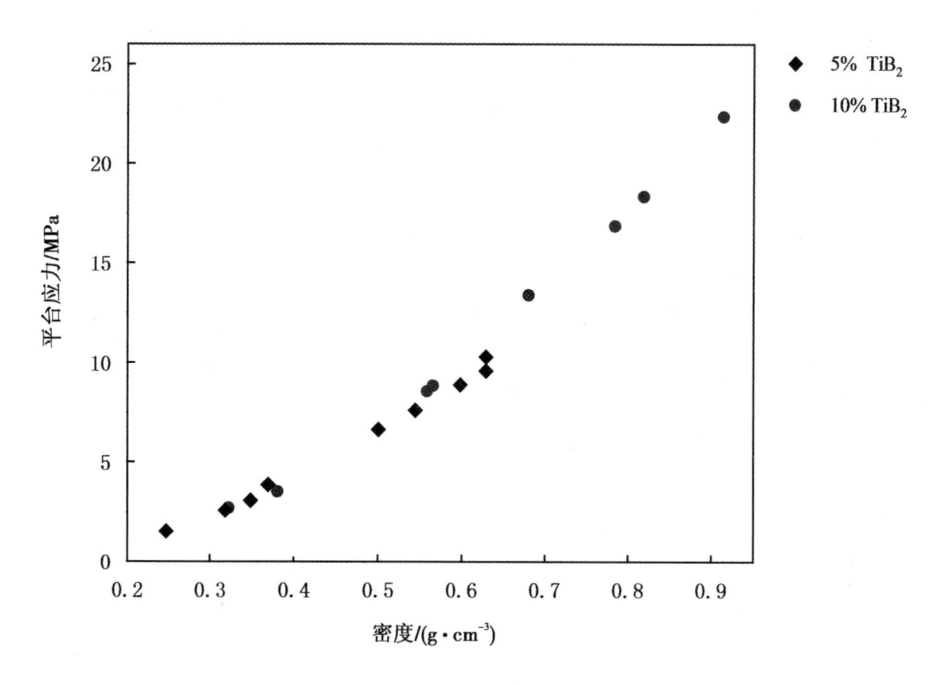

图 7.7　平台应力与密度的对应关系

能效率的变化趋势基本不变，说明其是非常优越的能量吸收材料。

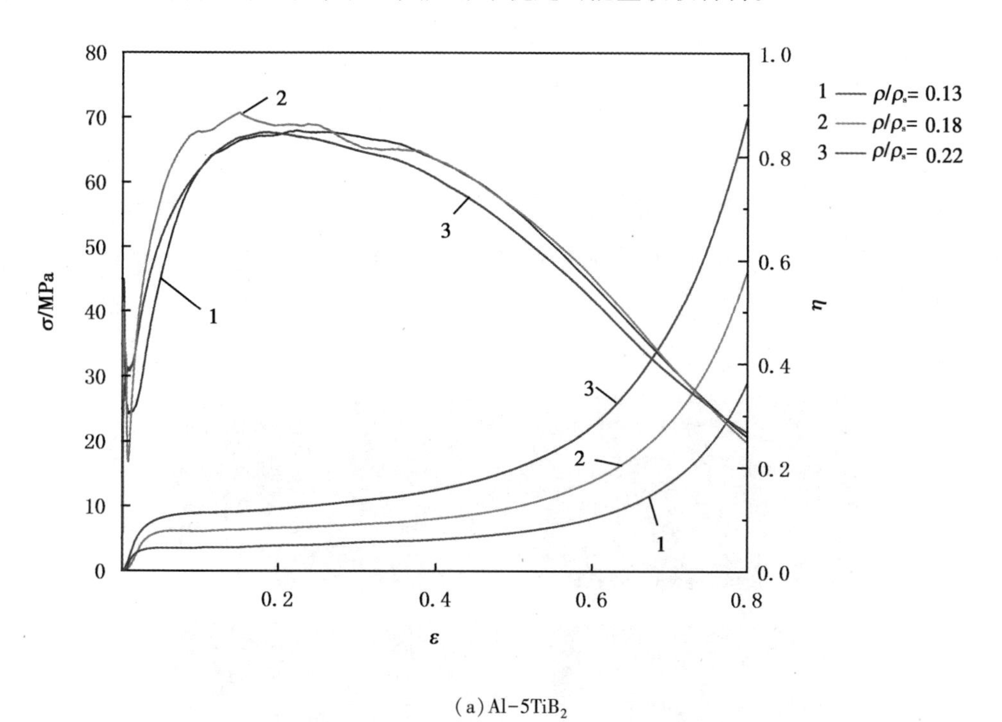

(a) Al-5TiB_2

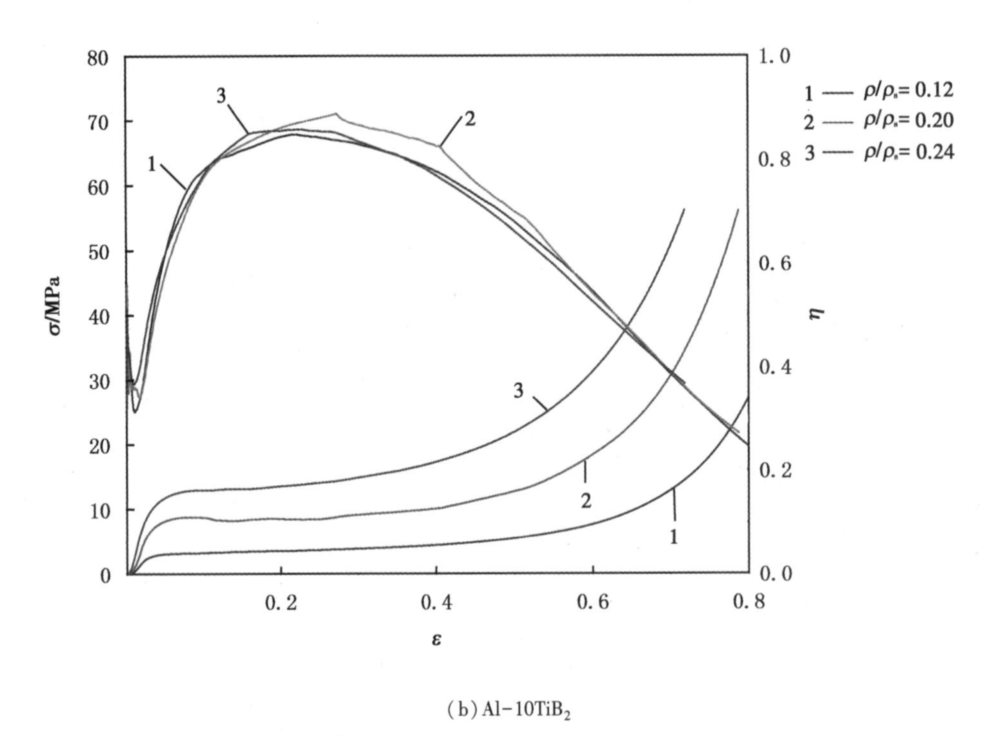

(b) Al-10TiB$_2$

图 7.8　原位生成颗粒增强铝基泡沫材料的能量吸收效率

7.5　Al-TiB$_2$基泡沫铝断裂机制

使用体视显微镜对压缩前后的试样进行观察，结果如图 7.9 所示，含 TiB$_2$的泡沫铝气泡壁上存在许多微孔。由于微孔的泡壁更薄，是最弱的区域，因此压缩过程中气泡壁的断裂发生在微孔处。微孔的存在使得原来只有单层气泡壁的结构变为多层气泡壁，这样就造成在气泡壁弯折的过程中，出现叠加压溃的现象，从而延缓断裂速度和增加断裂平稳性。

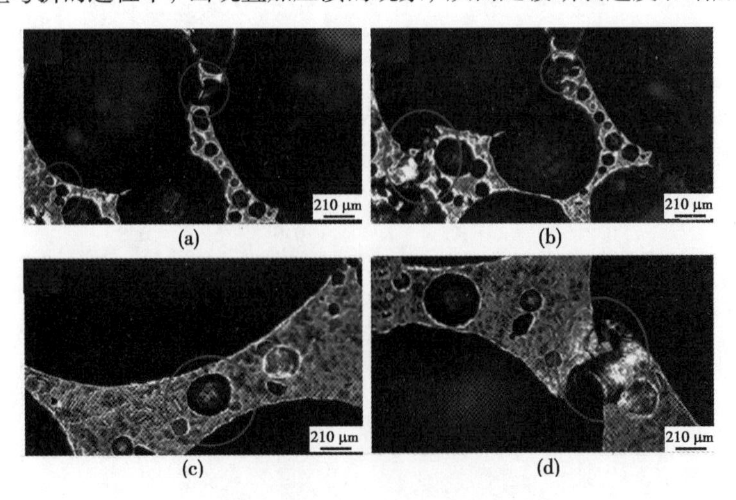

图 7.9　泡沫铝泡孔壁断裂点

使用扫描电子显微镜(SEM)对压缩后的试样断口进行微观形貌分析，结果如图 7.10 所示，可以看到，气泡壁首先从颗粒聚集区发生折断。气泡壁内的原位生成颗粒主要聚集在 α-Al 晶粒间的晶界上，所以此处的塑性变形能力较差，容易引起裂纹的生成和扩展。

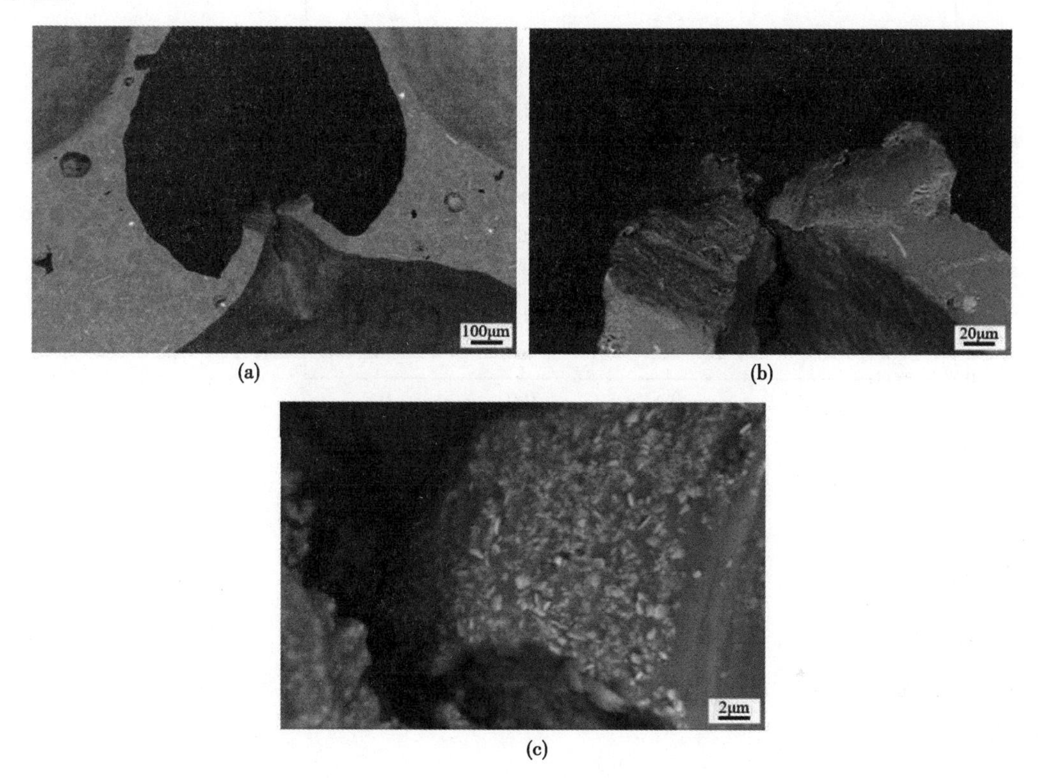

图 7.10　泡沫铝泡孔壁断裂点 SEM 图片

7.6　合金元素对性能的影响

由于单纯采用 TiB_2 颗粒增强效果不明显，为了进一步提升泡沫金属的性能，可以采用合金元素与颗粒协同增强，但是合金元素往往对发泡行为和孔结构也有一定影响。

7.6.1　Cu 的影响

Cu 是常用的可用于增强铝基材料性质的合金元素，如 6 系和 2 系变形合金中均含有 Cu。并且，含铜铝合金还可以进行固溶处理，通过热处理进一步强化铝合金性能。而在原位生成颗粒增强铝基复合材料的研究中，发现颗粒对 Cu 的固溶处理和析出有一定影响，且可以减少热处理时间。采用 Al-4.5Cu 为基体制备原位生成颗粒增强铝基复合材料泡沫，其力学性能显著提升，并且可进行热处理强化。其压缩曲线如图 7.11 所示，可以看到该种材料的力学性能远超普通泡沫金属的压缩强度。[54]

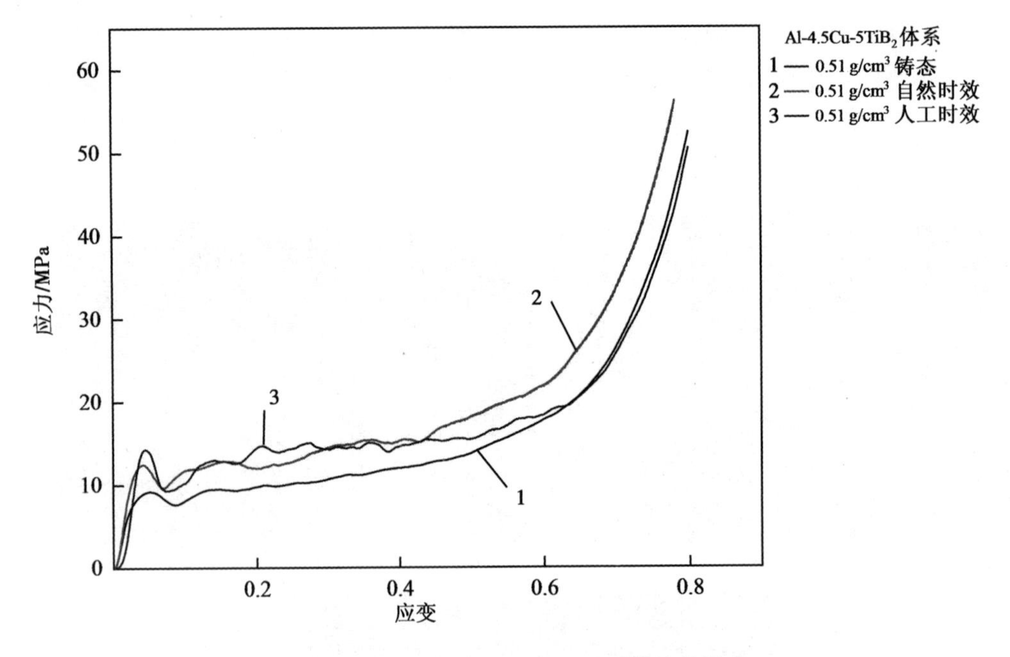

图 7.11 Cu 对 $Al-TiB_2$ 力学性能的影响

7.6.2 Mg 的影响

Mg 作为活性元素，对发泡过程有较大影响。如图 7.12 所示，添加 Mg 元素后，泡沫体的膨胀率显著增大。这主要与表面张力的降低有关，还可能与颗粒团聚的减小有关，因为明显观察到了气泡壁变薄。

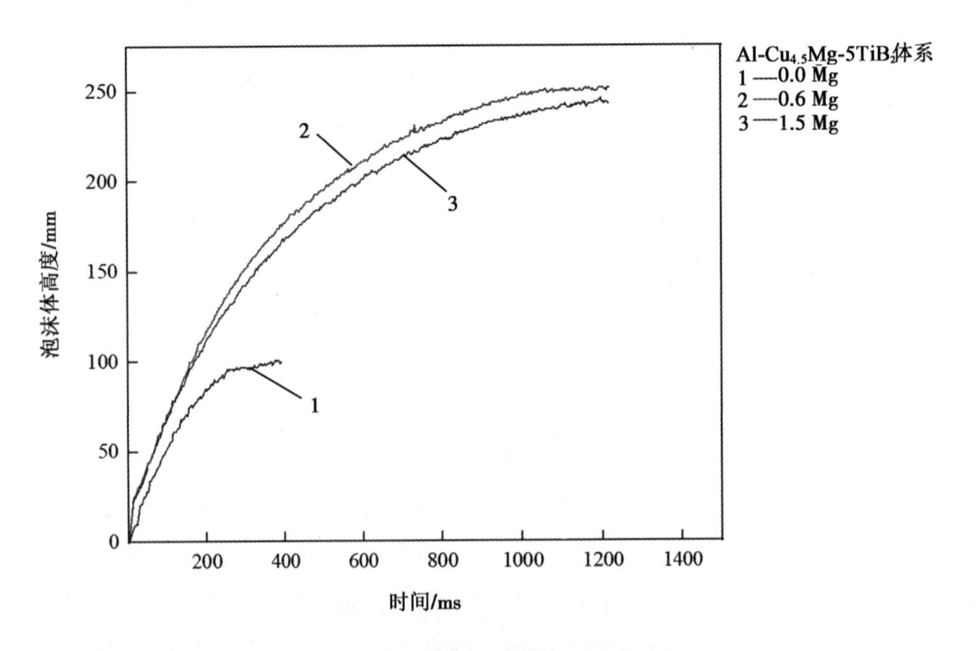

图 7.12 Mg 对复合材料熔体膨胀过程的影响

Mg 对基体的力学性能也有一定影响。从图 7. 13 中可以看出，加入 Mg 后，热处理前峰值应力有一定提升，但曲线波动性变大，说明脆性增加。热处理后强化效果不如不含 Mg 的样品，且脆性增大。

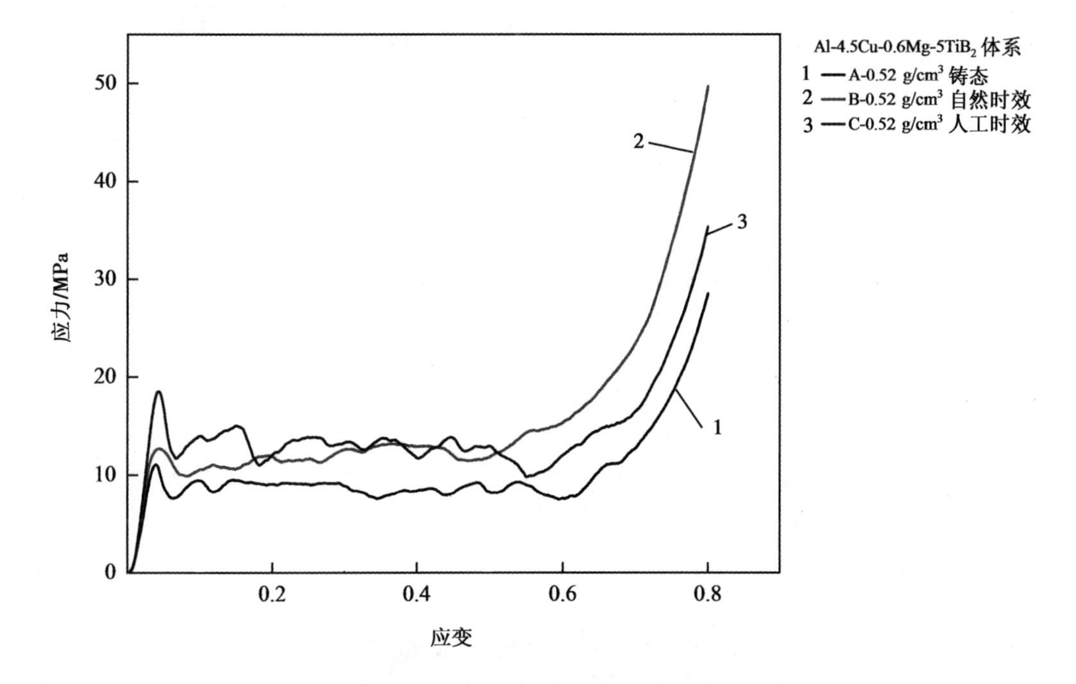

图 7. 13　Mg 对复合材料泡沫力学性能的影响

第 8 章　负压发泡制备铝基泡沫材料

8.1　负压发泡的特点

为了开发利用低成本的原材料得到近净成型泡沫金属组件，基于负压发泡的新型技术引起极大关注。Renger 和 Kaufmann 开发了一种真空发泡技术(VFT)[55]，利用含有大量溶解氢和氧化物的熔融铸造废料制得泡沫镁，样品截面如图 8.1 和图 8.2 所示。该技术利用氢气在熔融金属镁中溶解度较高的特性，通过降低压力诱使氢气以气泡形核和长大的形式析出。

图 8.1　600 ℃下 AZ91 制备的 VFT 泡沫镁的截面图[55]

图 8.2　551 ℃发泡、固体分数 0.23%的 AZ181 合金的负压发泡截面图[55]

Vinod Kumar 等人设计了一种不使用发泡剂制备泡沫铝的降压发泡工艺（RPF），其装置如图 8.3 所示[56]。气泡在负压条件下膨胀，可以生产不含发泡剂的铝基泡沫。由于氢在熔融铝中的溶解度低，因此需通过压力和温度的急剧降低来获得足够的膨胀。如图 8.4 所示，使用的 SiO_2平均粒径为 44 μm，纯铝浇注至发泡装置前的熔体温度为 850 ℃，所有合金浇注至发泡装置前的熔体温度为 750 ℃。[56]负压发泡步骤如图 8.5 所示。

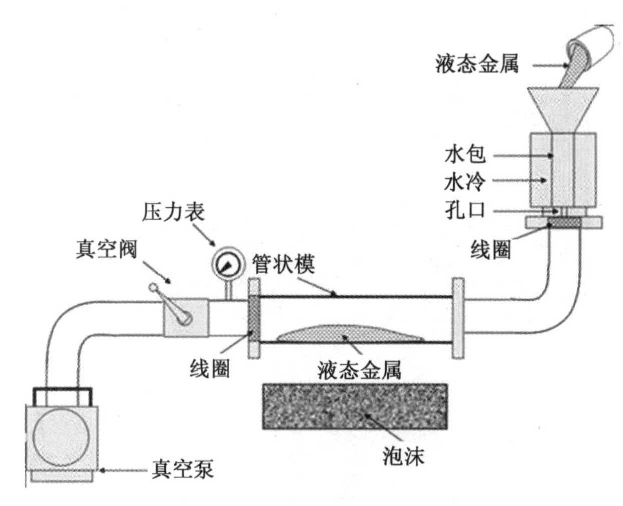

图 8.3　负压发泡装置图[56]

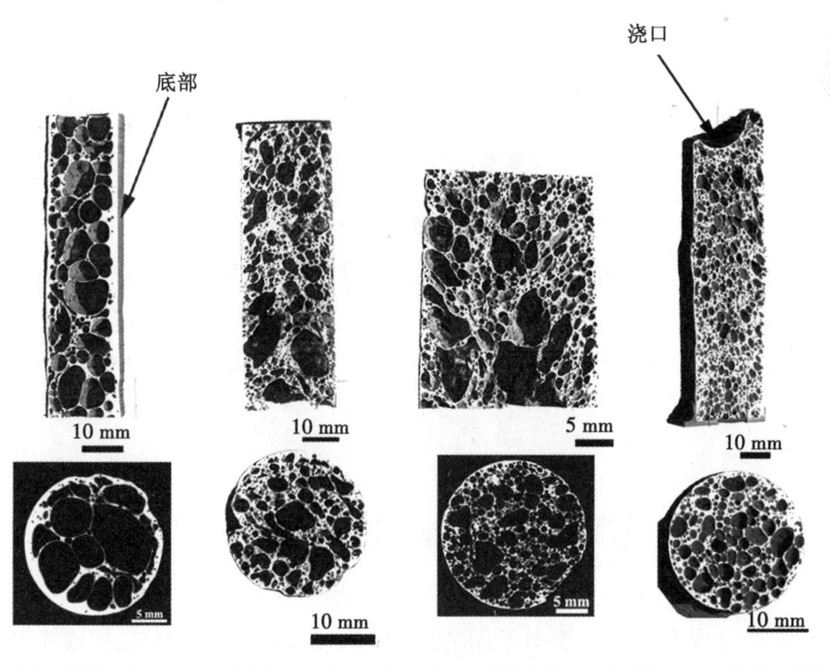

（a）纯铝（99.99%）（b）AlMg5（c）AlMg5+5%SiO_2（体积分数）（d）AlSi9Mg5+5%SiO_2（体积分数）

图 8.4　X 射线层析重建

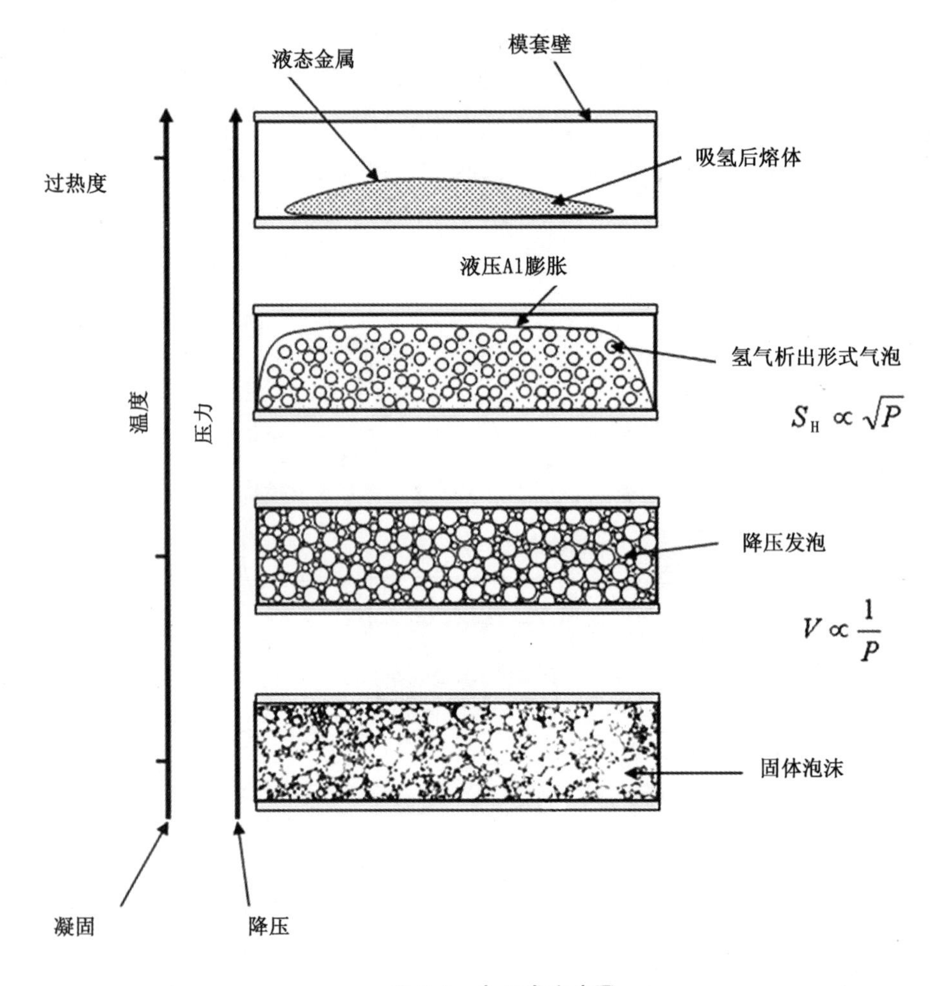

图 8.5　负压发泡步骤

尽管 RPF 工艺便于生产泡沫部件，但实验结果表明，降低环境压力会对泡沫稳定性产生负面影响。粉末冶金法制备的前驱体在负压下发泡表现出剧烈的气泡合并或极度的不稳定。Vinod Kumar 等人对 RPF 工艺研究显示，铝合金可以通过快速凝固，在薄膜破裂前将泡沫结构冻结。然而，RPF 泡沫产品在泡孔尺寸和泡孔形状方面的表现均较常压制备的样品更差。

8.2　负压下液态泡沫的膨胀过程

氢化钛粉末是制备泡沫金属最常用的发泡剂。如前所述，TiH_2在铝液中的分解时间约为 10 min。H_2的释放与 TiH_2中的相变有关，从大约 643 K(370 ℃)开始到大约 1223 K(950 ℃)结束。所以，在常压下 TiH_2颗粒在 973 K(700 ℃)的发泡温度下实际上是半分解。在铝液中加入少量的 TiH_2粉末，长时间搅拌使其分解，从而在铝液中引入小气泡和未分解完全的 Ti-H 颗粒。而后降低压力，使气泡长大和发泡剂再次分解，这样熔体中的气体含量较 RPF 工艺更多，可以在较小的降压范围内实现发泡。

图 8.6 比较了不同 TiH_2添加量铝熔体随压力降低时的膨胀曲线。[57] 值得指出的是，充分搅拌后，常压下泡沫体的高度已经基本不随时间变化。此时将发泡罐体密封，并施加负压，可以看出泡沫高度随压力降低而明显增加。此外，在施加负压初期，各个熔体的膨胀高度相近，但在压力逐渐降低后，含有半分解发泡剂越多的样品膨胀率越高。Ti-H 相图显示，在 973 K(700 ℃)下，当氢分压从 0.1 MPa 降低到 10 kPa 时，H 在 Ti 相中的原子比从 1.0 线性降低到 0.8。虽然气泡中氢气的分压不一定等于环境压力，但很明显当压力降低时，从 Ti 相释放的部分 H_2提供了额外的发泡气体。随着 Ti-H 颗粒的含量(质量分数)从 0.1%增加到 0.4%，铝熔体的最大膨胀率从 226%提高到 321%。溶解度的变化导致氢气从铝液中排出是另一种可能的来源，但由于其在常压下在铝液中的溶解度很低，在此降低的压力范围内可以忽略不计。

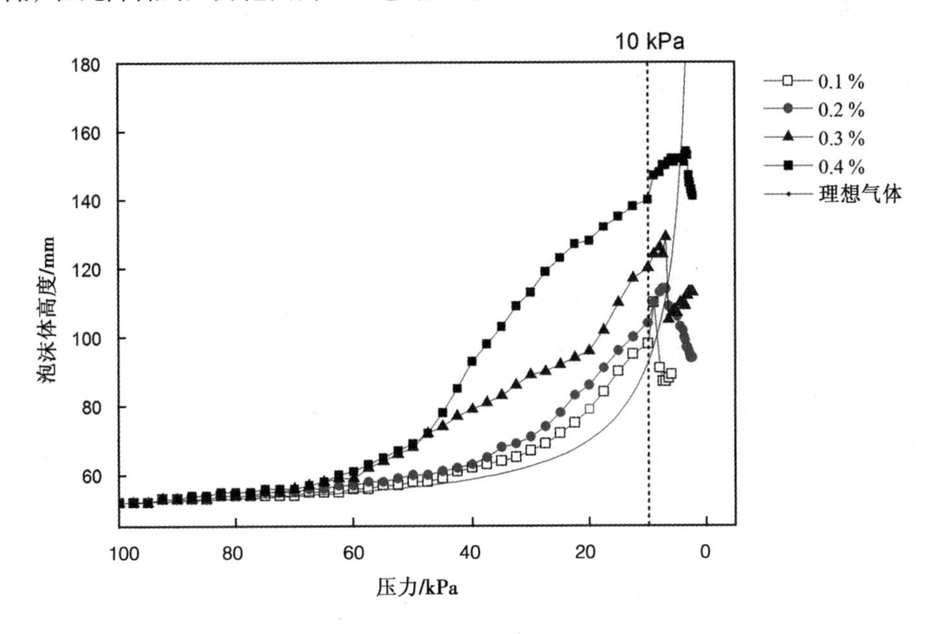

图 8.6　不同 Ti-H 颗粒含量的铝熔体负压发泡膨胀曲线[57]

8.3　负压下泡孔结构演化过程

尽管不同发泡剂体积分数的泡沫膨胀率不同，当环境压力低于 10 kPa 时，泡沫均开始破裂。在这个阶段，经常观察到液体泡沫顶部的气泡破裂。从图 8.7 中可以看出，当压力降低到 10 kPa 时，不同 Ti-H 含量的泡沫的平均泡孔直径都达到了 10 mm 左右。单个气泡体积的增加造成浮力和表面力的局部不平衡，因此表面气泡向上移动，导致其上方的液膜变形和破裂。由于减压过程中 Ti-H 颗粒释放的 H_2成核，在施加负压初期，气泡的数量增加。而当环境压力从 50 kPa 降低到 10 kPa 时，气泡会很快合并。并且气泡粗化的速度不依赖于发泡剂的加入量。

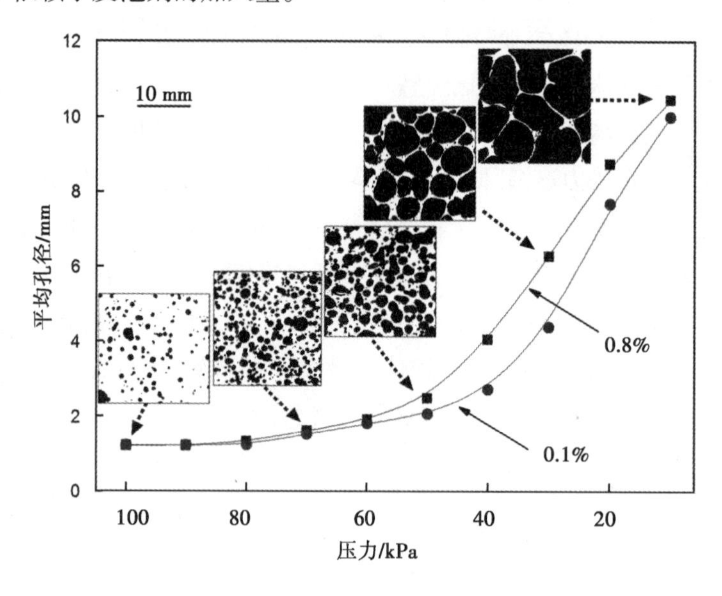

图 8.7　负压下泡沫体孔结构演化[57]

如图 8.8 所示，在常压下制备的泡沫样品的泡孔壁厚度通常为 30~60 μm，而在 20 kPa 和 30 kPa 下制备的样品中，泡孔壁厚度很少小于 125 μm。这表明分隔两个相邻气泡的液膜在负压下在更大的厚度值破裂，意味着气泡在负压发泡下表现出更强的合并趋势。

气泡壁破裂极限厚度是指低于该厚度值，泡沫内部的液膜变得不稳定并发生破裂。从上述结果可以看出，负压操作对泡沫结构演化的主要影响是气泡壁破裂极限厚度的增大，造成气泡快速合并，从而导致泡沫破裂。因此，主要问题在于负压如何影响薄膜稳定性。

如前面所述，泡沫中的液体薄膜是由固体夹杂物(如氧化物团簇、颗粒或短纤维)稳定的。在薄膜排液过程中，这些稳定颗粒充当内部对象或附着在界面上，使气液界面形成小弯曲并产生抵消薄膜变薄的分离力。分离力的值等于凹界面的毛细管压力 P_c。

如图 8.9 所示，当环境压力不断减小时，气液界面处的压力梯度 ∇P 与毛细管力 P_c 方向相反。凹区域的气液界面向外移动，导致半径 R 增大、分离力减小，对局部液膜变薄的抵消作用减弱。此外，表面张力的作用只有当界面移动通过平衡位置时才有效，因此液膜厚度会产生额外的扰动 δ_h，这也会导致液膜失稳。

当气液界面 ∇P 为负值时，Plateau 边界半径也增大。泡壁厚度和 Plateau 边界尺寸的增大改变了泡沫样品平均泡孔尺寸与相对密度的反比关系。如图 8.8 所示，与 0.1 MPa 制备的泡沫试样相比，20 kPa 和 30 kPa 制备的泡沫试样既有较大的泡孔尺寸，又有较高的密度。

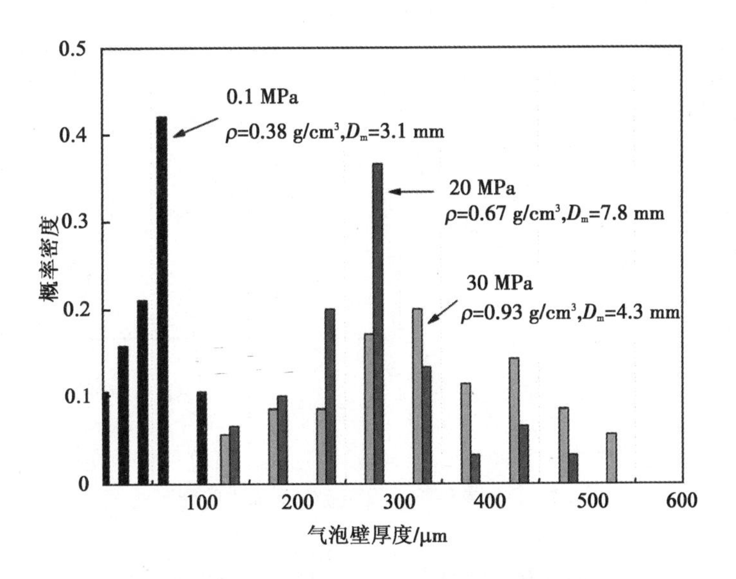

图 8.8　负压对泡沫铝气泡壁厚度的影响[57]

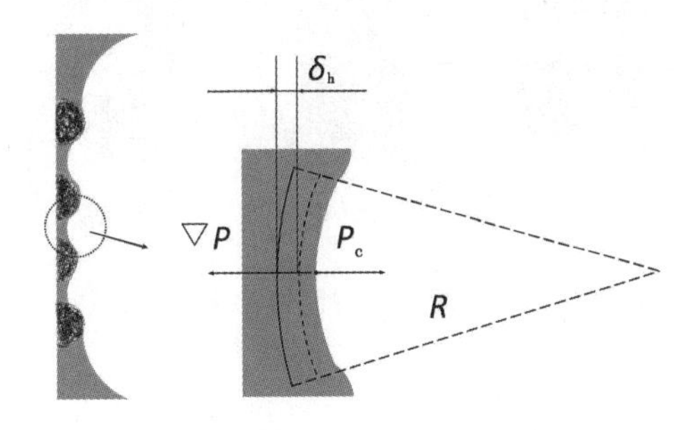

图 8.9　负压对泡孔合并影响的机理[57]

8.4　稳定剂对负压发泡的影响

加入不同稳定剂得到的膨胀曲线如图 8.10 所示[58]。从图 8.10 可知，稳定剂不同时，负压发泡制备的泡沫铝材料的膨胀曲线相似，而且比较接近，说明金属钙和碳纤维两种稳定剂对负压发泡制备泡沫铝的膨胀过程影响不大。

在压强 4 kPa 下，添加不同稳定剂制备的泡沫铝材料如图 8.11 所示。从图中可以看出，与添加金属钙相比，碳纤维作为稳定剂制备的泡沫铝孔隙率与其相当，泡孔明显更大，无泡层更厚。说明碳纤维作为稳定剂制备的泡沫铝中有大量的气孔合并、逸出，泡沫体内部发黑是因为镀铜碳纤维烧损生成 CuO。碳纤维的烧损导致铝熔体的黏度未达到计算值，这也是孔径偏大的原因之一。加入 0.25%的金属镁可以降低铝熔体的表面张力，提高气泡的稳定性。金属镁的加入使气泡与熔体间的界面能降低，减小了润湿角的作用，降低了气泡之间的合并现象，使制备的泡沫铝平均孔径较小且均匀分布。

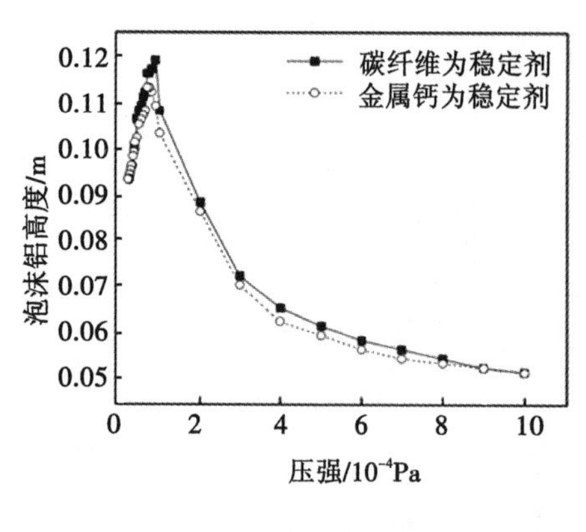

(a)高度随压强变化

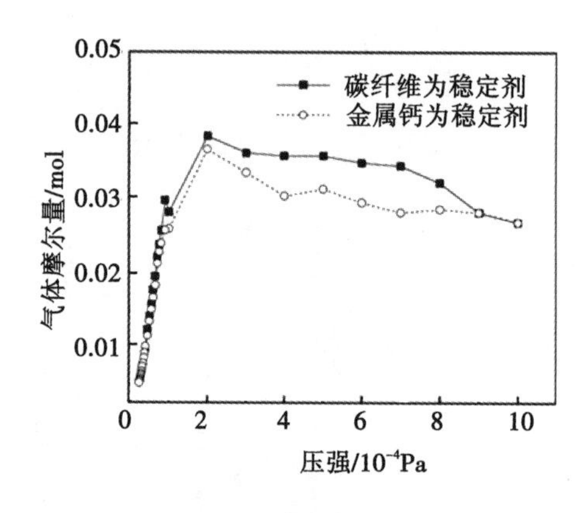

(b)气体摩尔量随压强变化

图 8.10　负压条件下不同稳定剂泡沫铝的膨胀曲线

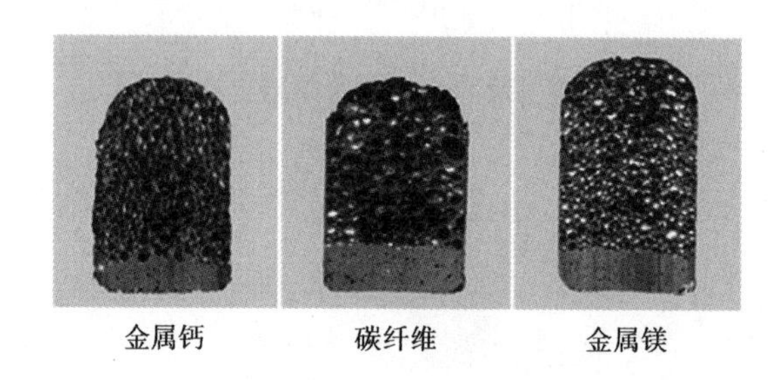

图 8.11　不同稳定剂制备的泡沫铝材料

8.5　发泡剂对负压发泡的影响

使用不同发泡剂制得的泡沫铝膨胀曲线如图 8.12 所示。$CaCO_3$本身的分解速率小，在 700 ℃是一个匀速分解的稳定过程，且此过程持续约 15 min。当环境压强减小时，熔体中的CO_2按照理想气体状态方程进行体积膨胀，同时有一部分CO_2透过铝液逸出，造成泡沫铝中CO_2气体摩尔量有减小的趋势；而氢化钛分解较快，因此以$CaCO_3$为发泡剂时，泡沫铝的增长速度比氢化钛为发泡剂时缓慢。当压强低于 4 kPa 时，压强的减小使熔体中$CaCO_3$加速分解，压强小于 0.1 kPa 时泡沫铝坍塌。

在压强 4 kPa 下，以镀铜碳纤维为稳定剂，分别加入TiH_2和$CaCO_3$作为发泡剂制备的泡沫铝材料如图 8.13 所示。从图中可以看出，以碳酸钙为发泡剂制备的泡沫铝孔隙率较大，孔分布很不均匀。这是因为，一方面，$CaCO_3$分解速度较慢，在有限的时间内分解生成的气体较少，气泡长大主要由压强控制；另一方面，$CaCO_3$在熔体中反应生成的 CaO、Al_2O_3等进一步增加了铝熔体的黏度，从而使气体分散困难。本次试验加入少量金属镁(0.25%)降低了铝熔体的表面张力，有利于熔体内部气体的分散，使泡孔趋于均匀。

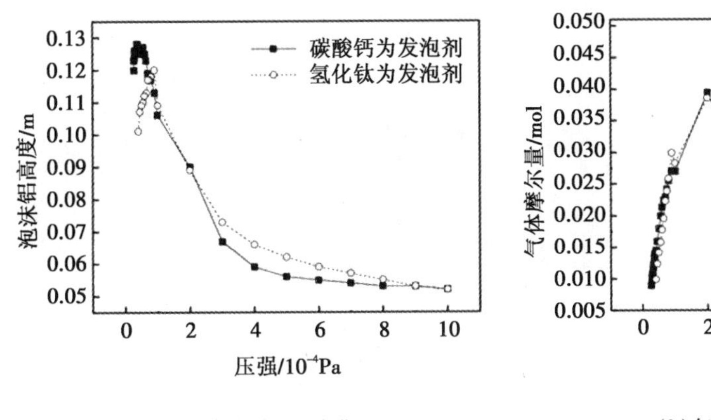

(a)高度随压强变化

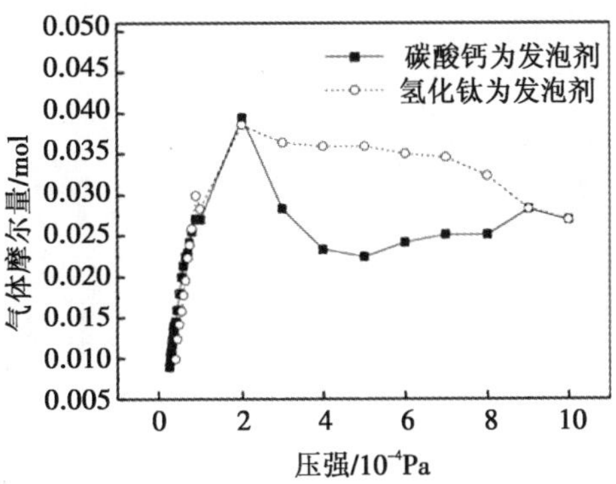

(b)气体摩尔量随压强变化

图 8.12　负压条件下不同发泡剂泡沫铝的膨胀曲线

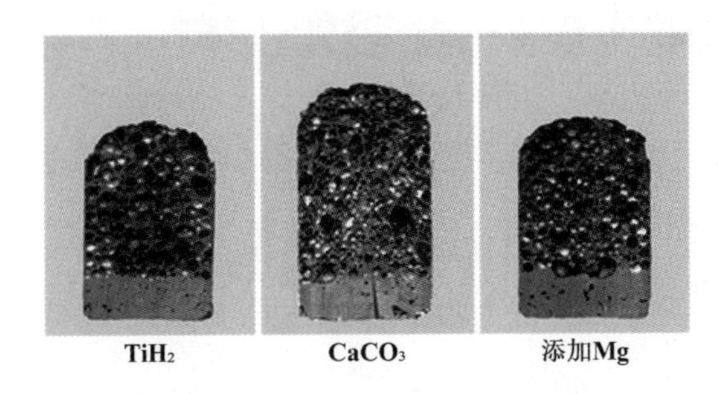

图 8.13　不同发泡剂制备的泡沫铝材料

第9章　正压发泡对铝基泡沫材料结构和性能的影响

9.1　正压对粉末致密化发泡法的影响

Körner 等研究了发泡压力对粉末冶金法制备泡沫铝前躯体发泡过程的影响，研究结果表明，在正压下泡沫体的发泡过程减缓，更易于控制泡沫的演变进程。图 9.1 为正压下和常压下泡孔结构演化的比较。可以看到在正压下，泡沫体的膨胀体积更小，孔径也更细小，且更为均匀。[59]

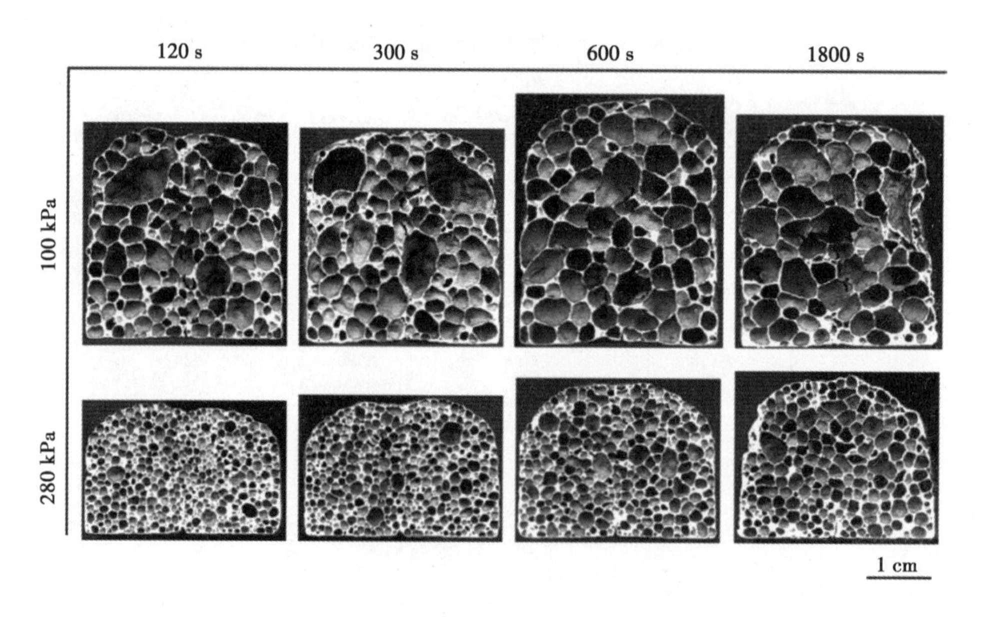

图 9.1　压力对粉末致密化法发泡孔结构演化的影响[59]

Francisco 等使用 X 射线实时成像技术观察了泡沫铝在 100 kPa 到 800 kPa 间孔结构的情况。[60] 如图 9.2 所示，随着压力增大，泡沫铝的体积变小，且孔径减小，胞孔结构更均匀。当在高压下形成发泡体，再降压至 100 kPa 时，泡沫体的膨胀率反而大于常压下发泡的样品。压力的作用主要是在形核过程中增加气泡的形核，并在发泡过程中减少气体从样品表面的逸出。

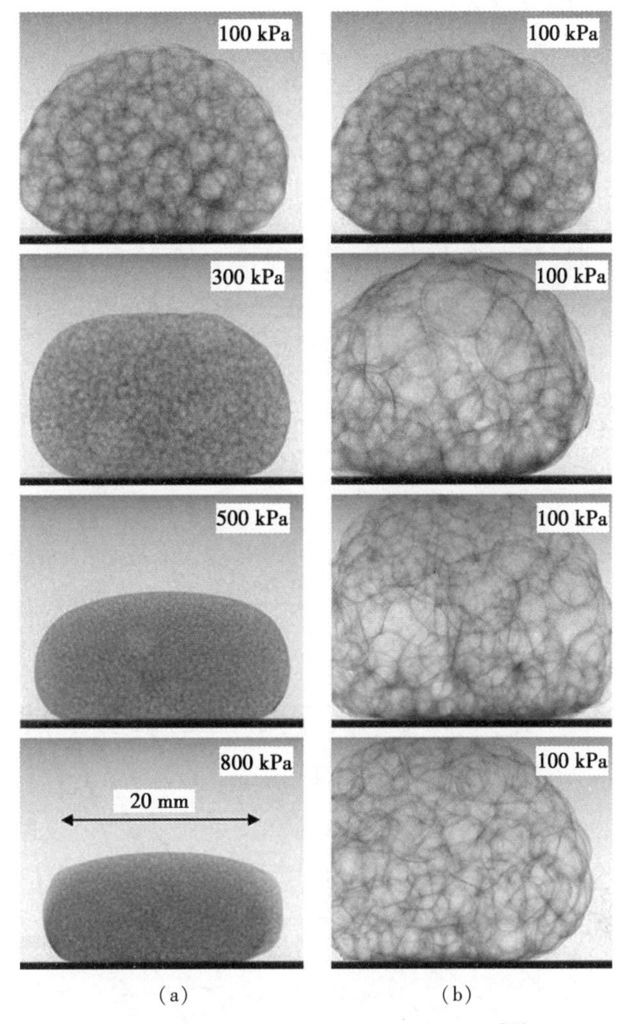

图 9.2　压力对孔结构影响 X 射线图像[60]

9.2　正压对熔体发泡法的影响

9.2.1　不同压力泡沫铝膨胀曲线

在加压条件下，泡沫铝的膨胀受到抑制，主要是因为气体体积在高压下受到压缩。从理想气体定律可知，泡沫铝在压强为 P 时与最大膨胀高度 h 之间满足以下关系式：

$$h = h_0 + P_{atm}(h_{atm} - h_0)/P \tag{9.1}$$

式中：h_0 为实体铝的高度；P_{atm} 和 h_{atm} 分别为常压和常压下所对应的泡沫铝膨胀高度。从式(9.1)可以看出，随着发泡压力的不断增大，泡沫铝的最大膨胀高度越来越小。

氢分压的增大也会导致氢气在铝液中的溶解度增大。根据 Sievert 定律，氢在压强 P

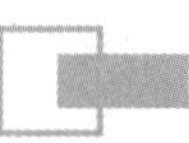

下的溶解度 $S_{H(P)}$ 和常压下氢在铝液中的溶解度 $S_{H(atm)}$ 满足如下的比例关系：

$$\frac{S_{H(atm)}}{S_{H(P)}}=\sqrt{\frac{P_{atm}}{p}} \tag{9.2}$$

可见，随着发泡压力的增大，氢在铝液中的溶解度不断增大，一定程度上导致了泡沫铝膨胀高度的降低。

除此之外，氢分压的改变也会影响 TiH_2颗粒的分解。图 9.3 为 Ti-H 相图，[61] 当压力 P 在 0.1～0.5MPa 时，H 在 Ti 相中的溶解度随 $\lg(P/P_{atm})$ 的增加而线性增加。意味着在正压下发泡时，由于氢溶解在钛中增多，发泡气体会相对减少。

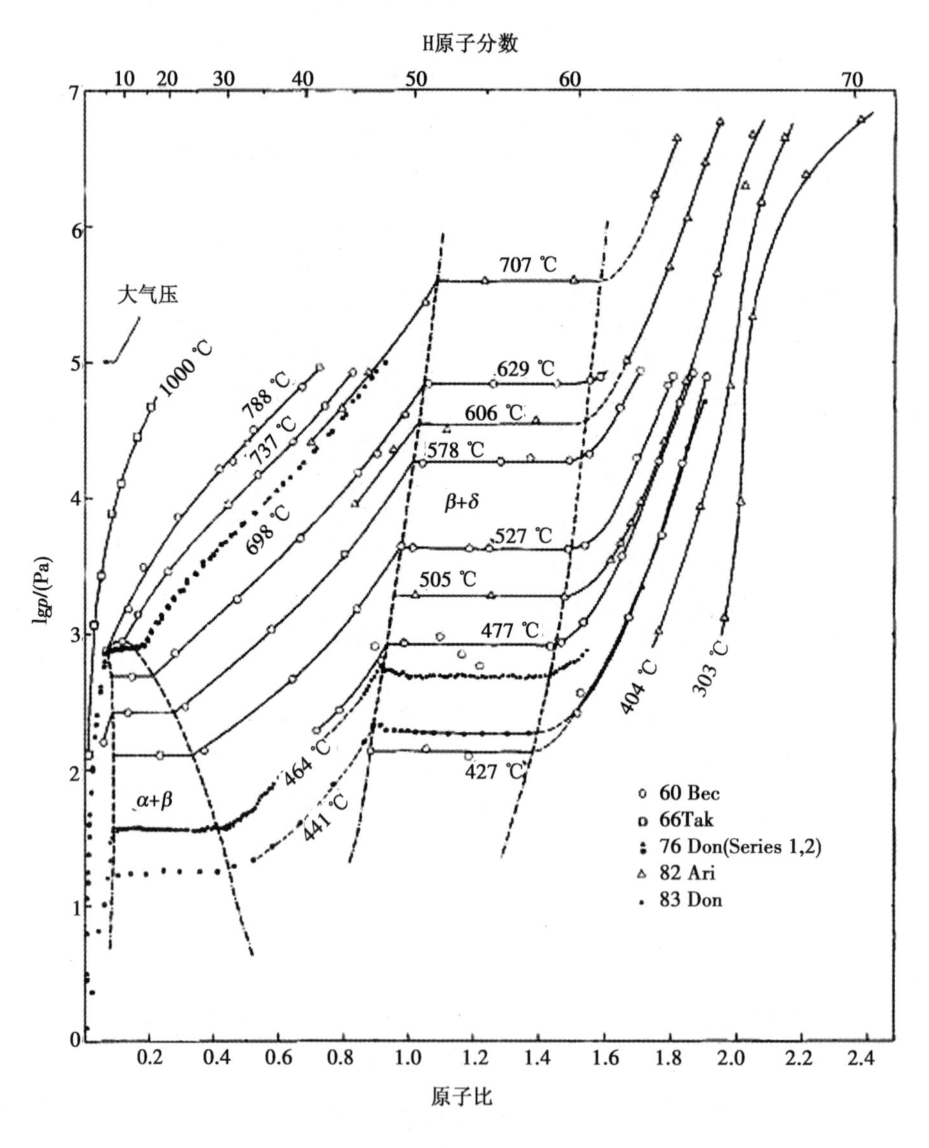

图 9.3　Ti-H-P 相图[61]

图 9.4 为不同压力下泡沫铝膨胀高度随时间变化的曲线图[62]。在常压(0.10 MPa)下，膨胀曲线先快速上升，而后达到一个最大值后保持不变。主要是因为在加入氢化钛并搅拌均匀后，氢化钛便开始分解出氢气，随着氢化钛不断分解，氢气逐渐累积，使泡沫铝不断膨胀。膨胀高度逐渐增加，直到氢化钛几乎完全分解，膨胀高度达到最大值后便出现膨胀高度平台。而正压发泡下泡沫铝的膨胀曲线首先经历了一个膨胀高度下降的阶段，之后与常压发泡的膨胀曲线相似，经过上升阶段后达到一个平台区。这主要是因为在加入氢化钛并搅拌均匀后，氢化钛开始分解产生氢气，将坩埚转移到正压装置后，熔体内存在的部分氢气受到压缩，出现膨胀高度下降的阶段。随着氢化钛的继续分解，氢气不断累积。当给定的压力和氢气所产生的压力达到平衡时，膨胀高度停止下降。之后氢化钛继续分解，泡沫铝开始膨胀，膨胀高度上升直到氢化钛几乎完全分解，膨胀高度达到最大值后出现膨胀高度平台，此时膨胀高度不再随时间的变化而变化。

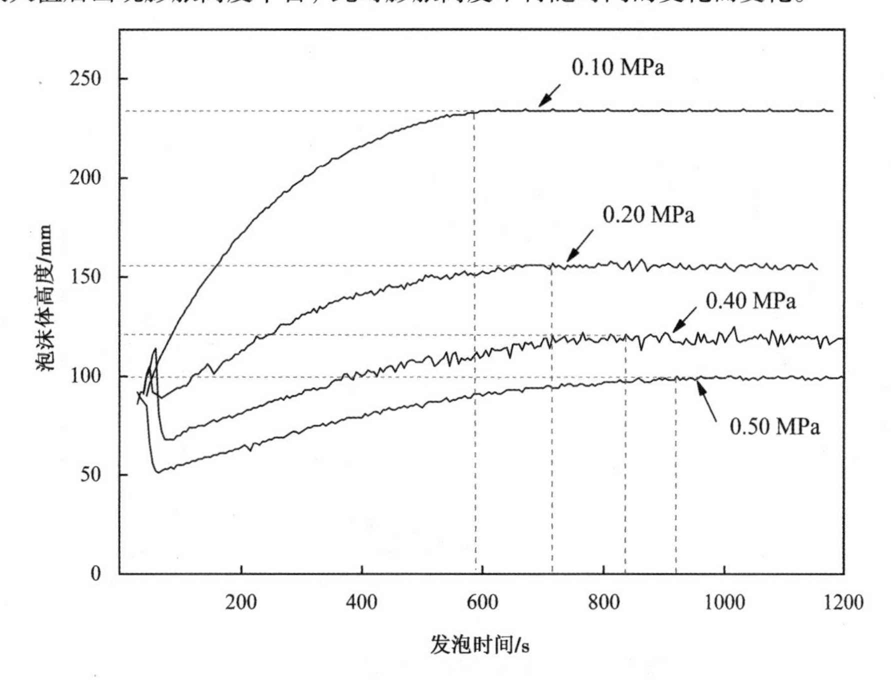

图 9.4　不同压力下铝熔体的膨胀曲线[62]

不同发泡压力下泡沫铝的最大膨胀高度如图 9.5 所示。图中实线为基于关系式(9.1)绘制的膨胀高度与压力的曲线。即假设在氢化钛搅拌完成后，熔体中存在的气体量不再发生变化(气体不会逸出，同时溶解在铝液内部未分解的发泡剂氢化钛不会随环境压强的增加而分解，氢气的溶解度也不会随环境压强的增加而改变)，则根据理想气体状态方程 $PV = nRT$ 以及 $V = \pi r^2 h$ 可以得出膨胀高度的方程式：

$$h = \frac{nRT}{\pi r^2} \cdot \frac{1}{P} \tag{9.3}$$

式中：h ——泡沫铝增加的高度，m；

　　P ——环境压强，Pa；

n——气体物质的量，mol；

R——常数，8.314 J/(mol·K)；

T——环境温度，K；

r——泡沫铝截面半径，m。

按理想气体状态计算，以常压1个大气压下的发泡高度为基点（由于理想气体状态方程的对象是气体，所以计算时高度 h 要减掉铝液的高度 h_0，最后绘图时再加上铝液高度），绘出理想状态下膨胀高度和压力的曲线图，并与不同发泡压力下实际泡沫铝的最大膨胀高度作对比。

从图9.5中可以看出，正压发泡时泡沫铝的最大膨胀高度大于按理想气体状态预测出的泡沫铝的膨胀高度。这要归结于正压下泡沫铝气泡孔径变小，气泡趋于稳定，所以从泡沫体上表面破裂逃逸的气体变少。

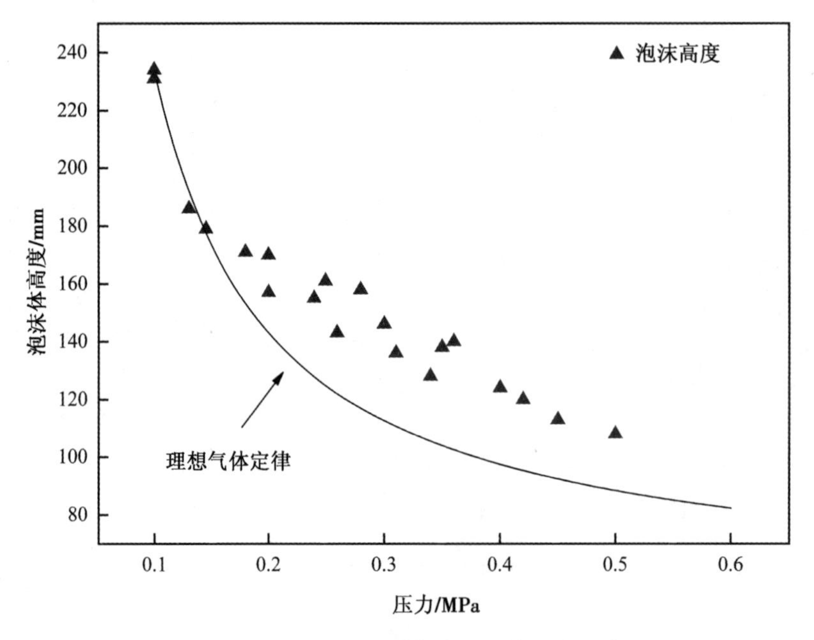

图9.5 压力对泡沫铝最大膨胀高度的影响

9.2.2 泡孔结构

图9.6为不同发泡压力下制备的泡沫铝样品图和其对应的孔径分布图。从图中可以看出，随着发泡压力的增大，泡沫铝的孔径和孔径分布范围呈明显减小的趋势。随着发泡压力的增加，孔径分布区间向左移动，且孔径分布越来越趋于集中化。从0.1 MPa时孔径集中在3 mm左右，到0.2 MPa时集中在1.8 mm左右，再到0.3 MPa时集中在1 mm左右，到最后0.4 MPa时集中在0.8 mm左右，说明随着发泡压力的增大，孔径不断减小。

平均孔径大小与发泡压力之间的关系图，如图9.7所示。如果发泡压力的增大仅会导致单个气泡受到压缩而在气泡合并速率上没有变化，则孔径会随 $(P_{atm}/P)^{\frac{1}{3}}$ 变化。而

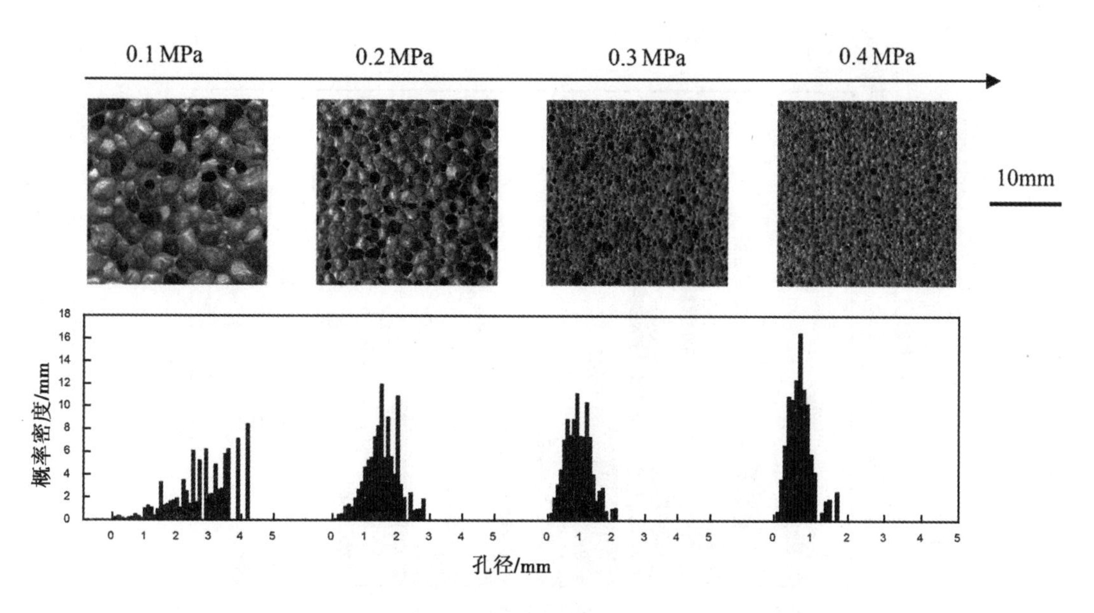

图 9.6　不同压力下泡沫铝图像和孔径大小分布[62]

从试验数据拟合出的泡沫铝平均孔径随发泡压力的变化曲线来看，平均孔径会随 P_o/P 的值变化。表明随着发泡压力的增大，气泡合并会越来越少，泡孔合并的减少与泡沫铝的膨胀速率减小和液膜稳定性的提高有关。

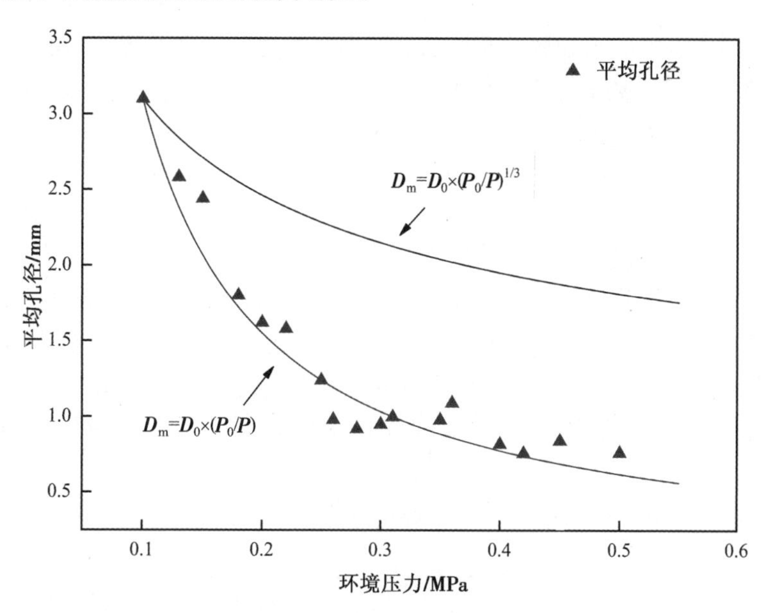

图 9.7　压力对平均孔径大小的影响

图 9.8 为不同发泡压力下制备的闭孔泡沫铝气泡壁厚度分布图。可以看出，正压下制备的泡沫铝气泡壁厚度分布较常压下变窄，且分布相对更集中。从图 9.8 的插图可以明显看出，随着发泡压力的增大，泡沫铝的气泡壁厚度变小，发泡压力增大到一定值后，气泡壁厚度减小不再那么明显。这表明气泡之间的液膜破裂极限厚度在正压下变小，也

更稳定。

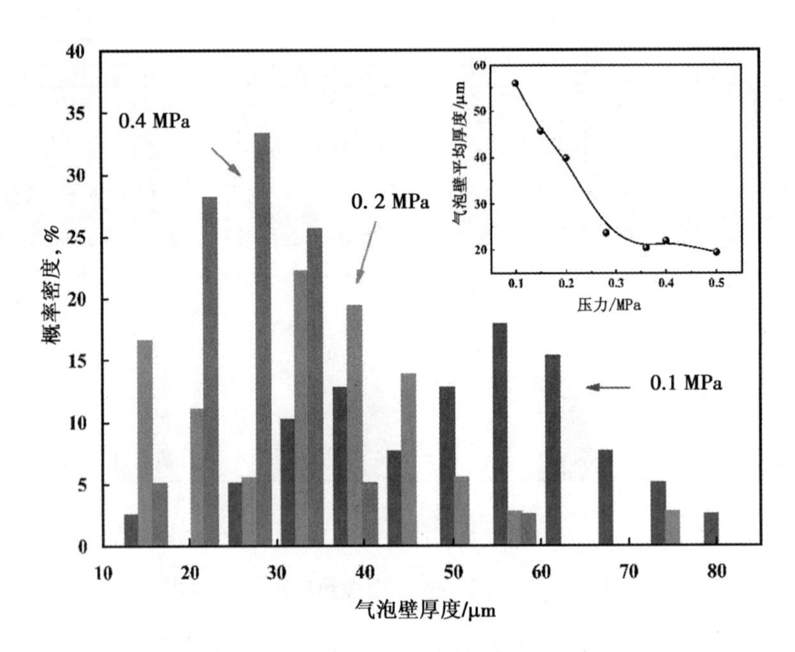

图 9.8　不同压力下泡沫铝气泡壁厚度

9.2.3　密度与孔径的关系

平均孔径与密度的关系如图 9.9 所示。图中实线为一些学者研究出的泡沫铝的平均孔径与密度的关系[46]，离散点为正压发泡获得的平均孔径与密度的关系。可见正压发泡获得的平均孔径与密度不再是线性关系。[46]在泡沫材料平均气泡壁厚度不变的情况下，平均孔径 D_m 与密度 ρ 满足如下的关系式：[46]

$$D_m \approx C_1 \frac{1}{\rho} + C_2 \tag{9.4}$$

常压下制备的闭孔泡沫铝密度 $\rho = 0.34\ g/cm^3$，统计出的平均孔径为 $D_m = 3.1\ mm$；致密铝的密度 $\rho = 2.7\ g/cm^3$，$D_m = 0$。将这两组数据代入(9.4)，便可确定常数 C_1 和 C_2 的值。所获得的平均孔径与密度的关系如图 9.9 中实线所示。从图 9.9 中可以明显看出，密度相同时，正压下制备的泡沫铝样品的平均孔径要小于基于方程(9.4)计算的预测值。

式(9.4)是假设泡沫铝的平均气泡壁厚度 d 不变，根据式(9.5)而推导出的。

$$D_m \approx K\rho_0 d\left(\frac{1}{\rho} - \frac{3}{K\rho_0}\right) \tag{9.5}$$

其中：K——常量，由气孔形态决定；

ρ_0——密实铝的密度；

d——气泡壁的平均厚度。

从式(9.5)中可以看出，对于相同密度的泡沫铝材料，其平均孔径 D_m 和平均气泡壁厚度 d 成正比例关系。因此，正压发泡制备的泡沫铝的平均孔径和密度的关系会发生改变，主要是由于气泡壁厚度降低。从图 9.8 中可以看出，平均气泡壁厚度随发泡压力的增大而不断降低，这与图 9.9 中的结果相一致。

许多对水基泡沫和泡沫塑料的研究显示，在同样液体分数下，高压环境中生成的泡沫塑料和水基泡沫平均孔径会减小[73-74]。Rand 在对水基泡沫的研究中，对不同表面活性剂种类和气体组合进行重复试验，结果表明，在高压环境下生成的水基泡沫的平均孔径和重力排液减小不依赖于气液界面的化学活性。因此，高压下水基泡沫孔径变小与发泡过程中气泡受到压缩有关。

气泡大小和重力排液是影响气泡合并的两个主要因素。高压环境下，孔径分布范围变窄有助于降低气泡合并的趋势[75-76]。数学模型显示，重力排液速度与平均孔径平方 D_m^2 成正比例关系，由于平均孔径明显变小，因此高压下泡沫的排液显著降低。最近的研究指出，在结构演化过程中液膜的破裂与泡沫的液体分数有关[77]，因此重力排液的延迟也降低了气泡的合并。

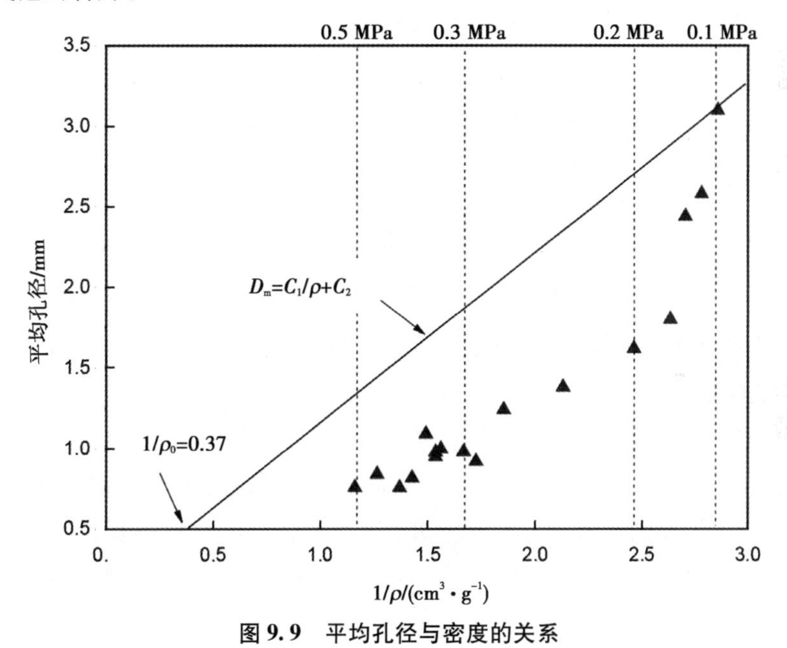

图 9.9　平均孔径与密度的关系

9.3　正压发泡对力学性能的影响

9.3.1　压缩性能及稳定性

泡沫金属的力学性能与其孔结构直接相关，如何改善其稳定性或重现性是当前研究的瓶颈问题。利用 VGSTUDIO MAX 3.0 软件进行三组泡沫铝样品结构重建，通过泡孔结构分析，可以得到泡沫铝孔径分布图，图 9.10 为常压下和 0.2MPa、0.3MPa 下获得的泡沫铝的孔结构。每种压力下都包括 7 个样品，面积分数取值为 7 个样品的平均值。可以看到，在正压作用下泡沫铝的孔径显著减小。对三条孔径分布曲线分别进行拟合，结果显示实验数据与高斯分布拟合较好。误差棒可表示 7 个样品的孔径分散情况，可见孔径越小的泡沫，不同样品间的孔结构差距越小。

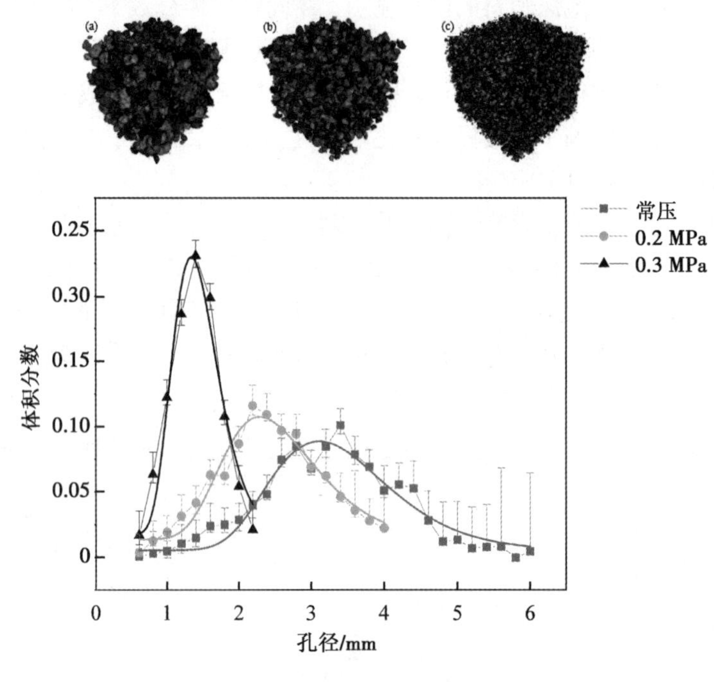

图 9.10　泡沫铝三维孔结构表征

对泡沫金属力学性能影响最大的是其气泡壁的厚长比。研究指出，泡沫铝样品中厚长比最小处是样品中“最弱”的区域，往往是变形的开始位置，对泡沫铝的力学性能有重要的影响。图 9.11 是三组泡沫铝孔壁厚长比与孔壁长度的关系图。从图 9.11 中可以看出，孔壁越长，其厚长比越低，这也是泡沫铝样品在压缩过程中相对大孔(长壁对应大孔)优先变形的主要原因。另外，可以看出，正压制备样品孔壁厚长比在一个较高的位置，而且孔壁厚长比分布范围较小。但是，随着制备压力的增加，泡沫铝孔壁的厚长比增加得并不明显。

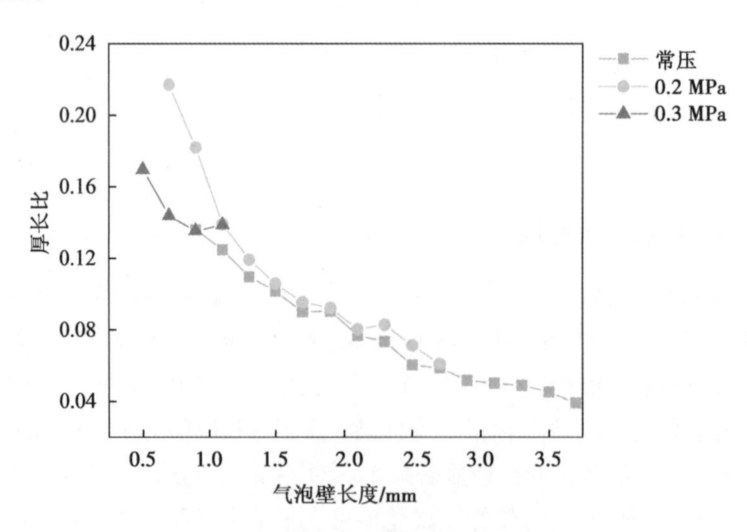

图 9.11　孔壁厚长比与孔壁长度关系图

泡孔结构的均匀性对泡沫金属的力学性能和重现性有重要影响。图 9. 12 为三组泡沫铝的压缩曲线，从图中可以看出，发泡压力越高，曲线平台区的波动越小，且曲线的重现性显著提高。

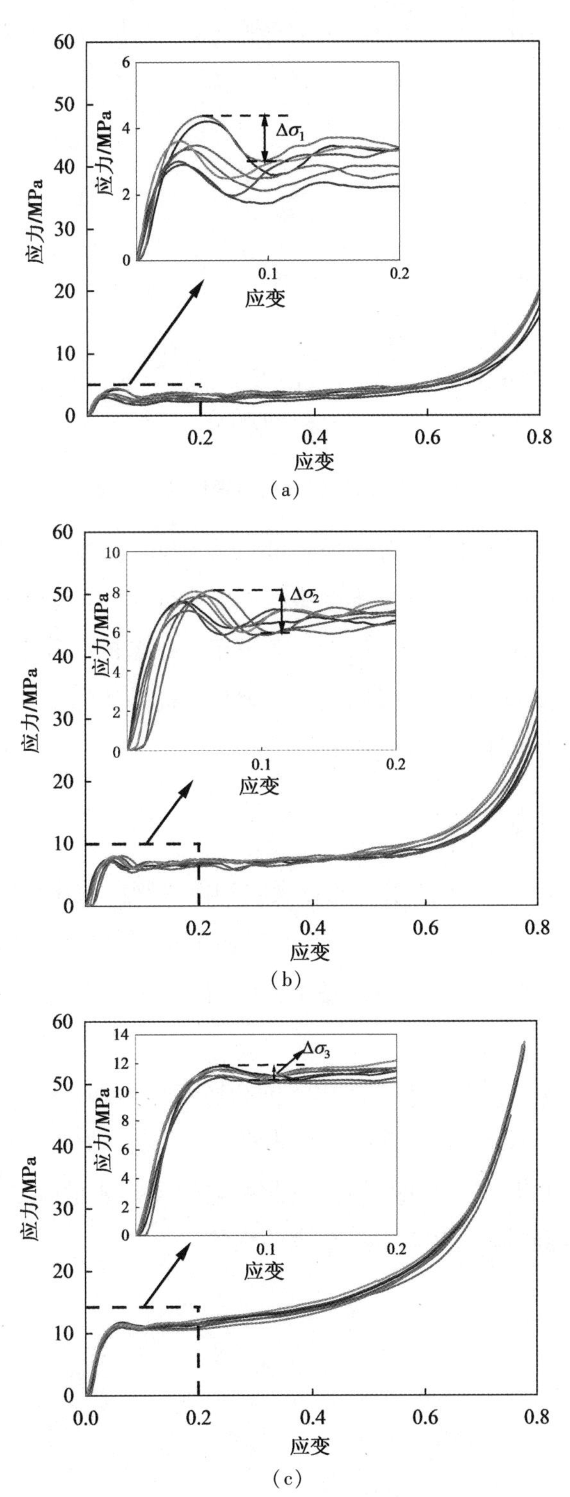

图 9. 12　压力对泡沫铝压缩性能的影响

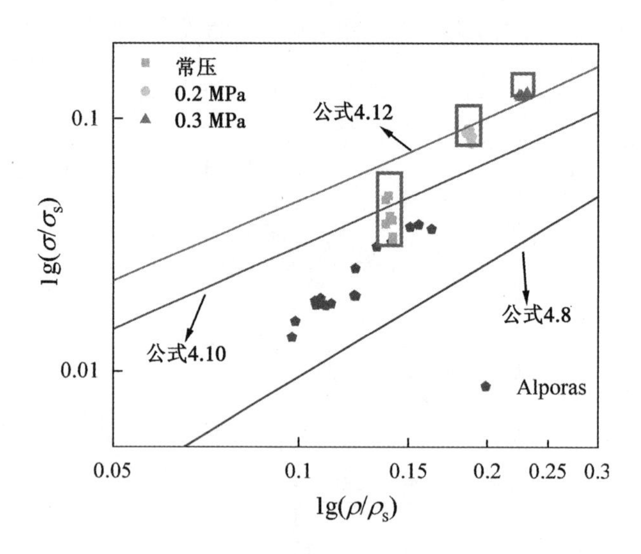

图 9.13　泡沫铝强度与理论模型对比

进一步对比压缩强度与第四章介绍的 Gibson&Ashby 模型的预测值，结果如图 9.13 所示。可见，常压下制备的样品的比强度略高于工业化的 Alporas 产品的力学性能，但仍显著低于理论预测，且具有较大的分散性。而正压下制备的孔径小且均匀的样品，其压缩强度已经与预测模型非常接近，说明孔径均匀化对提升泡沫金属力学性能有直接的影响，并且会显著改善力学性能的稳定性。

9.3.2　能量吸收能力

图 9.14 分别列出了三组泡沫铝的能量吸收和能量吸收效率曲线。从图中可以明显看出，随着泡沫铝制备压力的提高，单位体积的吸能量明显增加，由 2.26 MJ/m^3 提升到 8.35 MJ/m^3。此外，还能看出，随着制备压力的增大吸能曲线的重合性明显增加，说明吸能稳定性在增加。

值得注意的是，虽然压力增大时泡沫铝的相对密度增加，导致压缩平台长度变短，但是孔结构均匀化后，泡沫铝的压缩平台更为平滑，使其具有更高的能量吸收效率。也就是说，通过孔结构优化，可以同步提升泡沫金属的体积能量吸收量和能量吸收效率，这使泡沫金属作为吸能材料应用时具有极大的优势。

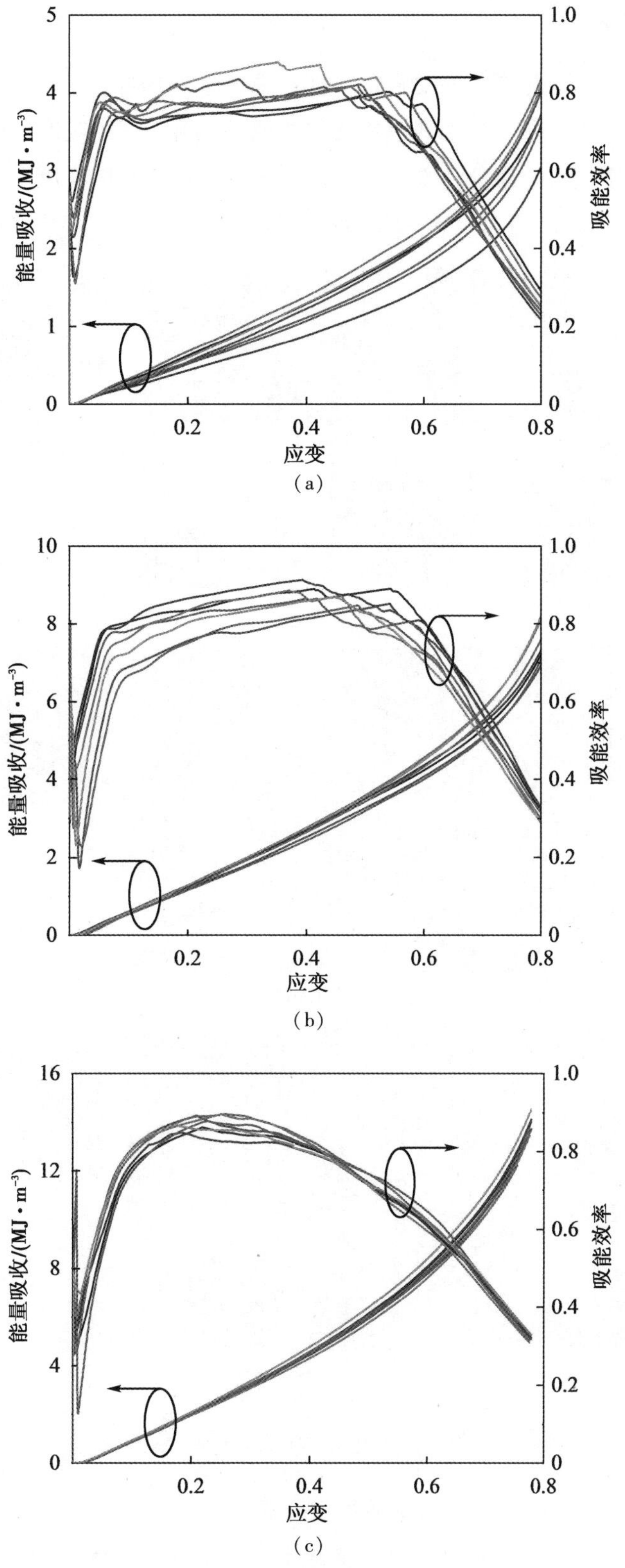

(a)

(b)

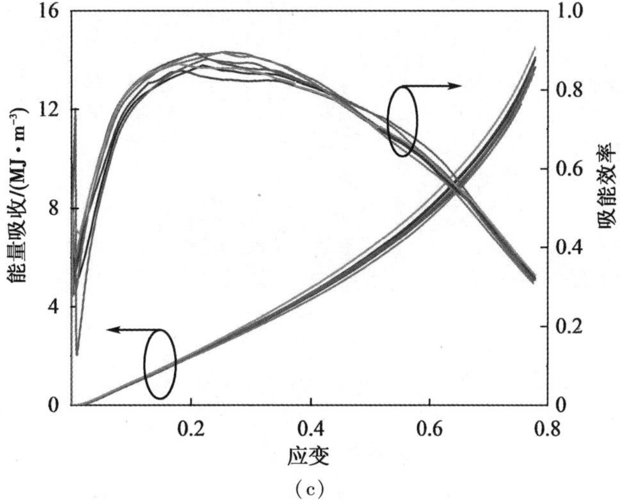

(c)

图 9.14　泡沫铝吸能曲线

9.3.3 变形模式

力学性能的变化与泡沫铝在压缩变形过程中产生的压缩变形带有关。图 9.15 是三组泡沫铝在应变 10%后进行 X 射线透视成像扫描的图片，图中灰度值较大的部分是密度较大(即孔结构被压溃)的部分。平行虚线标注区域为该样品的压缩变形带，压缩变形带的角度是根据变形带与水平方向所夹的锐角值确定的。

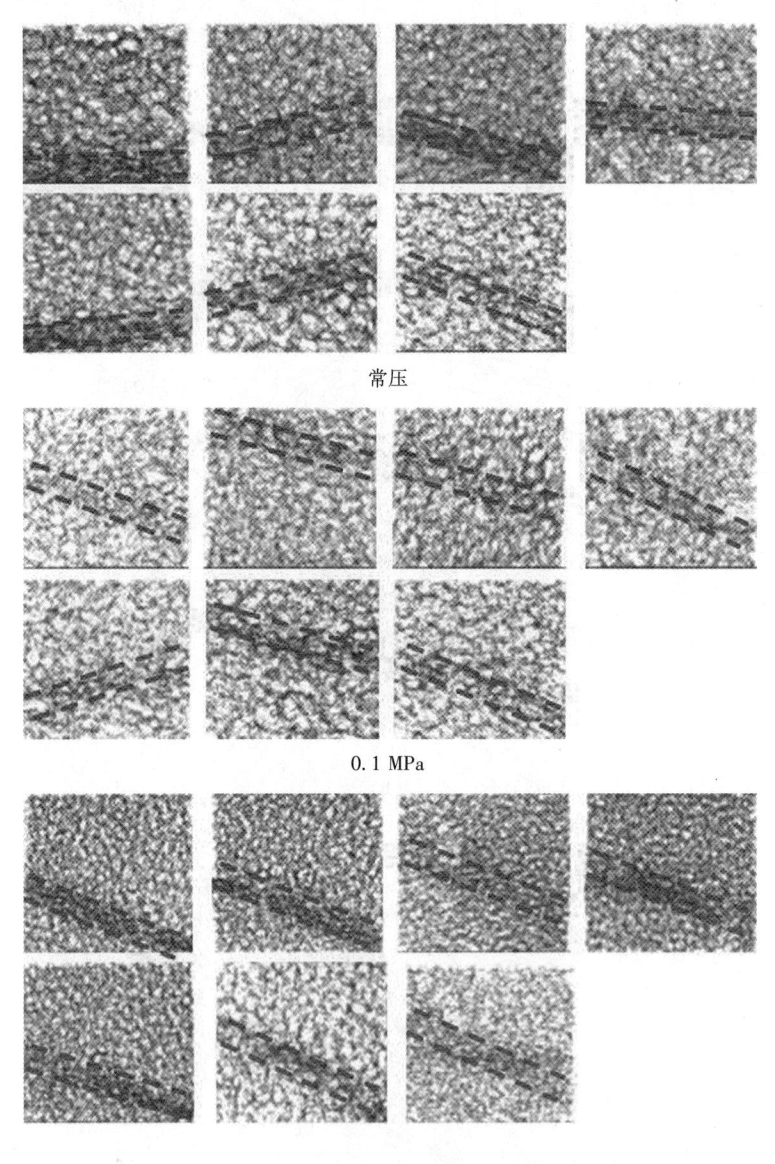

图 9.15 不同孔结构样品中产生的变形带

表 9.1 列出了三组泡沫铝压缩变形带角度的统计结果。其中，变化率用来衡量泡沫铝样品压缩变形带角度的波动性。随着制备压力的增大，泡沫铝变形带角度逐渐增加，

角度平均值从 10. 3°增大到 26. 3°，而压缩变形带角度的变化率从 55. 7%降低到 2. 7%，说明其稳定性明显增加。显然，变形带角度的重现性与力学性能的稳定性有直接的关系。

表 9.1　压缩变形带角度结果

样品	变形带角度/(°)	变化率
常压	10. 3±5. 7	55. 7%
0. 2 MPa	16. 9±3. 5	20. 9%
0. 3 MPa	26. 3±0. 7	2. 7%

Werther 等人对泡沫铝变形带角度进行了理论预测，并且进行了相关实验验证。他们认为，一般情况下，泡沫铝压缩变形带角度(θ)满足以下的关系式：[63]

$$\theta = \arctan\left(\frac{n_1}{n_2}\right) \tag{9.6}$$

$$n_1^2 = \frac{(1+v)(\sqrt{3}+\beta+\mu)}{3\sqrt{3}} \tag{9.7}$$

$$n_2^2 = 1 - n_1^2 \tag{9.8}$$

式中，v，β，μ——泡沫铝的泊松比、屈服面和塑性势的斜率。

由于本书中不涉及这三个参数的测量，所以这里仅仅对理论模型预测的角度与本书测得的角度进行对比，理论预测值[82, 86]也在图 9. 16 表示出来。Alporas 泡沫铝被认为结构均匀，从图 9. 16 中可以看出，文献中的压缩变形带角度预测值与本书通过正压条件制备的 IP2 组泡沫铝存在高度的一致性；而对于 Cymat 泡沫铝，其结构均匀性相对较差，可以看出，其理论预测值与本书制备的 IP1、AP 组泡沫铝具有一定的一致性。所以，通过正压制备得到的泡沫铝结构更加均匀，力学性能稳定性更好，这也与前面对三组泡沫铝结构表征得到的结果一致。

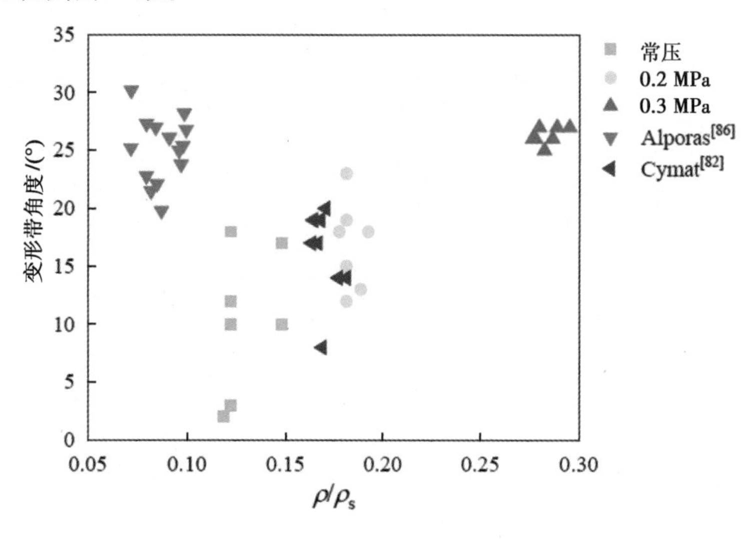

图 9. 16　变形带角度与相对密度的关系

一般认为，大孔是泡沫金属容易产生缺陷的位置，因为孔径较大的位置相对密度小，且气孔往往不规则、气泡壁弯曲等。但是如何定义大孔比较困难，一般将大于对比样品中孔径最小的样品加上 2 倍的标准差的孔确定为相对大孔。如图 9.17 所示，[64] 常压泡沫样品的变形带的产生位置与大孔集中的位置有很好的对应性。压力较低时，变形带也从最大孔集中的位置产生。而当孔径进一步细化后，变形带的产生已经不依赖于大孔的位置。这是因为单个缺陷在泡孔结构中起作用的距离不超过 6 个气孔，当孔径减小后，泡沫铝中大孔之间的距离增大至 6 个以上，单个气孔的影响即可以忽略。

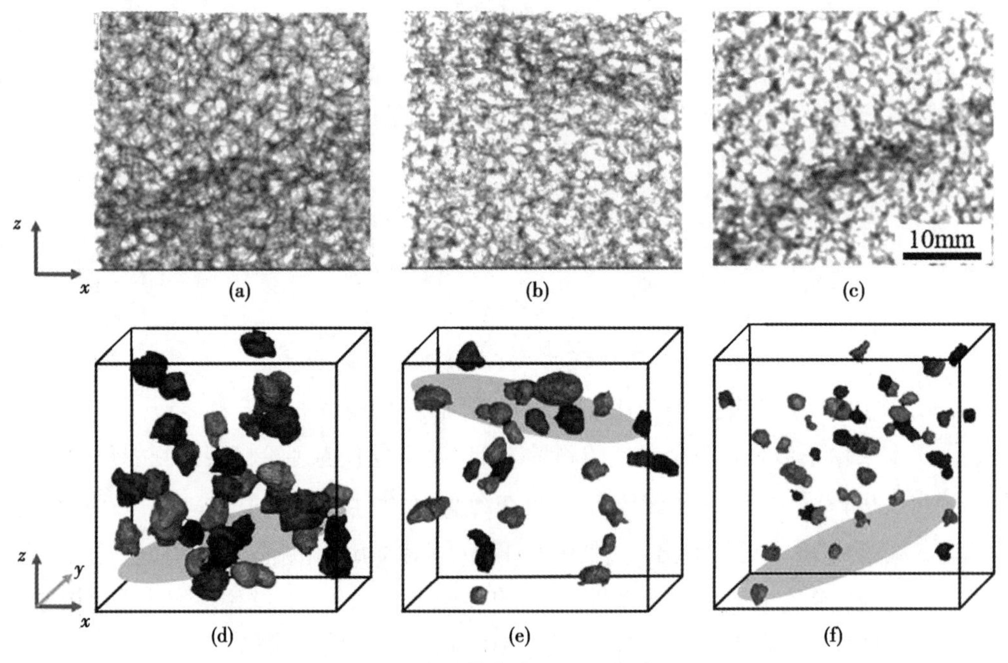

图 9.17　变形带与大孔之间的联系

第 10 章　铝基泡沫材料力学性能的跨尺度优化

泡沫金属的力学性能受其基体材料性质和泡孔结构共同影响，提升基体强度并优化泡孔结构是提升泡沫金属压缩强度的有效措施。本章对铝基泡沫材料力学性能的跨尺度优化主要内容包括：亚微米级 TiB_2 内增韧颗粒对铝基泡沫材料细观泡孔结构和压缩变形模式的影响和正压发泡对内增韧 TiB_2 颗粒增强铝基复合材料泡沫的结构和性能影响研究。

10.1　TiB_2 内增韧颗粒对孔结构和压缩变形模式的影响

10.1.1　样品制备

K_2TiF_6-KBF_4-Na_3AlF_6 熔盐体系和熔融工业纯铝采用熔体反应法在高强电磁搅拌下制成内增韧 TiB_2 颗粒增强铝基复合材料。铝基复合材料的 XRD 图谱如图 10.1 所示，可见其主要物相为 Al 基体和 TiB_2。图 10.2 为铝基复合材料原料中 TiB_2 颗粒的微观形貌，可见颗粒尺寸分布范围为 100 ~ 1000 nm。使用 TiH_2 颗粒作为发泡剂，平均粒径为 25 μm。增黏剂金属钙采用工业用电解钙，纯度大于 98.5%。

10.1.2　泡孔结构

为研究内增韧颗粒对泡沫稳定性和泡孔结构的影响，分别以工业纯铝、质量分数 5.0% 和 10.1% TiB_2 增强铝基复合材料为原料制备泡沫铝样品。不同基体制备的铝基泡沫材料密度和孔隙率如表 10.1 所示。[65] 可见，随着 TiB_2 颗粒含量的增大，泡沫铝的密度增加，孔隙率下降。这是因为固相颗粒的存在可增大铝液的黏度，从而阻止泡沫体内液体在重力作用下向底部排液。

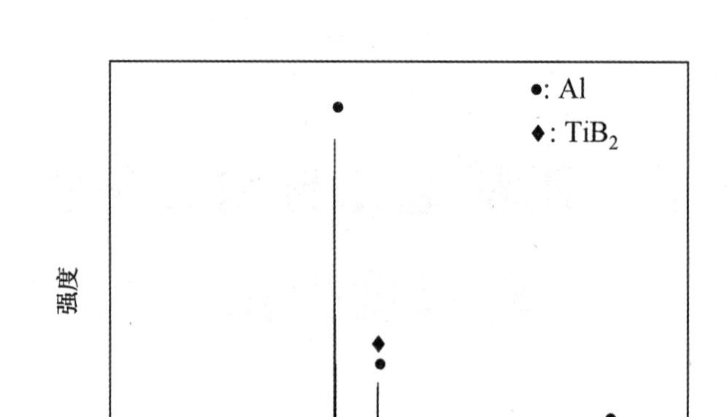

图 10.1　内增韧颗粒增强铝基复合材料的 XRD 图谱[65]

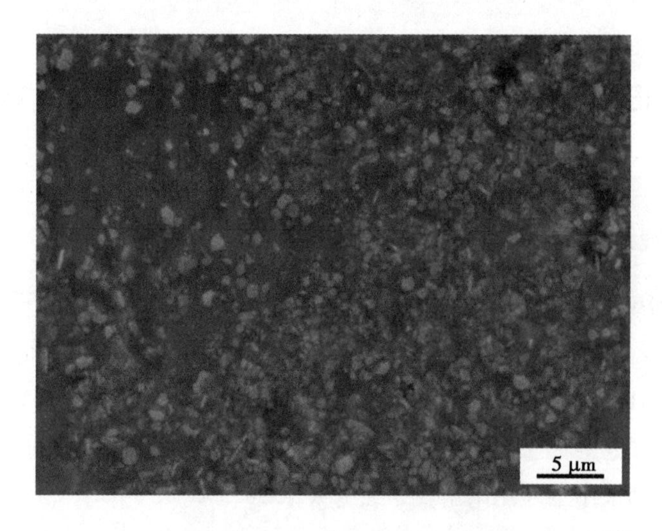

图 10.2　内增韧颗粒增强铝基复合材料的扫描电镜图像[65]

表 10.1　不同基体制备泡沫铝样品的成分和密度[65]

样品	f_{TiB_2} /%	f_{Ca} /%	ρ /(g · cm^{-3})	P /%
AlCa	0	2.5	0.40	85.2
5%TiB_2	5.0	2.5	0.46	83.2
10%TiB_2	10.1	2.5	0.52	81.2

使用微焦点 CT 对泡沫铝内部孔结构进行观察，并进行等效孔径分布统计，结果如图 10.3 所示。使用纯铝作为原料制备的 AlCa 泡沫铝样品孔径在 0~5 mm 范围内分布，存在较多小气泡。5%TiB_2样品和 10%TiB_2样品孔径增大至 5~9 mm，气孔多呈等轴球形

或多面体形，气泡壁长且较平直。

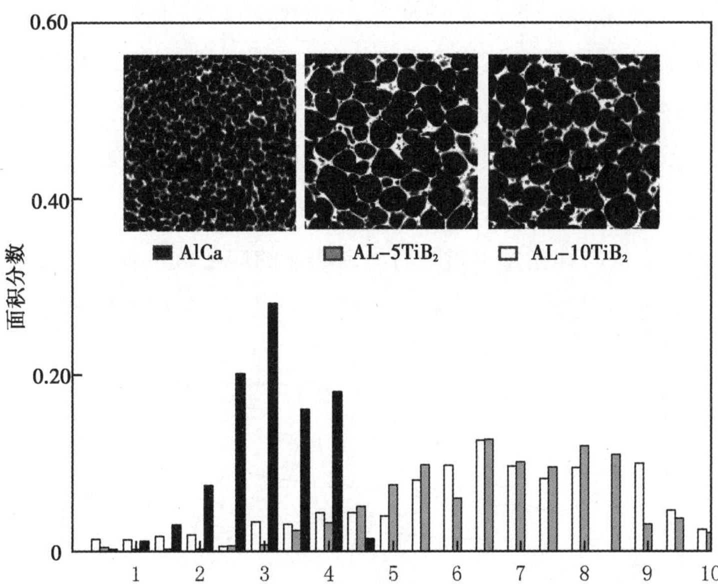

图 10.3　不同基体制备的泡沫铝孔结构

10.1.3　压缩变形

笔者对比了不同基体制备泡沫铝在准静态压缩时的力学性能，其应力-应变曲线如图 10.4 所示。AlCa 样品表现出典型的塑性泡沫铝压缩曲线，经过线弹性阶段后，在应变 ε=0.045 时发生屈服，此时对应的屈服应力为 4.72 MPa。当变形继续增大时，应力在下降至 3.61 MPa 后转为平滑的平台变形阶段。平台变形区间应力在 4.22 MPa 附近波动，直至达到压实应变，应力开始快速上升。

5%TiB_2 样品在应变 ε 为 0.055 时发生屈服，屈服强度达到 6.90 MPa，较密度略低的 AlCa 样品提升了 46.2%。进一步变形时，应力在 ε 为 0.11 时降低至 4.71 MPa，随后的平台变形阶段应力维持在 5.71 MPa 左右，较 AlCa 样品平台应力提升了 35.3%。当 TiB_2 质量分数增大至 10.1%时，密度为 0.51 g/cm^3 的 10%TiB_2 样品的屈服强度达到 8.55 MPa，但之后出现了明显的应变软化，平台应力仅与 5%TiB_2 样品相近。

图 10.4 也给出了三种泡沫铝材料的能量吸收效率曲线。能量吸收效率 η 的计算方法为[19]

$$\eta = \frac{\int_0^{\varepsilon} \sigma(\varepsilon)\,\mathrm{d}\varepsilon}{\sigma_{\max}(\varepsilon)\,\varepsilon} \tag{10.1}$$

式中，$\sigma(\varepsilon)$——应变为 ε 时的应力；

$\sigma_{max}(\varepsilon)$——应变 0~$\varepsilon$ 的最大应力。

对于平台应力保持不变的理想塑性泡沫，η 的数值趋近于 1；而对于脆性泡沫，η=0.5。AlCa 泡沫在发生屈服时 η 的值约为 0.8，随后上升至 0.87，在压实过程中出现明显下降，吸能效率曲线与文献报道的 Alporas 泡沫相似，为塑性变形。5%TiB_2样品在屈服应力处吸能效率与 AlCa 泡沫接近，而后因发生应变软化，η 值略有降低，在应力平台结束时达到最大值 0.84，仍为塑性变形。10%TiB_2样品最大吸能效率值为 0.76，明显低于 AlCa 系泡沫材料，这与其在发生屈服后出现明显的应变软化有关，说明随着 TiB_2颗粒含量的增大，泡沫铝压缩时的变形模式有向脆性多孔材料转变的趋势。

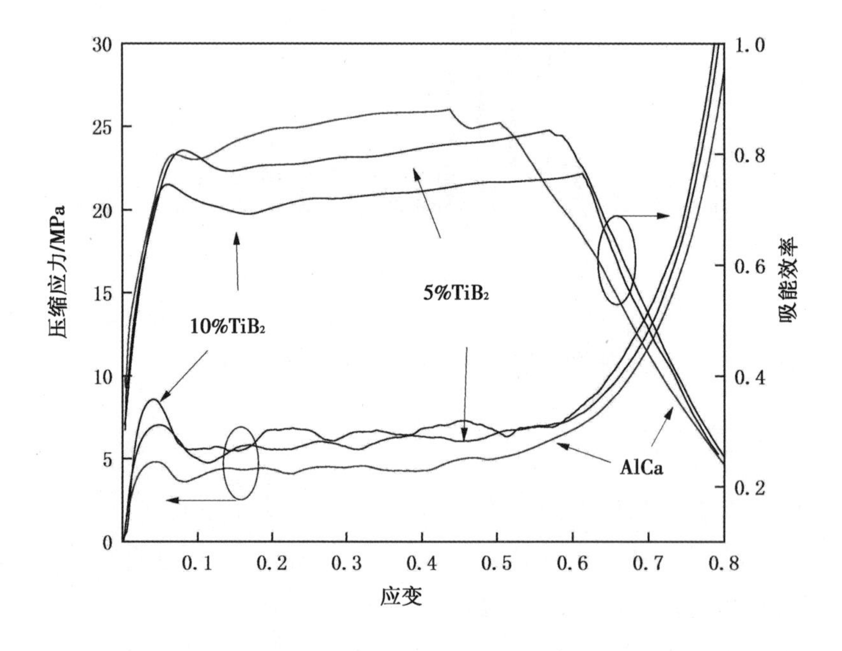

图 10.4 基体材料对泡沫铝样品准静态压缩性能的影响

图 10.5 为三种泡沫铝样品在发生应变软化时泡孔结构的变形情况。从图中可见，AlCa 泡沫样品中产生的塑性变形带内的气孔均被挤扁，但气泡壁断裂并不明显。5%TiB_2样品中气泡壁发生明显的变形，局部出现断裂。而在 10%TiB_2样品中可观察到明显的气泡壁断裂，说明此时基体塑性变形能力较差，这是发生应变软化的主要原因。

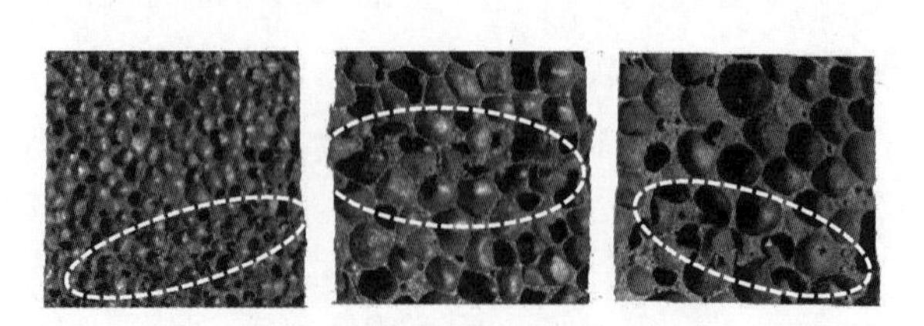

图 10.5 泡沫铝样品压缩变形

使用电子扫描显微镜观察气泡壁断口处的形貌，其微观形貌如图 10.6 所示。在断口撕裂的铝基体内部并没有观察到以 TiB_2颗粒为中心的韧窝，说明内增韧颗粒与铝基体界面结合力较强，但此时铝基复合材料的塑性变形能力较差。在断口附近观察到了因 TiB_2颗粒聚集产生的裂纹，虽然单个 TiB_2颗粒直径小于 1 μm，但是形成的颗粒团簇的尺寸可达十几微米。这些颗粒团在气泡壁内成为裂纹形成和扩展的核心，进一步降低了铝基体的塑性变形能力，是导致泡沫铝样品失效模式向脆性转变的主要原因。

图 10.6 泡沫铝样品断口微观形貌

10.1.4 理论模型对比

从上述结果可以看出，内增韧 TiB_2颗粒对 AlCa 系泡沫的孔结构和力学性能均有显著影响。图 10.7 对比了本书制备的泡沫铝样品与文献[52]报道的 Al-Ca 系泡沫铝 Alporas 和采用 10%内增韧 TiB_2颗粒增强铝基复合材料制备泡沫铝样品的压缩强度。从图中可见,本书制备的 AlCa 样品强度与相近密度的 Alporas 相当。采用金属 Ca 和内增韧 TiB_2颗粒复合稳定体系制得的泡沫铝样品，压缩强度较相近密度的 Alporas 和其他颗粒增强泡沫铝样品高 40%~78%，内增韧颗粒对泡沫铝屈服强度的增强作用非常显著。而文献[16]采用 10%的内增韧 TiB_2颗粒增强铝基复合材料制得泡沫铝样品的压缩强度仅与相近密度的 Alporas 样品强度接近。这说明除基体强度外，泡孔结构对颗粒增强复合材料制备的铝基泡沫材料的屈服强度有显著影响。

闭孔泡沫材料的压缩力学响应与孔棱的弯曲变形和气泡壁的拉伸变形协同作用有关。泡沫材料的压缩强度与基体材料的屈服强度、泡沫金属的相对密度和泡孔结构三者之间的关系可用 Gibson 和 Ashby 建立的数学模型表示[19]：

$$\frac{\sigma}{\sigma_s} = 0.3\left(\varphi\frac{\rho}{\rho_s}\right)^{\frac{3}{2}} + (1-\varphi)\left(\frac{\rho}{\rho_s}\right) \tag{10.2}$$

式中，ρ 和 σ——泡沫金属的密度和压缩强度；

ρ_s和 σ_s——基体材料的密度和屈服强度；

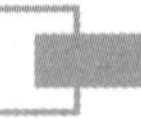

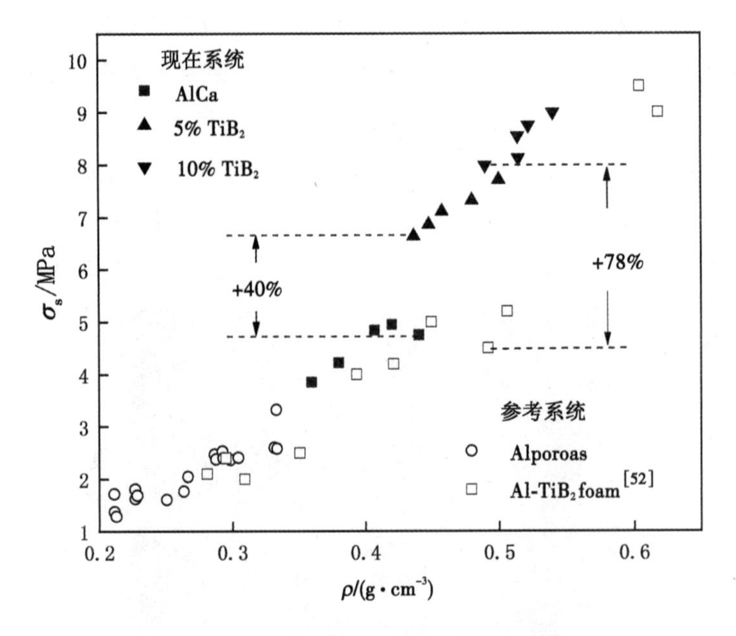

图 10.7　压缩强度与其他铝泡沫体系对比

φ——固相在孔棱(Plateau 边界)处的比率($\rho/\rho_s \leqslant \varphi \leqslant 1$)，而 $1-\varphi$ 代表了气泡壁内固相所占比率。

当 $\varphi=1$ 时，式(10.2)转化为开孔泡沫材料的数学模型：

$$\frac{\sigma}{\sigma_s}=0.3\left(\frac{\rho}{\rho_s}\right)^{\frac{3}{2}} \tag{10.3}$$

根据实验观察，Benouali 等认为，铝基泡沫材料的 φ 值为 0.65～0.85，并将式(10.2)中 φ 值设定为 0.75，获得了如下模型[20]：

$$\frac{\sigma}{\sigma_s}=0.195\left(\frac{\rho}{\rho_s}\right)^{\frac{3}{2}}+0.25\left(\frac{\rho}{\rho_s}\right) \tag{10.4}$$

Simone 和 Gibson 利用有限元分析了当泡孔由具有平直气泡壁的正 16 面体组成时屈服强度与相对密度的关系，获得如下模型[21]：

$$\frac{\sigma}{\sigma_s}=0.33\left(\frac{\rho}{\rho_s}\right)^{2}+0.44\left(\frac{\rho}{\rho_s}\right) \tag{10.5}$$

为研究孔结构对泡沫铝力学性能的影响机制，将实验数据标准化，以 σ/σ_s 和相对密度 ρ/ρ_s 作图，并与理论模型进行对比。Alporas 和 AlCa 样品基体屈服强度取值 130 MPa，5%TiB_2 和 10% TiB_2 基体强度分别取 150 MPa 和 200 MPa[66]。如图 10.8 所示，离散点为本书和文献[52]报道的试验数据，直线则依据式(10.3)至式(10.5)理论模型绘制。本书制备的颗粒增强试验样品与式(10.4)预测值较为接近，略高于 AlCa 样品和 Alporas 样品，说明较 Al-Ca 系泡沫力学性能的提升主要来源于基体力学性能的改善。而文献[52]中颗粒增强泡沫铝的力学性能在相对密度较低时远低于闭孔泡沫材料模型的预测值，仅低于或略高于式(10.3)对开孔泡沫的预测数据。

从式(10.2)中可以看出，气泡壁拉伸的作用为线性项，而孔棱弯曲的作用为非线性项。因相对密度 ρ/ρ_s 的数值远小于 1，气泡壁的几何形态和拉伸变形模式对闭孔泡沫材料的压缩性能的影响尤为重要。分析指出，气泡壁弯曲和褶皱等微观缺陷是其比强度降低的主要原因。当气泡壁长度 l 和曲率半径 R 的比值 $l/2R$ 由 0 增大至 0.5 时，闭孔泡沫材料的压缩强度较平直气泡壁样品降低 32%~55%[67]。本书中，TiB_2 使泡孔的平均孔径增大，小气泡减少，相邻气泡间因表面张力造成的气体压力差也随之减小，有助于形成平直的气泡壁。从图 10.3 中也可看出，5%TiB_2 和 10%TiB_2 样品中泡孔多为等轴多面体，气泡壁长而平直。这样的泡孔结构一方面使 φ 的值降低，增大气泡壁对压缩强度的贡献，另一方面减少了因气泡壁弯曲造成的负面影响。因此，其比强度与相对密度的关系较符合式(10.4)中 $\varphi=0.75$ 时的关系，此时气泡壁拉伸贡献的线性项大于孔棱弯曲贡献的非线性项。而单纯采用内增韧 TiB_2 颗粒为稳定剂时，气泡稳定性差，使泡孔直径在较大范围内分散，样品中气泡壁明显弯曲，造成压缩强度低且数据分散。

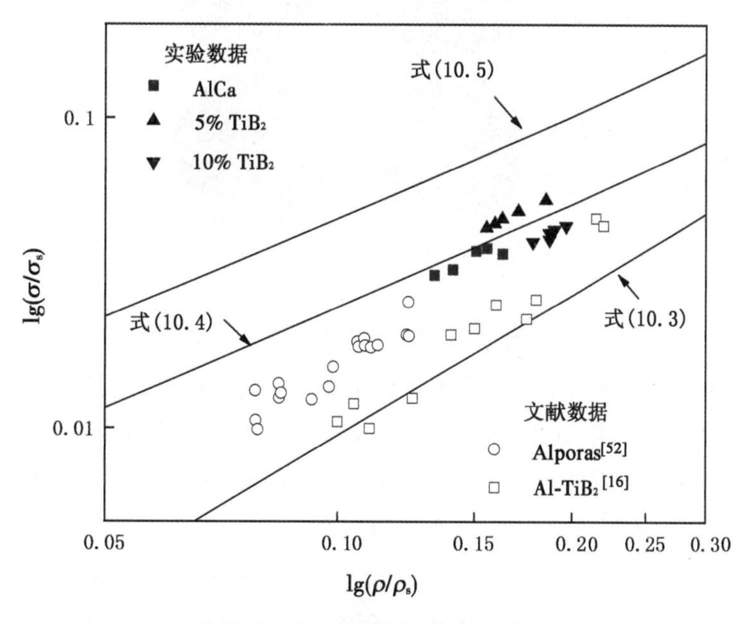

图 10.8　实验数据与理论模型对比

10.2　正压对复合材料泡沫结构和性能的影响

10.2.1　泡孔结构

图 10.9 所示为三种发泡压力下制备出的 TiB_2 复合材料基泡沫铝宏观结构图。从图可以看出，每种发泡压力下的 5TiB_2 泡沫样品和 10TiB_2 泡沫样品泡孔分布均匀，没有泡孔

合并导致的宏观大孔洞。随着发泡压力的增大，$5TiB_2$泡沫样品和$10TiB_2$泡沫样品的孔径均逐渐变小。此外，常压 0.10 MPa 下的两种样品大部分孔均为不规则多边形且孔壁较薄。随着发泡压力增大到 0.30 MPa，两种泡沫铝的孔呈圆形且孔壁较厚。比较$5TiB_2$泡沫样品和$10TiB_2$泡沫样品可以发现，相同压力下，$10TiB_2$泡沫样品，孔径略大于$5TiB_2$泡沫样品；0.10 MPa 下两种泡沫铝的孔壁厚度大致相当，随着发泡压力增大，$10TiB_2$泡沫样品的孔壁厚度较$5TiB_2$泡沫样品逐渐变厚。[68]

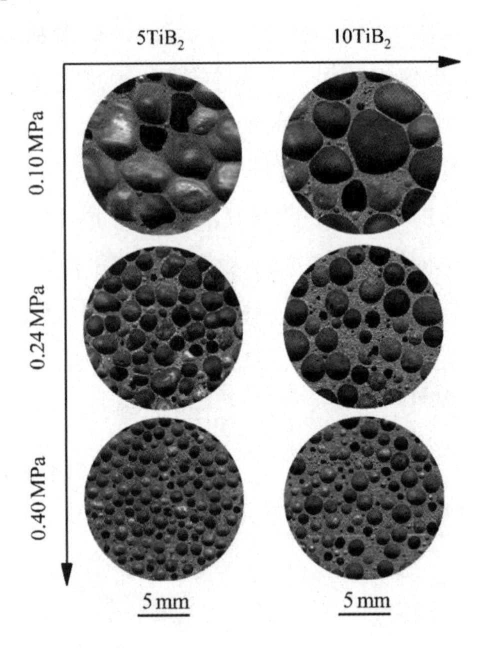

图 10.9　三种压力对应 TiB_2复合材料泡沫体宏观结构图[68]

图 10.10 为三种典型发泡压力制备的TiB_2复合材料泡沫铝的孔径分布图和泡孔圆度统计图，图 10.10(a)、图 10.10(b)和图 10.10(c)分别对应$5TiB_2$样品 0.10 MPa、0.24 MPa 和 0.40 MPa 结果，图 10.10(d)、图 10.10(e)和图 10.10(f)分别对应$10TiB_2$样品 0.10 MPa、0.24 MPa 和 0.40 MPa 结果。可以看出，随着发泡压力增加，$5TiB_2$样品和$10TiB_2$样品的孔径分布范围均逐渐变窄(即大小相当的孔洞越来越多)，且孔径大小呈下降趋势。平均孔径大小和平均圆度大小示于表 10.2。$5TiB_2$样品三种压力下的平均孔径大小分别为 5.00 mm、2.83 mm、1.45 mm，平均圆度值分别为 0.89、0.90、0.94；$10TiB_2$样品三种压力下的平均孔径大小分别为 5.45 mm、2.96 mm、1.77 mm，平均圆度值分别为 0.94，0.94，0.99。随着发泡压力增大，$5TiB_2$样品和$10TiB_2$样品的平均孔径大小呈下降趋势，平均圆度呈上升趋势。

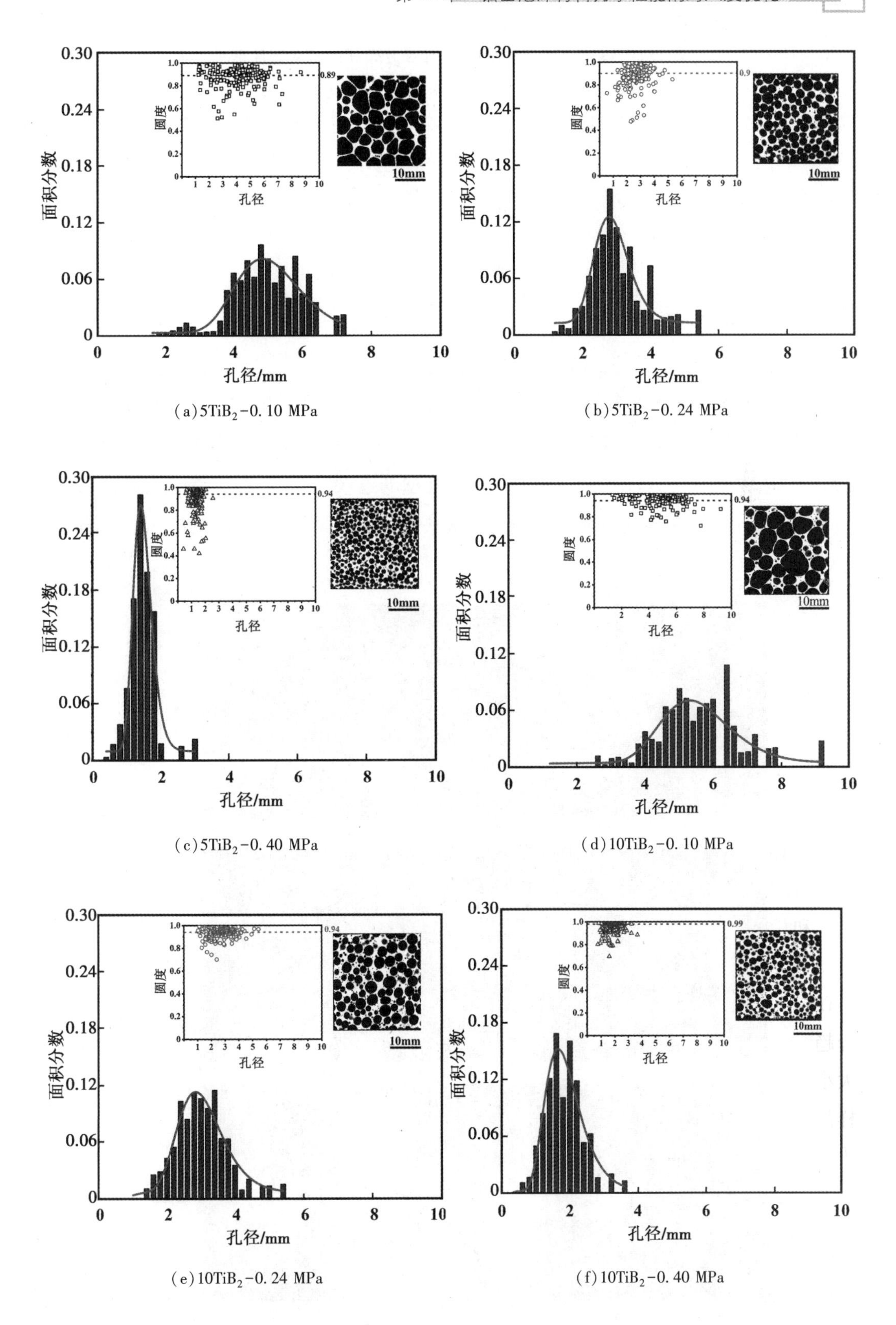

(a) $5TiB_2$-0. 10 MPa

(b) $5TiB_2$-0. 24 MPa

(c) $5TiB_2$-0. 40 MPa

(d) $10TiB_2$-0. 10 MPa

(e) $10TiB_2$-0. 24 MPa

(f) $10TiB_2$-0. 40 MPa

图 10. 10　TiB_2复合材料泡沫体孔径分布(实线：对数正态分布函数拟合)和圆形度统计图：

表 10.2　TiB_2复合材料泡沫体孔径分布和圆形度统计结果

（R^2表示具有对数正态函数的孔径大小分布的拟合优度）

Sample	ρ/（g·cm^{-3}）	ρ_r	D_{mean}/mm	R^2	C_{mean}
$5TiB_2$-0.10 MPa	0.44	0.16	5.00±0.09	0.80	0.89±0.10
$5TiB_2$-0.24 MPa	0.57	0.21	2.83±0.05	0.83	0.90±0.10
$5TiB_2$-0.40 MPa	0.81	0.30	1.45±0.02	0.96	0.94±0.13
$10TiB_2$-0.10 MPa	0.54	0.19	5.45±0.12	0.68	0.94±0.06
$10TiB_2$-0.24 MPa	0.96	0.34	2.96±0.04	0.94	0.94±0.04
$10TiB_2$-0.40 MPa	1.19	0.43	1.77±0.05	0.90	0.99±0.07

三种典型发泡压力制备的 TiB_2复合材料泡沫体在单个孔尺度上的金相显微照片如图 10.11 所示。从图中可以发现，0.10 MPa 下，$5TiB_2$泡沫铝和 $10TiB_2$泡沫铝均无明显的泡壁缺陷；0.24 MPa 下，$5TiB_2$泡沫铝的缺陷为孔壁弱连接，$10TiB_2$泡沫铝的缺陷为泡壁微孔；0.40 MPa 下，$5TiB_2$泡沫铝的缺陷为孔壁缺失和泡壁微孔，$10TiB_2$泡沫铝的缺陷仍为泡壁微孔。

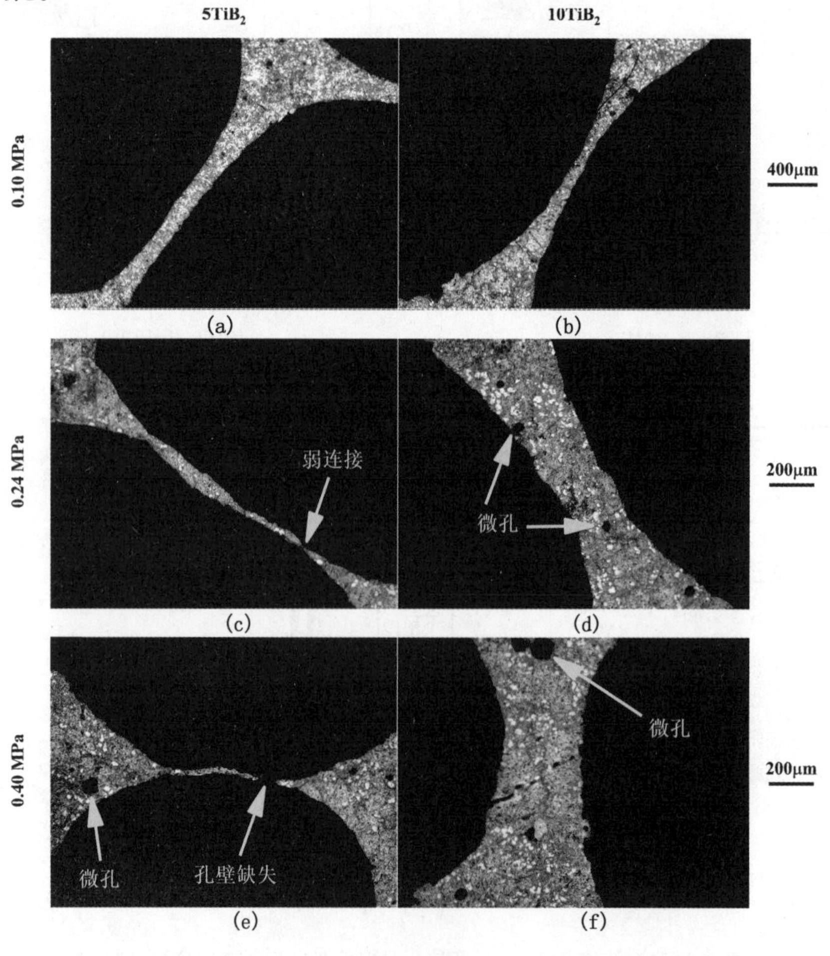

图 10.11　TiB_2复合材料泡沫体金相显微照片

图 10.12 和图 10.13 分别为三种发泡压力下(0.10 MPa、0.24 MPa、0.40 MPa)制备出的 $5TiB_2$泡沫铝和 $10TiB_2$泡沫铝在较低倍率(SEM MAG：25×)下的 SEM 图。由图 10.12 可以发现，常压 0.10 MPa 下，$5TiB_2$泡沫铝的泡孔在生长方向上被拉长，而 $10TiB_2$泡沫铝的泡孔在生长方向上没有出现被拉长这种现象。从图 10.12 和图 10.13 还可以看出，$5TiB_2$泡沫铝和 $10TiB_2$泡沫铝的泡孔壁上均存在着由气体释放产生的圆形孔隙，且两种泡沫铝泡壁上的圆形孔隙均随着发泡压力的增大而减小。比较图 10.12(a)和图 10.13(a)可以看出，常压 0.10 MPa 的 $5TiB_2$泡沫铝孔壁上的圆形孔隙要明显大于相同压力下的 $10TiB_2$泡沫铝。而相同正压条件下，$10TiB_2$泡沫铝孔壁上的圆形孔隙要明显大于 $5TiB_2$泡沫铝。

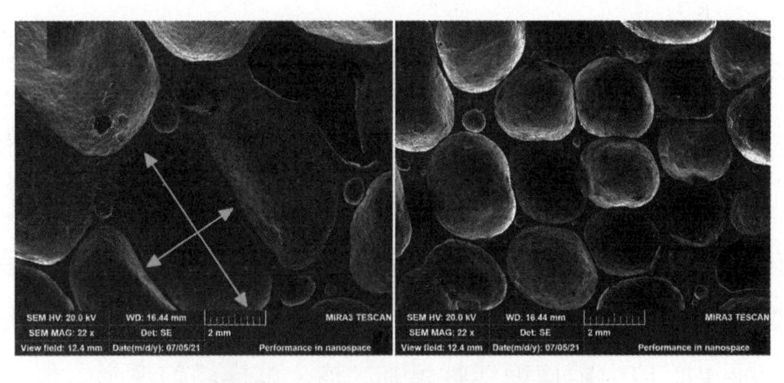

(a)0.10 MPa　　(b)0.20 MPa

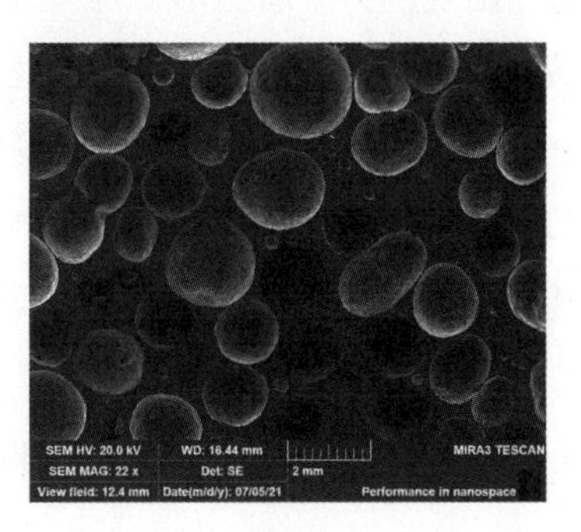

(c)0.40 MPa

图 10.12　$5TiB_2$泡沫铝较低倍率 SEM 图

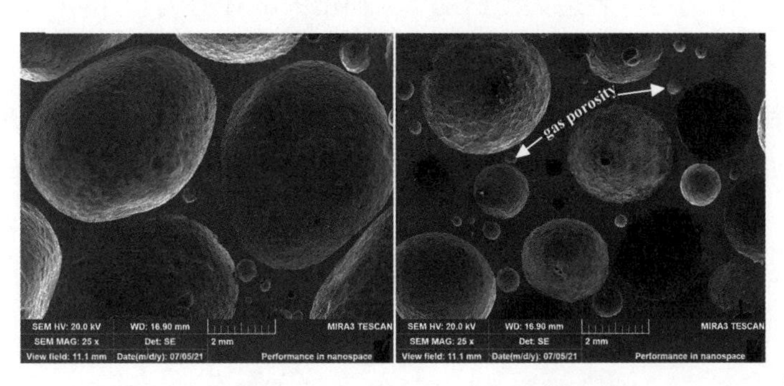

(a)0.10 MPa　　(b)0.24 MPa

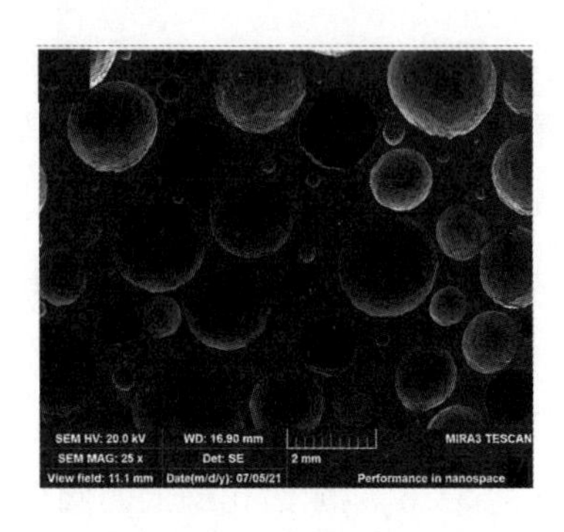

(c)0.40 MPa

图 10.13　10TiB_2泡沫铝较低倍率 SEM 图

10.2.2　正压对复合材料泡沫力学性能的影响

图 10.14 为三种发泡压力 0.10 MPa、0.24 MPa 和 0.40 MPa 下制备出的 TiB_2复合材料基泡沫铝的压缩应力-应变曲线。与纯铝基泡沫材料类似，5TiB_2和 10TiB_2两种复合金属泡沫铝也具有三个不同的变形区域：线弹性区、塑性变形平台区和致密化区。3 个区域的应变范围取决于泡沫铝的密度和孔结构(泡孔大小、泡孔纵横比、孔壁纵横比、泡孔缺陷等)。线弹性区内，应力随应变线性增加，整个试样均匀变形。线弹性区末端的峰值应力表明泡壁损伤开始，随后出现应力平台区域。应变进一步增加，会导致最开始损伤的最薄弱泡壁周围开始局域化变形，而在局域化变形带之外的区域，泡孔基本不发生形变。随着应变的增加，局域化变形在几乎恒定的应力下发展到其他部分，体现在应力-应变曲线上的波动，如图 10.14(b)的局部放大图所示。其中，锯齿状波动的存在可能是由样品在压缩过程中单个泡孔失效或单个孔壁脆性断裂所导致的。最后坍塌泡孔相互接触，压实泡孔，进一步压缩变形主要由基体材料提供，在应力-应变曲线上表现为应力随应变急剧升高。从图 10.14 可以看出，平台阶段曲线保持水平，无明显应变硬化现象。[69]

图 10.14 中各曲线的屈服强度、应力降率和压实应变参数列于表 10.3 中。通常压实应变随密度增大而减小，平台应力随密度增大而增大。对于 0.10 MPa、0.24 MPa 制备的 5TiB_2和 10TiB_2泡沫铝，应力降率数值要明显高于 0.40 MPa 下制备的两种复合材料泡沫铝，即应力降率更为明显。穆永亮[51]对泡孔各向异性对应力降率的影响进行了研究。结果表明，只有当泡孔的长轴沿加载方向对齐时，应力降率才明显；而当泡孔的短轴和加载方向对齐时，应力降率不明显。对于 0.4 MPa 泡沫，未观察到应力-应变曲线出现显著应力下降，可能是由于这两种泡沫铝泡孔的短轴沿加载方向对齐。

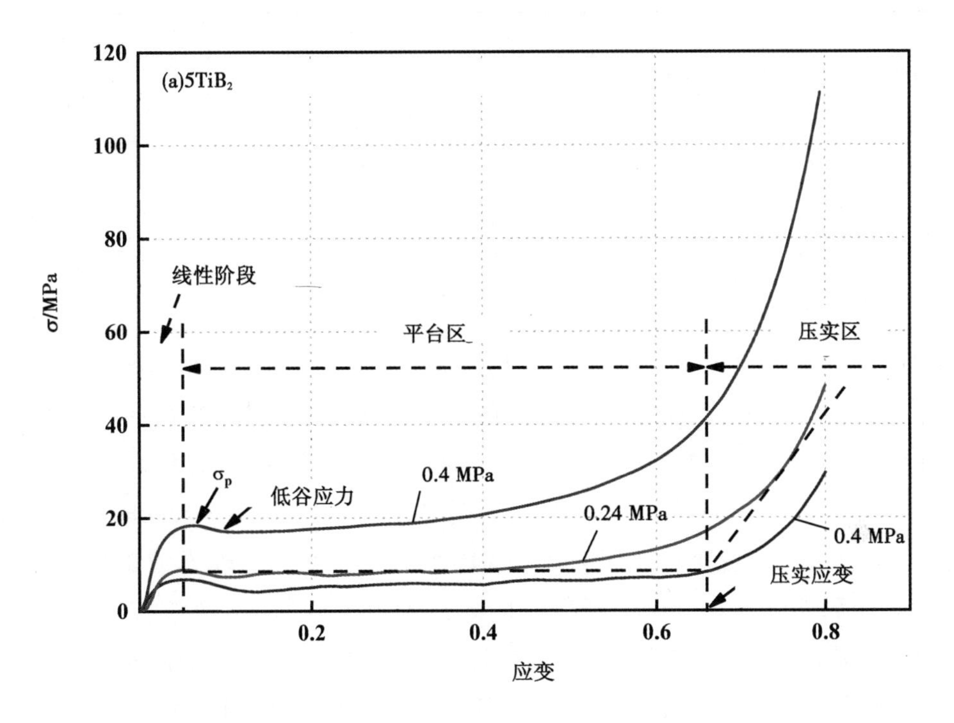

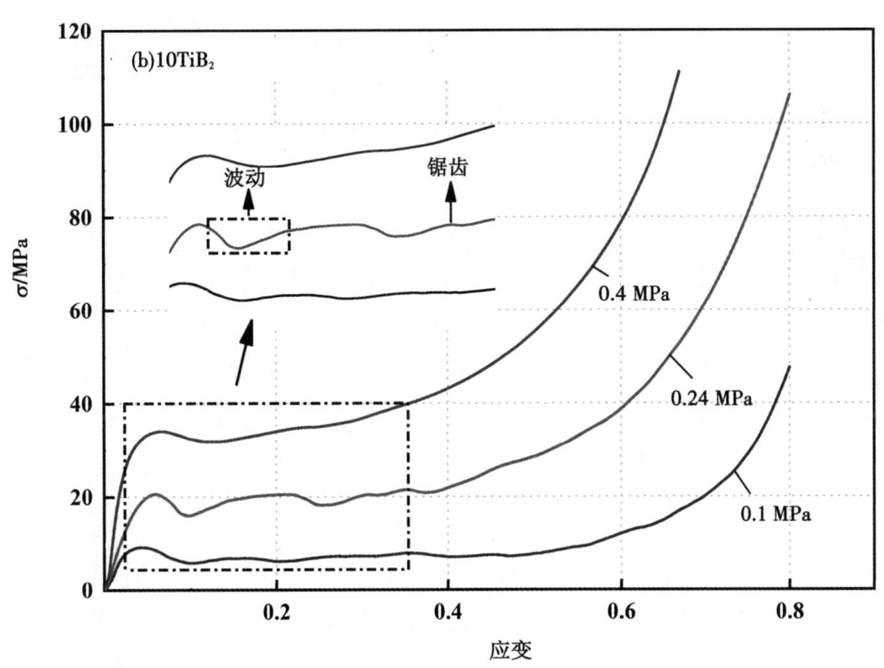

图 10.14　TiB_2复合材料泡沫铝的压缩应力-应变曲线

表 10.3　TiB_2复合材料泡沫铝的屈服强度、应力降率和压实应变

Sample	σ_p/MPa	R_{sd}	ε_d
$5TiB_2$-0.10 MPa	6.86	39.0%	69.0
$5TiB_2$-0.24 MPa	9.06	17.9%	66.6
$5TiB_2$-0.40 MPa	18.47	8.2%	59.5
$10TiB_2$-0.10 MPa	9.78	40.2%	66.0
$10TiB_2$-0.24 MPa	21.22	25.3%	54.8
$10TiB_2$-0.40 MPa	34.57	8.9%	45.7

对不同发泡压力制备的$5TiB_2$和$10TiB_2$泡沫宏观变形进行了观测。将试样在万能试验机上压缩到8%应变(塑性变形开始)后用CT进行扫描；扫描后继续将该试样压缩到20%应变(第一个变形带基本形成)，并用CT进行扫描。图10.15(a)和图10.15(b)分别展示了不同压力下制备的$5TiB_2$和$10TiB_2$泡沫压缩到8%应变和20%应变的CT断层扫描形貌。由图可知，8%应变下，$5TiB_2$-0.10 MPa和$10TiB_2$-0.10 MPa孔壁在垂直于载荷方向产生塑性屈曲，部分平行于载荷方向的孔棱产生微屈曲。20%应变下，$5TiB_2$-0.10 MPa形成的变形带与水平轴的夹角约为20°，通过泡壁的塑性屈曲和开裂形成，即变形是韧性和脆性的混合。然而，对于$10TiB_2$-0.10 MPa，形成的变形带与水平轴的夹角约为45°，变形带明显是通过孔壁开裂这种脆性变形形成的，这与文献中报道的$10TiB_2$泡沫孔壁材料表现出高度脆性相一致[107]。除此之外，$5TiB_2$-0.10 MPa的变形带之外出现了个别塑性屈曲的泡壁，而$10TiB_2$-0.10 MPa的变形带之外出现了个别明显脆断的泡壁，这也是图10.14中$10TiB_2$泡沫的应力-应变曲线锯齿(Serrations)状波动较$5TiB_2$泡沫明显的原因。$5TiB_2$-0.24 MPa和$5TiB_2$-0.40 MPa通过多层孔的协同坍塌在20%应变下形成近似水平的局部变形区，$10TiB_2$-0.24 MPa和$10TiB_2$-0.40 MPa通过多层孔的协同坍塌在20%应变下形成与水平轴近似45°的局部变形带。这是因为，$5TiB_2$较$10TiB_2$泡沫的泡壁基体延展性好，泡壁主要通过延展失效。而$10TiB_2$泡沫在应变期间，一些泡壁碎片弹出，表现出局部脆性断裂，孔壁断裂错位产生剪切变形带。

TiB_2复合泡沫铝屈服强度与模型对比如图10.16所示。$5TiB_2$和$10TiB_2$泡沫的基体材料屈服应力分别取150 MPa和200 MPa。图中离散点为不同发泡压力下制备的TiB_2复合泡沫铝的实验数据点。可以看出，常压0.10 MPa制备的$5TiB_2$和$10TiB_2$泡沫的压缩强度要明显高于开孔泡沫材料的预测值，这是由于常压制备的泡沫铝首先在缺陷处发生屈服，而$5TiB_2$-0.10 MPa和$10TiB_2$-0.10 MPa泡沫样品缺陷少，屈服强度较高。通过正压发泡孔径细化和变均匀后，泡沫铝材料的比强度得到显著提升，可见泡孔结构的细化对于提升泡沫铝材料的强度具有重要意义。由式(10.2)可知，孔棱弯曲对泡沫整体强度的贡献与相对密度是非线性的，而孔面拉伸的贡献与相对密度是线性的。此外，相对密度远小于1。因此，泡壁结构对强度的影响尤为关键。0.10 MPa和0.24 MPa制备的复合

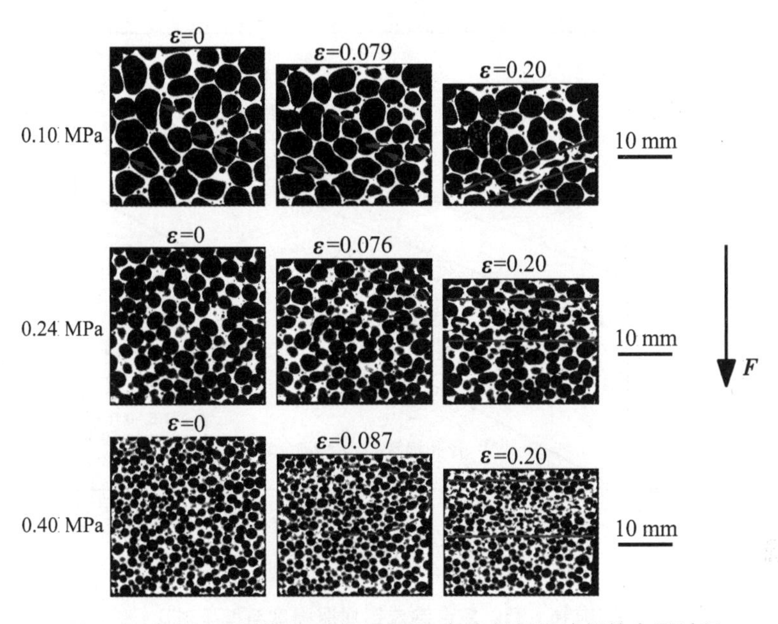

图 10.15(a)　不同发泡压力下 5TiB_2复合材料泡沫铝的变形过程

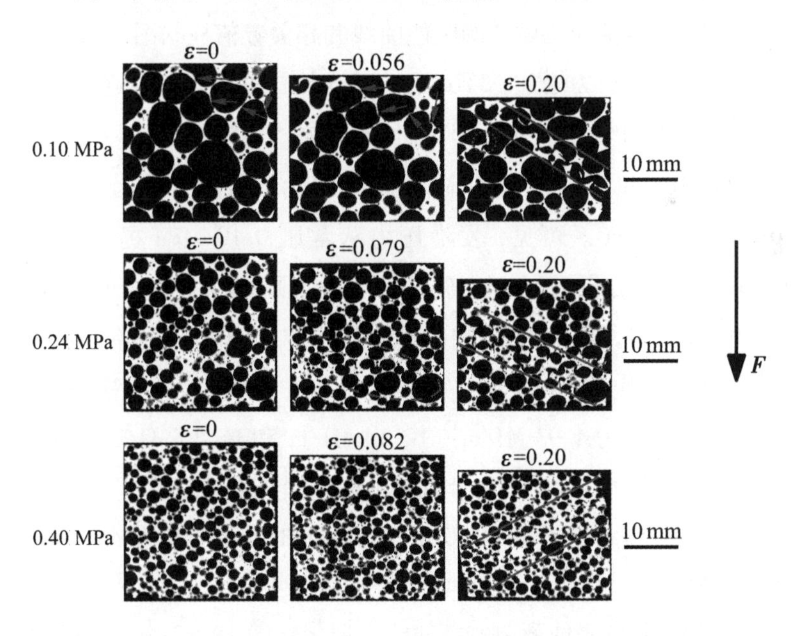

图 10.15(b)　不同发泡压力下 10TiB_2复合材料泡沫铝的变形过程

泡沫实验数据要低于模型预测，这主要是由泡壁屈曲、泡孔夹杂、泡壁破裂和局部密度分布不均匀等缺陷造成的。文献[25]指出，当泡孔壁长(L)与曲率半径(R)的比值($L/2R$)从 0 增加到 0.5 时，闭孔泡沫的强度与具有平坦泡壁相比下降了 32%~55%。0.40 MPa 制备的复合泡沫，其比强度与模型预测的基本一致，这可能是由于正压下获得了稳定、均匀的泡孔结构，导致相邻泡孔之间的压力差减小，这有助于获得平坦的气泡壁。

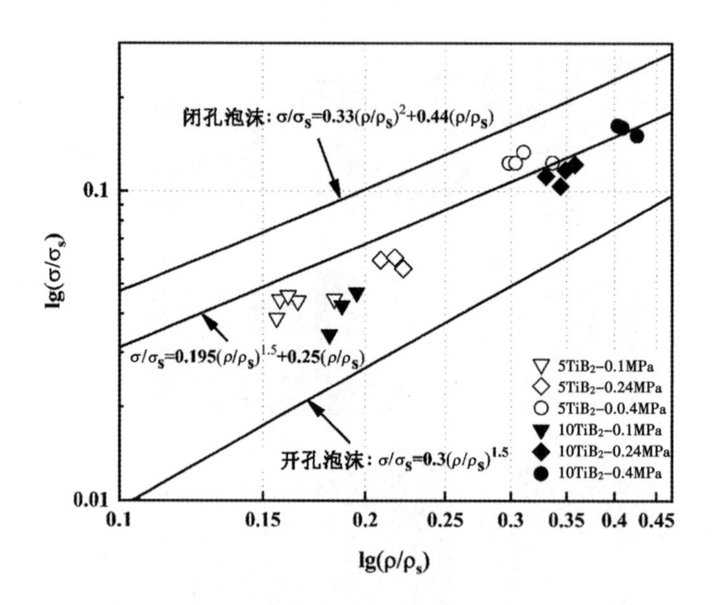

图 10.16　TiB_2复合泡沫铝屈服强度与模型对比

图 10.17 为TiB_2复合泡沫铝材料的吸能曲线和相关数值柱状图。由图 10.17(a)、图 10.17(b)可知，随着发泡压力增加，$5TiB_2$和$10TiB_2$泡沫的吸能曲线逐渐升高，这是密度增加导致压缩应力增大的结果。对于$5TiB_2$泡沫来说，由图 10.17(c)可知，$5TiB_2$-0.10 MPa、$5TiB_2$-0.24 MPa 和$5TiB_2$-0.40 MPa 样品的能量吸收能力分别为 4.14 MJ/m^3、6.29 MJ/m^3和 12.64 MJ/m^3。可见，发泡压力从常压 0.10 MPa 提升到 0.24 MPa 时，$5TiB_2$泡沫的能量吸收能力提升了 51.8%，提升并不是很明显；发泡压力从常压 0.24 MPa 提升到 0.40 MPa 时，$5TiB_2$泡沫的能量吸收能力提升了 101%，提升显著。对于$10TiB_2$泡沫来说，由图 10.17(d)可知，$10TiB_2$-0.10P、$10TiB_2$-0.24P 和$10TiB_2$-0.40P 样品的能量吸收能力分别为 4.93 MJ/m^3、12.14 MJ/m^3和 16.36 MJ/m^3。可见，发泡压力从常压 0.10 MPa 提升到 0.24 MPa 时，$10TiB_2$泡沫的能量吸收能力提升了 146%，提升显著；发泡压力从 0.24 MPa 提升到 0.40 MPa 时，$10TiB_2$泡沫的能量吸收能力提升了 34.8%，提升不明显。

TiB_2复合泡沫铝材料的吸能效率特征曲线也展示在图 10.17 中。由图 10.17(a)、图 10.17(b)可知，对于$5TiB_2$-0.10 MPa 和$10TiB_2$-0.10 MPa 泡沫，发生屈服坍塌时吸能效率分别达到 81%和 77%，之后应变软化出现降低，在平台塑性变形结束时分别达到最大值 82%和 80%。泡孔接触压实后，出现显著下降。对于$5TiB_2$-0.24 MPa 和$10TiB_2$-0.24 MPa 泡沫，屈服时吸能效率分别达到 75%和 73%，平台阶段分别达到最大值 88%和 87%，并在泡孔压实阶段显著下降。对于$5TiB_2$-0.40 MPa 和$10TiB_2$-0.40 MPa 泡沫，屈服时吸能效率分别达到 79%和 75%，平台阶段分别达到最大值 90%和 88%，在泡孔压实后显著下降。由图 10.17(c)、图 10.17(d)可知，发泡压力从 0.10 MPa 提升到 0.24 MPa

时，$5TiB_2$泡沫和$10TiB_2$泡沫吸能效率提升显著；当发泡压力从 0.24 MPa 提升到 0.40 MPa 时，吸能效率提升很不明显。此外，相同发泡压力下，$10TiB_2$泡沫吸能效率比$5TiB_2$泡沫略低。这是因为由吸能效率定义可知，吸能效率大小由应力-应变曲线平台阶段的平滑程度决定，曲线越平滑，吸能效率值越大。而由$5TiB_2$和$10TiB_2$应力-应变曲线可知（参照图 10.14），$10TiB_2$泡沫的平台阶段比$5TiB_2$泡沫存在较明显的锯齿状波动，这是$10TiB_2$泡沫吸能效率比$5TiB_2$泡沫略低的原因。

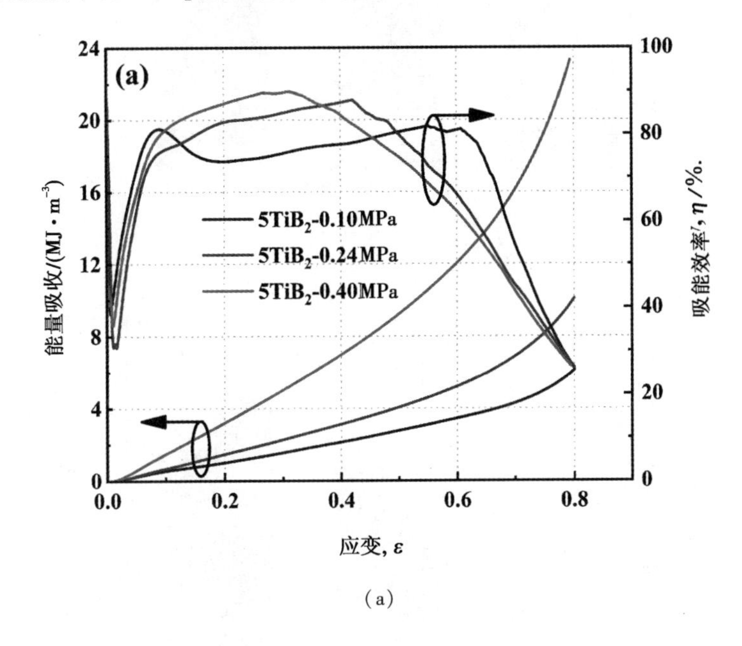

（a）

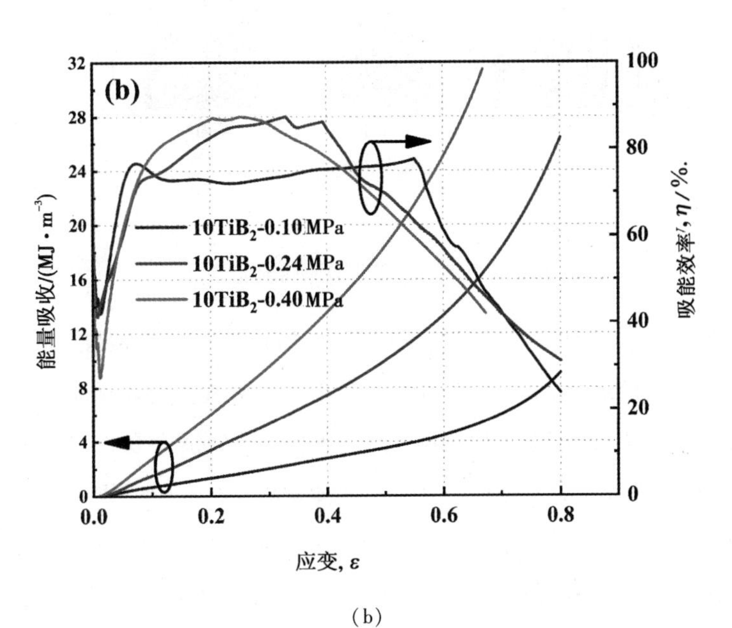

（b）

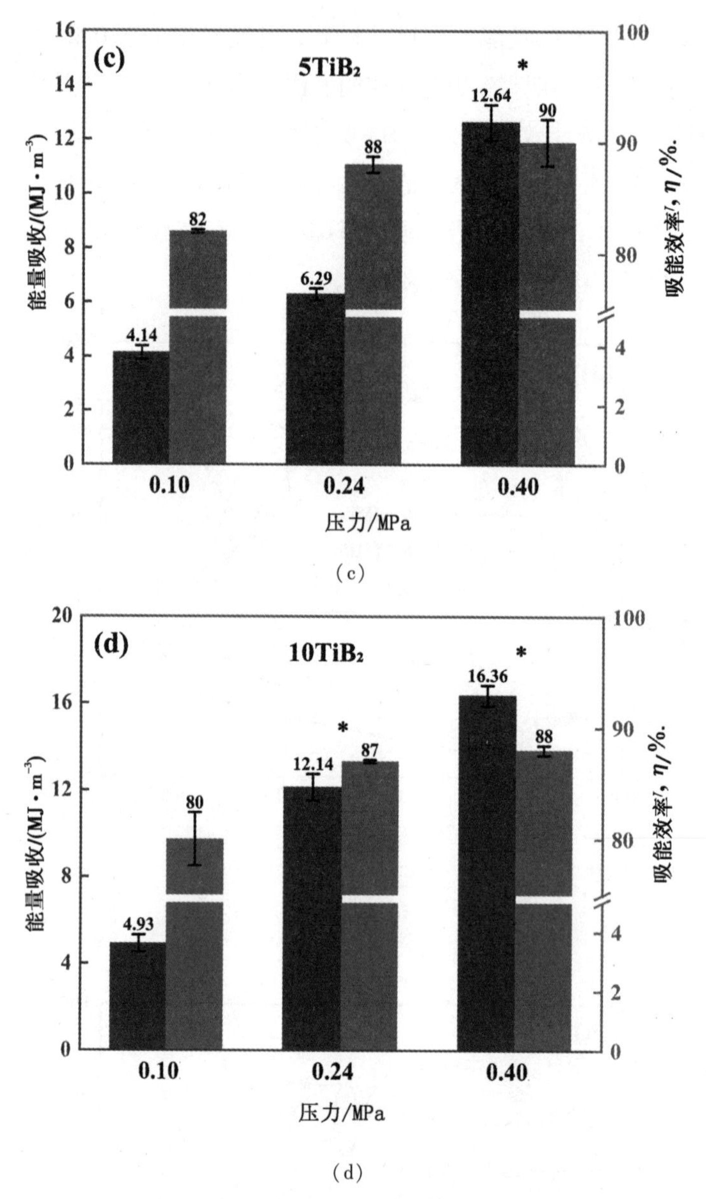

图 10.17 TiB_2复合泡沫铝吸能特性

图 10.18 为不同的发泡压力制备的 TiB_2复合材料泡沫铝的比吸能量。由图可知，随着发泡压力增加、孔径细化，$5TiB_2$和 $10TiB_2$泡沫的比吸能量逐渐升高。对于 $5TiB_2$泡沫来说，0. 10 MPa、0. 24 MPa 和 0. 40 MPa 样品的比吸量分别为 0. 35 MJ/(m^3 · g)、0. 40 MJ/(m^3 · g)和 0. 55 MJ/(m^3 · g)；对 $10TiB_2$泡沫来说，在 0. 10 MPa、0. 24 MPa 和 0. 40 MPa 下制备的样品的比吸能分别为 0. 35 MJ/(m^3 · g)、0. 47 MJ/(m^3 · g)和 0. 53 MJ/(m^3 · g)。可见，常压 0. 10 MPa 下，$5TiB_2$泡沫和 $10TiB_2$泡沫比吸能相同；0. 24 MPa 下，$5TiB_2$泡沫比吸能比 $10TiB_2$泡沫平均要低 17. 5%；而在 0. 40 MPa 下，$5TiB_2$泡沫比吸能比 $10TiB_2$泡沫平均要高 3. 8%。增加颗粒的质量分数不能使吸能大幅提升。

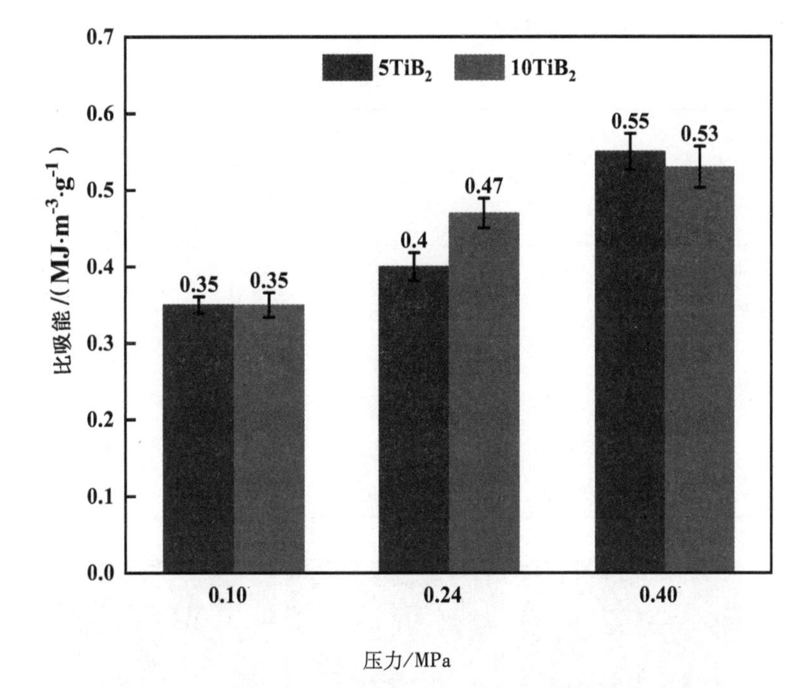

图 10.18 不同发泡压力制备的 TiB_2 复合泡沫铝比吸能柱状图

10.3 正压对原位 Al-4.5%Cu-xTiB_2复合泡沫的影响

10.3.1 制备方法

将 K_2TiF_6、KBF_4 和 Na_3AlF_6 盐在 850 ℃下混合成熔融铝，制成原位 Al-TiB_2 复合材料。在电磁搅拌下以 25 Hz 的频率搅拌盐-金属混合物。所制备的复合材料中原位 TiB_2 颗粒的质量分数为 10.2%。

将复合材料熔化在钢坩埚中，加入工业纯铝和 Al-50Cu 中间合金，调整原位生成 TiB_2 颗粒和 Cu 的质量分数。在 720 ℃下，将 2.5 %的金属 Ca 作为增稠剂加入熔体中。

为在 690 ℃下实施增压发泡，在 1200 r/min 的机械搅拌下，向复合材料中加入 1.2% TiH_2 颗粒，搅拌 180 s。搅拌过程结束后，发泡装置密封，使用 Ar 气体使发泡压力保持在 0.24 MPa。发泡过程完成后，整个设备保持密封，拉出炉膛，空气冷却。详细的发泡装置和步骤可以在书中其他章节找到[20]。复合泡沫也在大气压下应用相同的工艺制备。

10.3.2 正压对孔结构的影响

具有不同 TiB_2 含量和发泡压力的泡沫试样的密度和结构参数列于表 10.4 中，泡沫试样 μCT 切片的图像如图 10.19 所示。显然，复合泡沫的宏观细胞结构随着颗粒分数的增加和压力的增加发生了明显的变化。

表 10.4 不同试样的密度和孔结构参数

样品	发泡压力 /MPa	ρ^* /(g·cm^{-3})	d_m /mm	t_m /μm	C_m
Al-4.5Cu	0.1	0.43±0.02	3.1	49.1	0.87
Al-4.5Cu-5TiB_2	0.1	0.44±0.03	4.9	72.2	0.89
Al-4.5Cu-9TiB_2	0.1	0.46±0.04	5.2	200.8	0.85
Al-4.5Cu	0.24	0.58±0.03	1.8	99.6	0.89
Al-4.5Cu-5TiB_2	0.24	0.62±0.02	2.3	119.6	0.92
Al-4.5Cu-9TiB_2	0.24	0.64±0.02	2.8	221.8	0.95

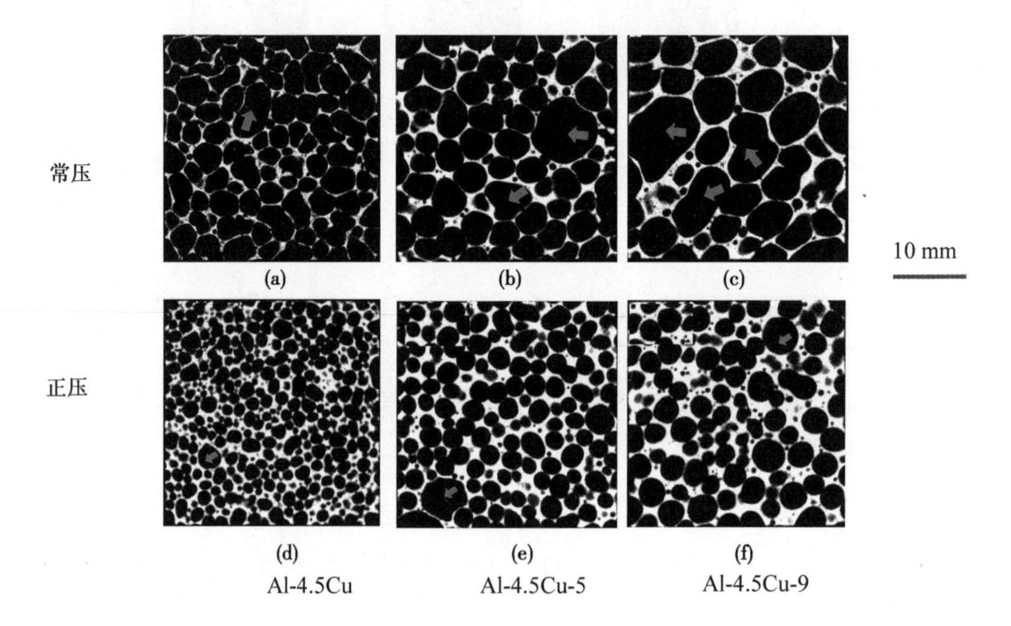

图 10.19 不同压力下的泡沫铝结构

当在常压下发泡时，Al-4.5Cu 泡沫体结构表现出各向同性和均匀的泡孔结构，仅存在少量缺失或断裂的气泡壁。这种孔结构与同样采用 Ca 做增黏剂生产的 Alporas 型泡沫的宏观结构非常相似。相比之下，TiB_2复合材料泡沫具有明显粗大的泡孔，且孔径分布的范围较宽。随着原位 TiB_2颗粒的比例从 5%增加到 9%，增多具有较大的尺寸和非圆形的结构较弱的泡孔。Athul Atturan 等人在 A357 原位 TiB_2复合泡沫增强中报告了类似的观察结果，与 5%TiB_2泡沫相比，10%TiB_2泡沫的气泡合并更多[16]。Vinod Kumar 等人观察了具有不同体积分数的原位 TiB_2颗粒的液膜，发现 TiB_2颗粒形成簇可以稳定液膜，而不是单个颗粒。团簇尺寸变小被认为是导致 TiB_2分数较低的泡沫体具有相对较薄泡壁的原因[53]。Banhart 的研究结果表明，液态金属泡沫的稳定性与气泡壁厚的极限厚度的存在有关，通常为 30～180 μm，当厚度低于临界值时液膜破裂。从表 10.4 中列出的数据中可以发现，随着 TiB_2 含量的增加，气泡壁厚度显著增加，表明 TiB_2 含量较大的复合材料泡沫中薄膜破裂临界厚度的增大是导致气泡合并增加的原因。

从图 10.19 中可以清楚地看到，通过加压发泡，泡沫试样的泡孔尺寸显著减小，尺寸分布范围变窄。值得注意的是，与传统的生产路线相比，增加压力发泡下平均孔径大小与密度之间的相关性是不同的。Körner 对由氧化物网络和颗粒稳定的泡沫铝的研究结果表明，泡孔直径与密度存在线性关系，即 $D_m \propto 1/\rho^*$[44]。表 10.4 中在加压下发泡的泡沫试样的平均泡孔尺寸数据明显小于基于常压下泡沫泡孔大小的线性模型预测，表明在增压发泡过程中气泡合并被有效抑制。很明显，泡沫的泡孔尺寸仍然随着颗粒分数的增加而增大，但复合泡沫中的泡孔大多是球形，具有 0.94 和 0.95 的高圆度。与 Al-4.5Cu 泡沫相比，具有原位 TiB_2 的复合泡沫的结构更像是湿泡沫，即在发泡压力下 Plateau 边界处有更多的液体。其原因是液体熔体的黏度会随着原位颗粒的存在而显著增加，造成重力排液减少并导致 Plateau 边界缓慢收缩。在图 10.19(e)和图 10.19(f)中也观察到了一些大泡孔，但它们的形状几乎都是球形的。

10.3.3　正压对压缩性能的影响

为了直接比较具有不同原位颗粒含量的复合泡沫的压缩性能，选择了密度相似的泡沫试样进行准静态单向压缩试验。样品的密度和实验数据列于表 10.5 中，压缩应力-应变曲线如图 10.20 所示。[70]

当在大气压下制备时，Al-4.5Cu 泡沫显示出典型的低密度塑性泡沫的应力-应变曲线，见图 10.20(a)。在第一个弹性变形区域之后，会观察到应力峰值，然后是轻微应变软化到平台的区域，在此期间应力几乎保持恒定，直到致密化。选择弹性区域末端的峰值应力作为泡沫试样的屈服强度 σ^*。当原位 TiB_2 的质量分数从 0%分别增加到 5%和 9%时，峰值应力从 5.8 MPa 增加到 6.3 MPa 和 7.4 MPa，分别提高 8.6%和 27.6%。随着原位 TiB_2 含量的增加，泡沫试样屈服强度的增加与原位 TiB_2 颗粒对 Al-4.5Cu 基复合材料拉伸强度的增强作用一致。然而，随着原位 TiB_2 颗粒比例的增加，复合材料泡沫在应力峰值和波动之后的应力降 $\Delta\sigma$ 增加，这在脆性泡沫中较为常见[27]。

如图 10.20(b)所示，在正压力下制成的泡沫应力-应变曲线与图 10.20(a)所示相似，但应力水平显著升高。随着原位 TiB_2 质量分数分别增加到 5%和 9%，与 Al-4.5Cu 泡沫相比，峰应力分别增加 21.1%和 39.4%。应力-应变曲线中的应力峰值对应泡孔塌缩的开始，这与泡壁的力学性质和介观泡孔结构有关。对于来自相同基体材料的泡沫，大多数文献中通常考虑孔结构参数的影响包括泡孔大小和圆度。因此，具有低圆度的大泡孔很可能在较低的负载下发生塑性塌缩[29]。因此，当在正压力下发泡时，泡孔结构的优化是峰值应力显著增加的原因。然而，如表 10.5 所示，具有相同成分的泡沫的应力降比 $\Delta\sigma/\sigma^*$ 的值仍然相近，表明应力降和波动程度主要与气泡壁材料的塑性或脆性有关。

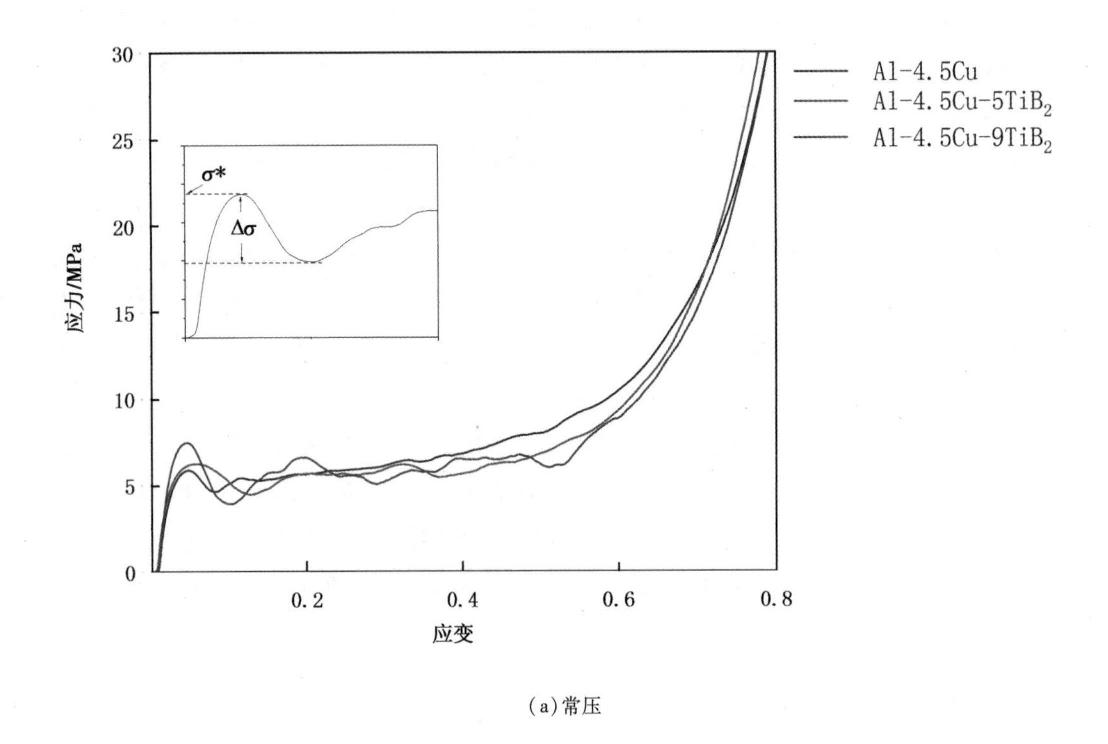

(a)常压

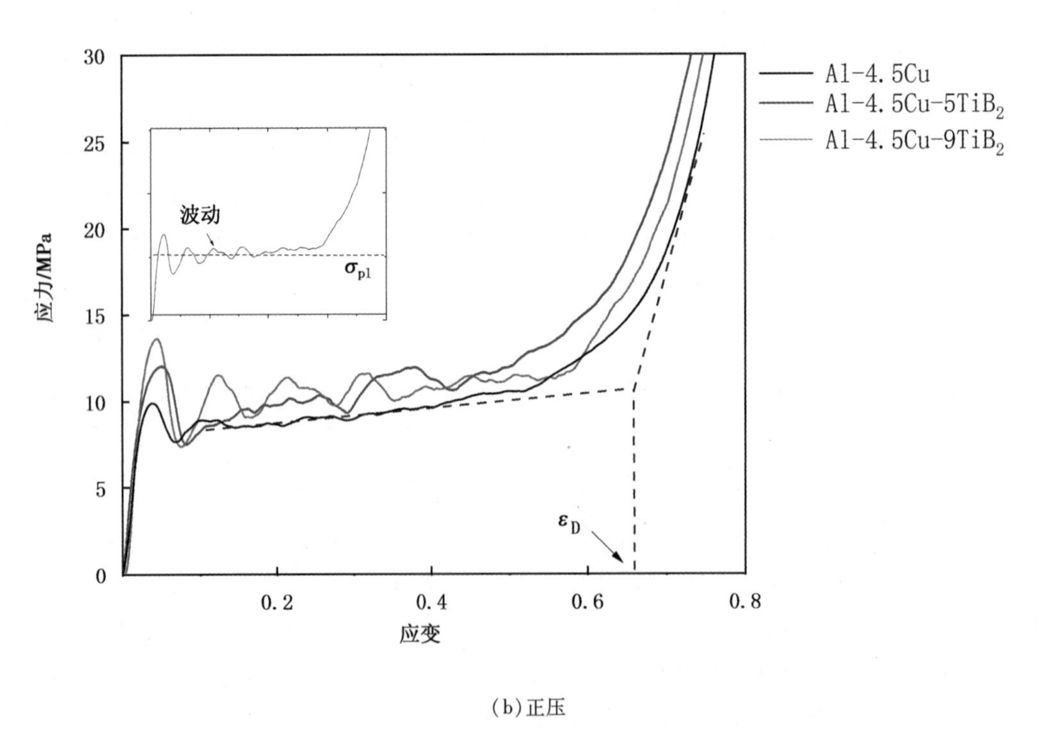

(b)正压

图 10.20 Al-4.5Cu-xTiB$_2$ 泡沫的压缩应力-应变曲线[70]

表 10.5 压缩样品参数

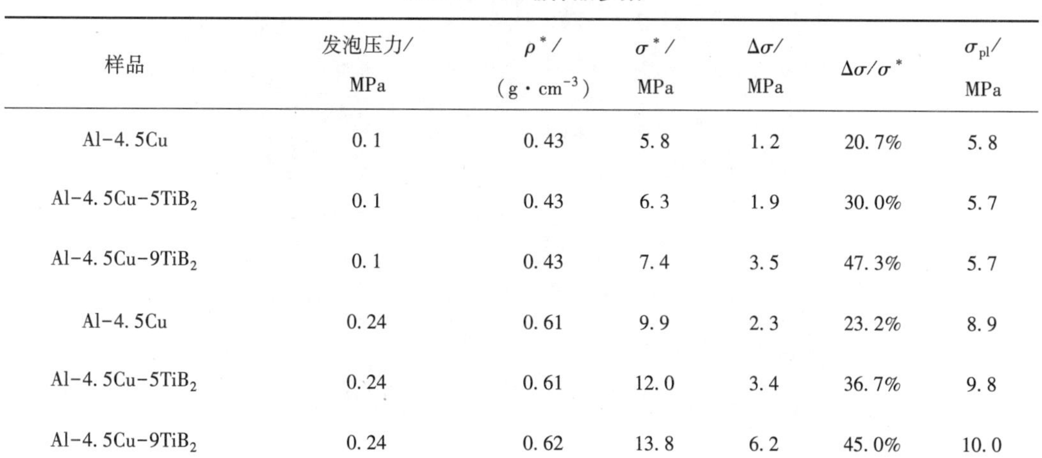

样品	发泡压力/MPa	ρ^*/(g·cm^{-3})	σ^*/MPa	$\Delta\sigma$/MPa	$\Delta\sigma/\sigma^*$	σ_{pl}/MPa
Al-4.5Cu	0.1	0.43	5.8	1.2	20.7%	5.8
Al-4.5Cu-5TiB_2	0.1	0.43	6.3	1.9	30.0%	5.7
Al-4.5Cu-9TiB_2	0.1	0.43	7.4	3.5	47.3%	5.7
Al-4.5Cu	0.24	0.61	9.9	2.3	23.2%	8.9
Al-4.5Cu-5TiB_2	0.24	0.61	12.0	3.4	36.7%	9.8
Al-4.5Cu-9TiB_2	0.24	0.62	13.8	6.2	45.0%	10.0

为了研究泡沫试样的初始塌缩，在应变 ε 为 0.07 处中断了压缩试验，对应于应力-应变曲线中的第一个应力谷。图 10.21 显示了泡沫试样 CT 切片的图像。图 10.21(a)中，在泡沫的底层中只能看到少数变形泡孔，变形可能因其均匀孔结构而分布到多层。相比之下，对于具有原位 TiB_2颗粒的泡沫，在图 10.21(b)和图 10.21(c)中，大泡孔或椭圆泡孔附近存在明显的细胞壁弯曲和断裂。这证实了具有低圆度的大泡孔在 Al-4.5Cu-$x$$TiB_2$泡沫的初始坍缩中起重要作用。在 Al-4.5Cu-9TiB_2泡沫试样中，泡壁不弯曲直接断裂揭示了泡壁材料的脆性。

由于泡孔尺寸小，对应于在正压力下制造的泡沫的应力谷的应变小于 7%，因此图 10.21(d)~图 10.21(f)中形成了变形带。从图 10.21(e)~图 10.21(f)中可以清楚地看到，变形带的位置与具有最大尺寸或最高纵横比的泡孔无关。一个可能的原因是，与试样尺寸相比，这些结构缺陷的尺寸相对较小，因此单个大气泡或缺失的气泡壁无法导致整层泡孔的塑性塌陷。另一个原因是，在正压力下制造的泡沫样品中的大孔几乎是球形的，这有助于降低由孔结构不均性引起的应力集中。Al-4.5Cu 泡沫的坍塌带中，大部分细胞壁弯曲而不断裂。在 Al-4.5Cu-5TiB_2泡沫中，弯曲的细胞壁部分断裂，而在 Al-4.5Cu-9TiB_2泡沫中，大多数变形的细胞壁是断裂而不是弯曲。这些结果也说明，当原位 TiB_2颗粒的质量分数增加时，复合泡沫的明显应力降与气泡壁材料的脆性有关。

图 10.22 对根据应力应变数据计算的泡沫试样的能量吸收值进行了比较。在大气压下制备的三种泡沫在压缩应变低于 0.4 时表现出相似的能量吸收值。当应变超过 0.4 时，Al-4.5Cu 表现出更高的单位体积能量吸收，这与在应力-应变曲线中平台变形区观察到的应变强化有关。对于在正压下制成的泡沫试样，具有原位 TiB_2颗粒的复合泡沫显示出比 Al-4.5Cu 泡沫更高的能量吸收值，这归因于平台应力的提高。

图 10.22 还给出了泡沫试样在压缩过程中的能量吸收效率。对于表现出恒定平台应力的理想塑性泡沫，η 等于 1，而弹性脆性泡沫的 η 为 0.5。如图 10.22(a)所示，Al-

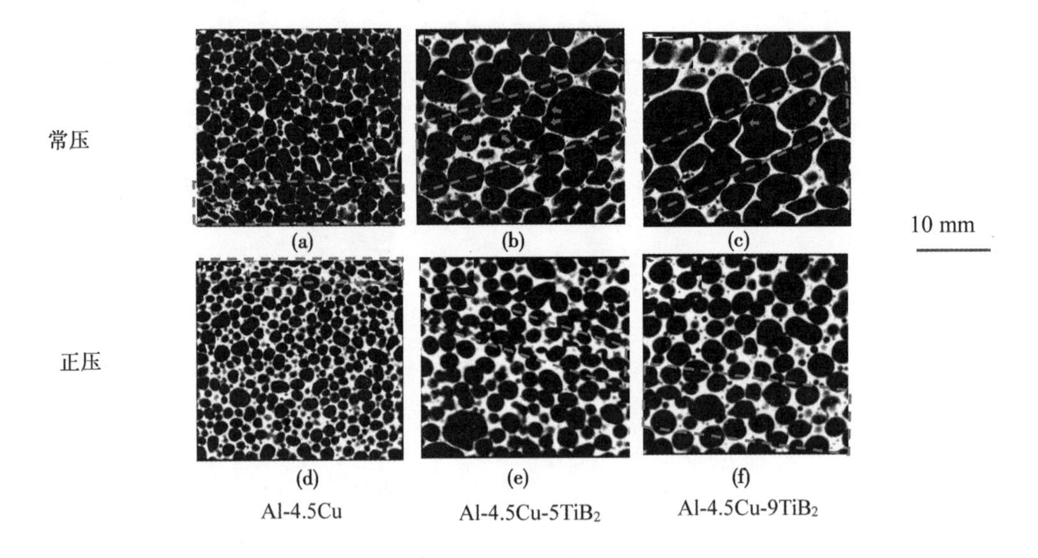

图 10.21　不同泡沫铝的压缩变形

4.5Cu 泡沫的能量吸收效率在 $\varepsilon=0.3$ 时达到最大值 0.88，然后在 $\varepsilon=0.6$ 时逐渐降至 0.6。该值与 Alproas 泡沫相似，其 η 约为 0.9，被认为是典型的塑性泡沫。对于 Al-4.5Cu-5TiB_2泡沫，平台变形区的 η 大于 80%，最大值为 87%，Al-4.5Cu-9TiB_2泡沫在平台变形区域的 η 下降约 10%~70%，表明当原位 TiB_2颗粒的质量分数增加到 9%时，变形从塑性转变为弹性脆性行为。

在图 10.22(b)中，Al-4.5Cu 泡沫的 η 在平台区域逐渐增加，因为与常压下制成的试样相比，应变硬化较少。Al-4.5Cu-5TiB_2泡沫试样在正压下发泡时，η 明显降低，对应于高应力降比，以及应力-应变曲线中的波纹和锯齿。对于在不同压力下制备的 Al-4.5Cu-9TiB_2泡沫，η 与 ε 的相关性非常相似，这归因于泡壁材料的脆性。此外，η 平台区域的斜率对于在正压下产生的泡沫相对较长且光滑，这是由于平台变形区域的应变硬化较少。金属泡沫中的应变硬化与泡孔大小密度的分布有关，这导致最弱的一层首先变形，然后是样品的负载下降，直到第二个最弱的泡孔，依此类推。在增加压力下制成的泡沫中，泡孔大小分布范围变窄，并且细胞形状通常是等轴球的。因此，首先变形的带层和随后的坍塌层之间的强度差相当小，这导致更少的应力硬化，并导致 η 曲线的长平台。

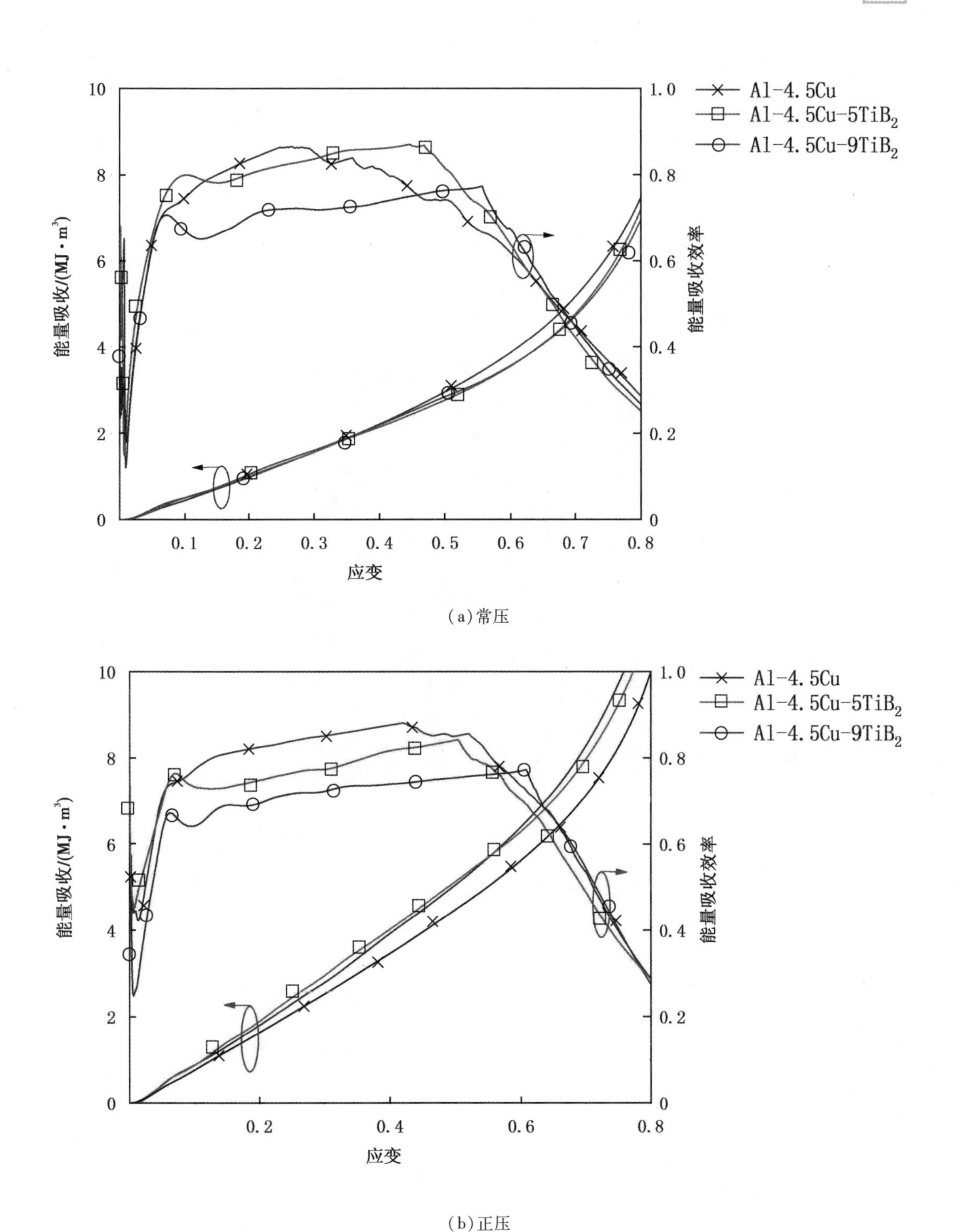

(a)常压

(b)正压

图 10.22　Al-4.5Cu-xTiB_2泡沫的能量吸收特性

10.3.4 微观结构

图 10.23 显示了在扫描电子显微镜下观察到的 Al-4.5Cu-9TiB_2泡沫的微观结构。由图可知，在 αAl 的树晶届区域观察到由细颗粒和金属间化合物组成的连续网络。颗粒和第二相的这种团聚可能使泡壁在压缩过程中脆性增大。原位 TiB_2颗粒的尺寸通常为 0.5~2 μm，它们嵌入在具有紧密界面结合的铝基体中。正如许多文献中所讨论的，TiB_2颗粒细小且与铝基体间为清晰的界面，当 x 大于 5 时，原位 Al-Cu-xTiB_2的延展性会降低，这是由晶界区域厚厚的颗粒层积聚引起的。

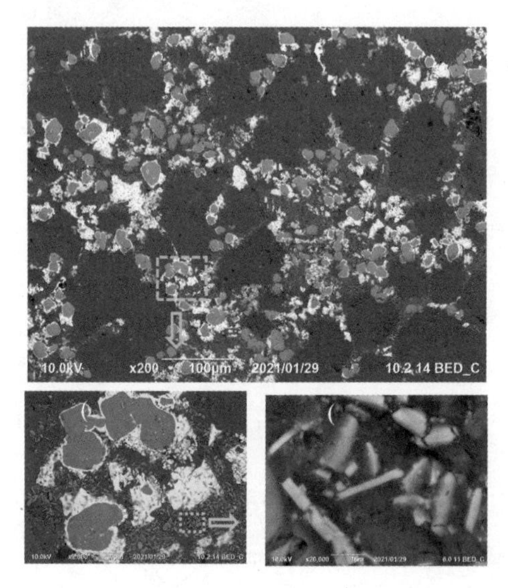

图 10.23 Al-4.5Cu-9TiB_2泡沫的扫描电镜显微照片

大量的金属间化合物在降低泡壁的延展性方面也起着重要作用。Huang 等人对 Al-Ca-Cu 合金微观结构进行观察，结果也表明，当铜含量仅为 5%时，共晶 Al-Cu-Ca 相的体积分数为 21.8%[72]。从图 10.24 中可以看出，金属间化合物由两层组成。图 10.24 显示了单个金属间化合物元素分布的结果。内层相基本上含有 Al 和 Ca，而外层则含有高 Cu 和 Ca。然而，在 Huang 等人的工作中没有发现具有不同 Cu 含量的相似的双层相。这种不寻常相的形成可能是由于熔融发泡过程与合金化工艺完全不同。

据报道，当颗粒质量分数分别增至 6.0%和 9.0%时，原位 Al-4.5Cu-$x$$TiB_2$复合材料的屈服强度分别增加到 208 MPa 和 225 MPa[52]。然而，Athul Atturan 的工作表明，当原位 TiB_2颗粒离子复合泡沫的质量分数从 5%增加到 10%时，抗压强度降低，并归因于结构缺陷的增加[19]。在本书的工作中，增加原位 TiB_2颗粒的质量分数确实会导致孔径增大，但泡孔的平均圆度保持在 0.84 以上，表明添加 Ca 可以优化泡沫的宏观结构。从压缩试验结果中可以发现，抗压强度 σ^* 随原位颗粒质量分数的增加而增大，这与致密复合材料的实验结果和式(10.2)表示的理论模型相一致。

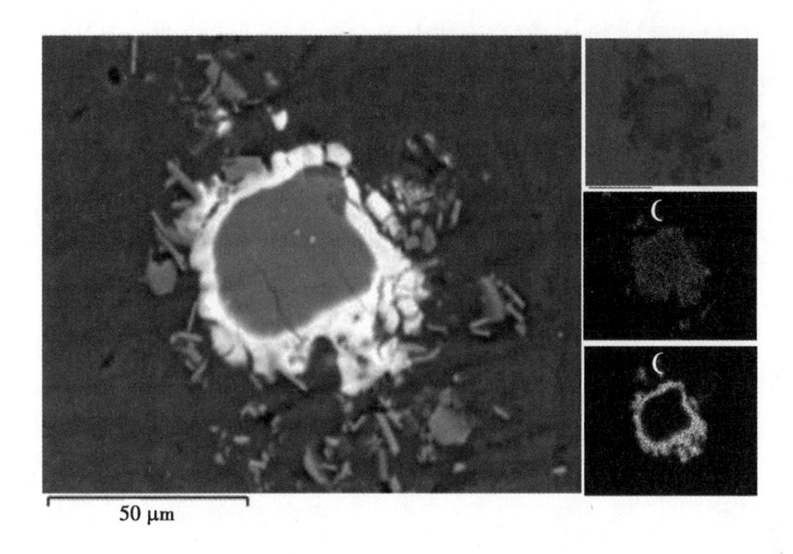

图 10.24　金属间化合物在 Al−4.5Cu−9TiB_2中的元素分布

同样明显的是，当进行正压力发泡时，泡沫试样的泡孔尺寸显著减小，平均泡孔圆度增加。为了研究结构变化对复合泡沫力学性能的影响，将实验数据与图 10.25 中的理论预测进行比较。将 Al−4.5Cu 合金、Al−4.5Cu−5TiB_2和 Al−4.5Cu−5TiB_2复合材料的屈服强度分别取为 148 MPa、197 MPa 和 225 MPa。

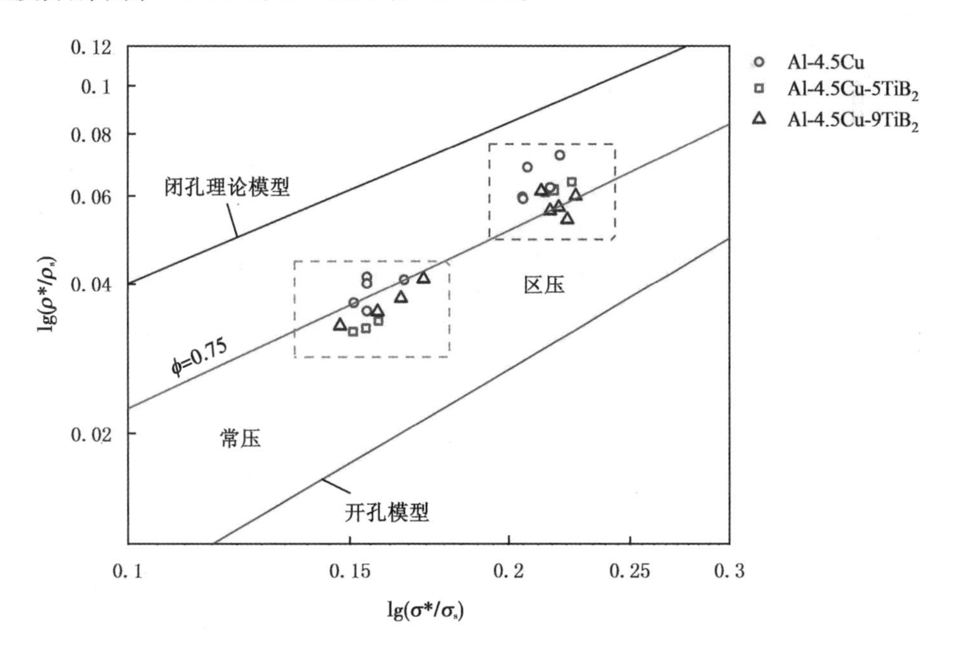

图 10.25　实验数据与方程的比较

如图 10.25 所示，在大气压下制备时，Al−4.5Cu 合金泡沫的标准化应力符合式(10.4)，但 Al−4.5Cu−xTiB_2复合泡沫的标准化应力相对低于预测线。数值计算和实验测试证实，结构缺陷可能导致金属泡沫抗压强度显著降低。从图 10.19 所示的泡沫试样的宏观结构中可以清楚地看出，复合泡沫中存在大的泡孔或扭曲的泡孔壁，这是导致标准化应力低的原因。对于在正压力下制备的泡沫，Al-4.5Cu 泡沫和 Al-4.5Cu-5TiB_2泡沫表现高于式(10.4)的预测，而 Al-4.5Cu-9TiB_2泡沫在预测值附近，表明在增加压力发泡下对泡孔结构进行了优化。

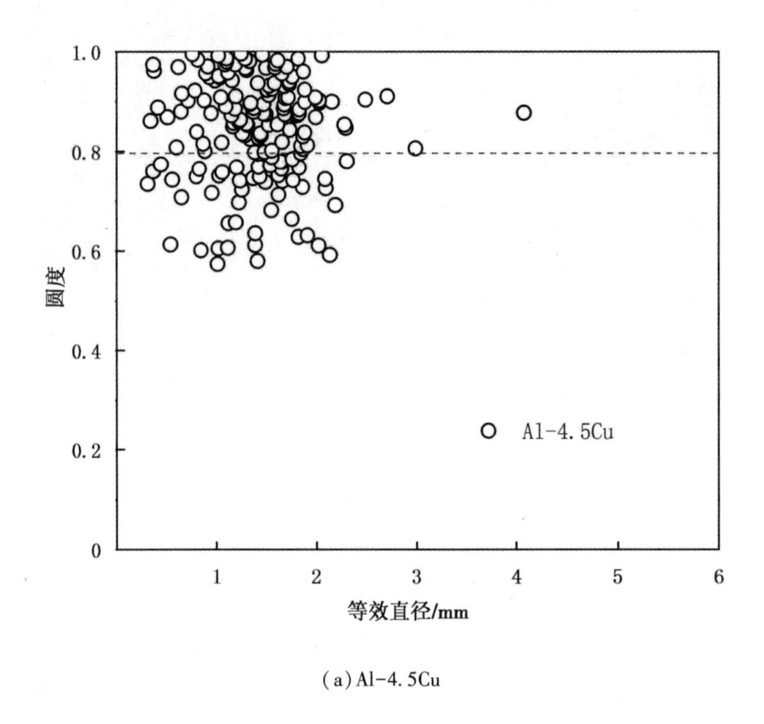

(a) Al-4.5Cu

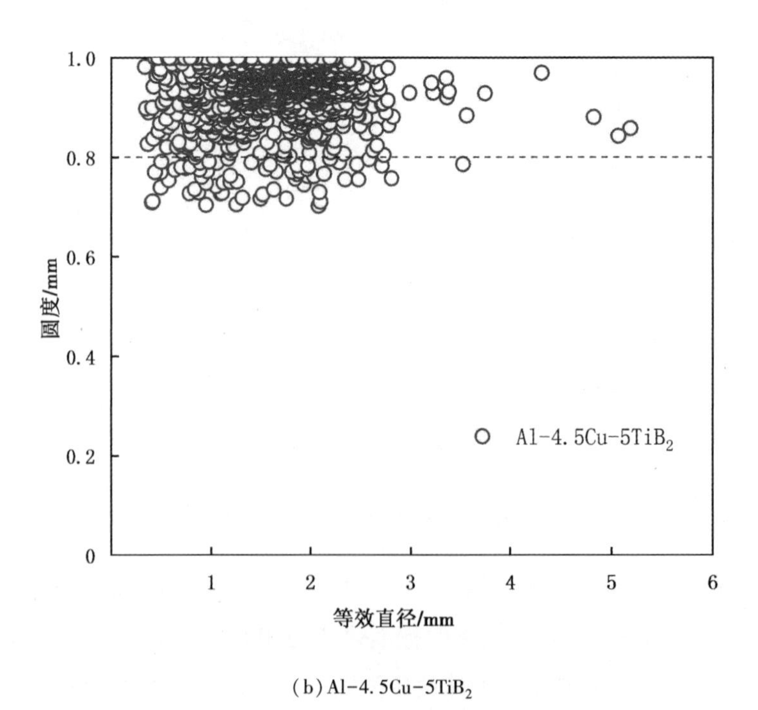

(b) Al-4.5Cu-5TiB_2

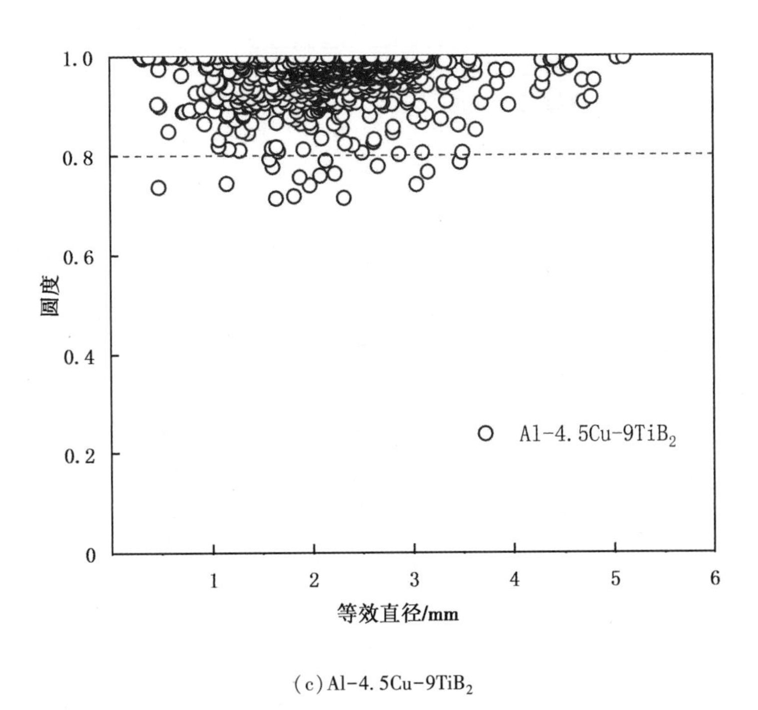

(c) $Al-4.5Cu-9TiB_2$

图 10.26　在增加压力下制备的泡沫试样泡孔圆度与等效直径的关系

Mukherjee 等人讨论了三种具有不同结构特征泡沫铝的结构和性能相关性，结果表明，泡沫的孔径减小和圆度增加可提高机械性能[73]。在增加压力下制备的泡沫试样中泡孔的圆度与等效直径如图 10.26 所示，结果表明复合材料泡沫中的大泡孔表现出超过 0.8 的圆度值，这被认为消除了大泡孔附近的应力集中并避免了低强度下的塌陷。这一结果也符合图 10.21(e) 中的观察结果，即坍塌带的形成与横截面中最大的泡孔无关。

在大多数情况下，金属泡沫被用作能量吸收组件，因此单位体积的能量吸收是评估金属泡沫吸能效果的重要因素。压实应变前的能量吸收能力和所有泡沫试样的比能量吸收数据如图 10.27 所示。尽管在不同发泡压力下孔结构会有显著变化，但 Al-4.5Cu 泡沫的比能量吸收是相似的。结果还表明，在正压力下，复合材料泡沫的比能量吸收增加，并且高于 Al-4.5Cu 泡沫。在 SEM 下的原位压缩试验观察发现，断裂泡壁的剪切和摩擦为脆性泡沫提供了额外的能量吸收[74]。CT 切片的复合材料泡沫在 ε 为 0.15 时的图像如图 10.28 所示，可以看出，断裂的泡壁在变形带中与紧邻塌陷层的细胞接触，导致应力上升并提供额外的能量耗散。相比之下，在大气压力下制成的复合材料泡沫中几乎没有额外的能量吸收，因为泡孔太大，断裂的泡壁无法与相邻泡孔相互作用。因此，孔径和孔隙率降低是在正压力下制备的复合泡沫的比能量吸收增加的主要原因。

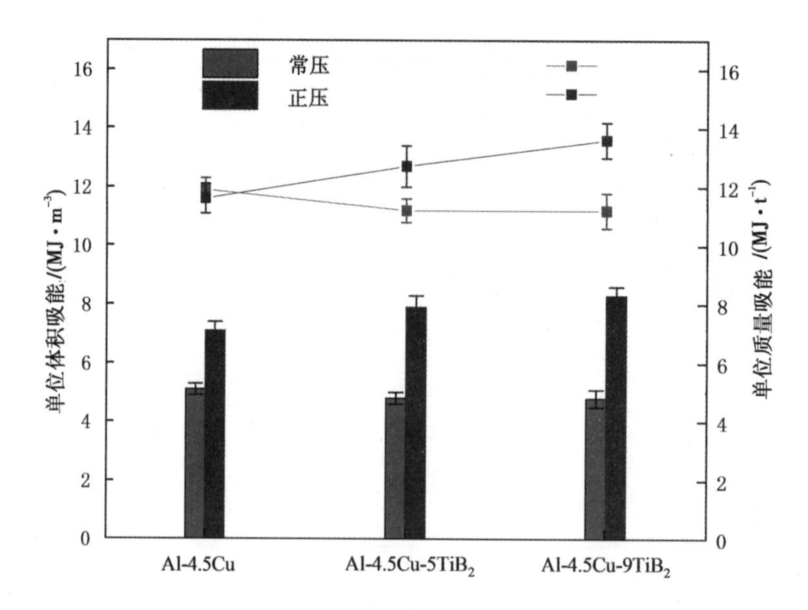

图 10.27　泡沫试样的能量吸收

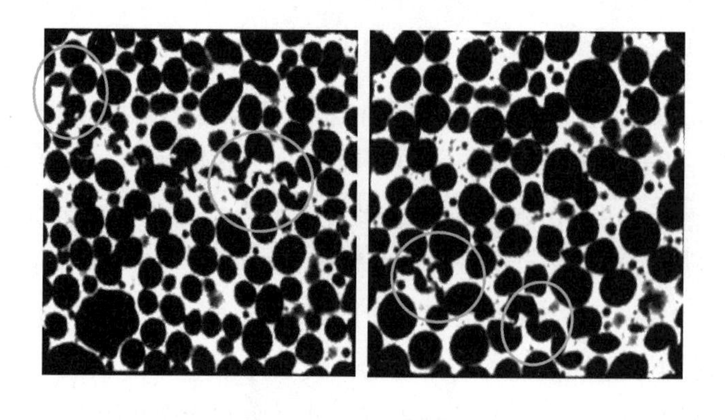

(a) Al-4.5Cu-5TiB_2　　(b) Al-4.5Cu-9TiB_2

图 10.28　复合材料泡沫在 ε=0.15 时的变形

第 11 章　铝基泡沫材料的阻尼性能

11.1　绪　论

11.1.1　阻尼的作用与分类

阻尼是指系统损耗能量的能力。从减振的角度看，就是将机械振动能转变为热能或其他可以损耗的能量，从而抑制不良的机械振动，达到减振的目的。阻尼技术就是充分运用阻尼耗能的一般规律，从材料、工艺、设计等各项技术问题上发挥阻尼减振方面的潜力，以提高机械结构的抗振性、降低机械产品的振动、增强机械与机械系统的动态稳定性。阻尼的作用主要有降低结构的共振振幅，从而避免结构因动应力达到极限所造成的破坏。在机械系统受到瞬态冲击后，很快恢复到稳定状态。并且，阻尼有助于减少因机械振动产生的声辐射，降低机械噪声。许多机械构件(如交通运输工具的壳体、锯片等)的噪声主要是共振引起的，阻尼能有效地抑制共振，从而降低噪声。此外，阻尼还可以使脉冲噪声的脉冲持续时间延长，降低峰值噪声强度。还可以提高各类机床、仪器等的加工精度、测量精度和工作精度。各类机器尤其是精密机床，在动态环境下工作需要有较高的抗振性和动态稳定性，通过各种阻尼处理可以大大提高其动态性能。并阻尼有助于降低结构传递振动的能力。

阻尼一般分为材料阻尼和结构阻尼两种形式。材料阻尼是利用本身微观结构中潜在的耗能机制产生阻尼；结构阻尼是利用多种材料或多个部件构成的宏观构造增大系统自身的阻尼能力。如果把两者结合起来，那么可以最大限度地发挥材料的阻尼潜力。

现今社会所使用的阻尼材料主要分为阻尼金属及其合金、高分子黏滞性材料以及泡沫金属及其复合材料。常见的阻尼合金有以镁、镍、铜、锌、铝、铁等为基体的合金材料；高分子黏滞性阻尼材料主要为聚氨酯、有机硅以及有机复合材料；用作阻尼材料的泡沫金属材料多以阻尼合金为基体。其中，泡沫金属材料因造价较低、环境友好、结构阻尼一体化等优点受到了更多青睐。在相对于其他泡沫金属，泡沫铝由于制备简单、价格低廉，是当今研究和应用最广泛的泡沫金属材料。泡沫铝的阻尼性能虽然不如黏弹性材料，但却明显高于阻尼合金。如果在孔洞中渗入其他黏弹性材料或高分子材料，利用不同材料的优势，最大限度地利用上述两种阻尼机制，也可以形成一种高阻尼复合材料。

11.1.2 阻尼的表征及阻尼材料的应用

11.1.2.1 阻尼的表征

研究材料阻尼，必须给阻尼以合理的表征，给出的表征参数应比较全面地体现材料阻尼的物理本质和影响阻尼的因素，并准确地体现各相关因素的联系。材料在振动中由于内部原因引起机械振动能消耗的现象是材料的内耗或阻尼特性，它是材料的三大功能特性(超塑性、阻尼特性和形状记忆特性)之一。这种能量消耗通常指材料将机械振动能转化为热能而耗散于材料和环境中。

材料的阻尼特性是指材料消耗外界机械振动能的能力，它常用下列一些参数来表征[75~81]。

(1)内耗值 Q^{-1}。

Q^{-1}的基本定义是试样振动一周期所消耗的能量 ΔW 与外加总振动能 W 的比值。

$$Q^{-1} = \frac{\Delta W}{2\pi W} \tag{11.1}$$

给试样施加一交变应力 σ，由于应变 ε 滞后于应力，因而出现应力-应变滞后回线(图 11.1)，回线面积代表振动一周时单位体积的试样所消耗的能量 ΔW，W 是单位体积的试样在振动中所储存的最大弹性能，即外界供给的弹性能，由应力与应变的乘积决定。

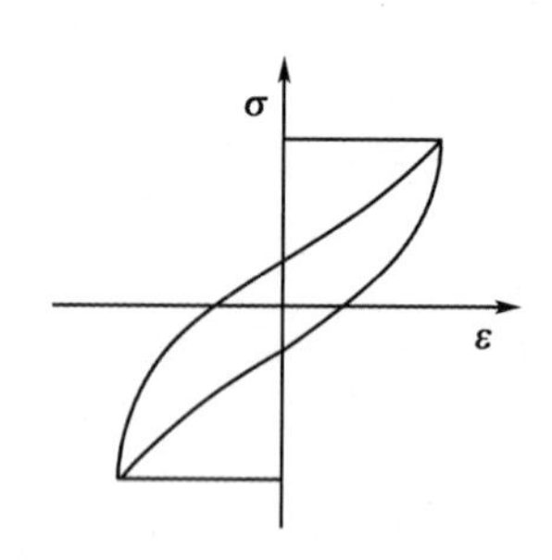

图 11.1 材料的应力-应变弹性滞后曲线

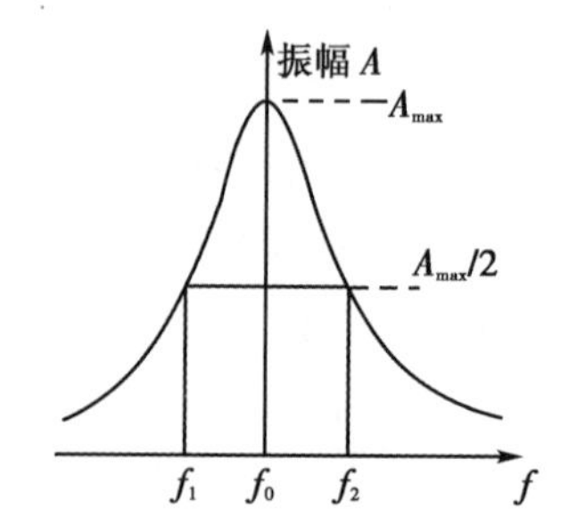

图 11.2 试样在强迫振动中的共振峰示意图

图 11.2 为典型的共振曲线，当外加应力的频率 f 等于试样的共振频率 f_0时，振动的振幅最大。在同样情况下，如果试样的内耗越大、则共振振幅越低、共振峰域越宽。因此可用共振峰的尖锐程度来表征材料阻尼能力的大小，即材料的内耗值可表示为共振振幅一半处的频率差值和共振频率之比：

$$Q^{-1} = \frac{f_2 - f_1}{f_0} \tag{11.2}$$

式中，f_1, f_2——在共振振幅的 1/2 处 f_0两边的频率值。

(2)对数衰减率 δ 和比阻尼能力 SDC。

一般用扭摆内耗仪测定的是材料的对数衰减率 δ 和比阻尼能力 SDC。试样在自由振动过程中，由于阻尼作用振动幅度将逐渐衰减。衰减越快，表明材料的阻尼性能越高。阻尼性能与振动振幅的关系如下：

$$\delta = \ln\left(\frac{A_n}{A_{n+1}}\right) \tag{11.3}$$

$$SDC = \frac{A_n^2 - A_{n+1}^2}{A_n^2} \times 100\% \tag{11.4}$$

式中，A_n，A_{n+1}——材料在自由振动下第 n 和 $n+1$ 周对应的振幅。

(3)相位角正切。

在循环载荷作用下，理想弹性材料的应力与应变之间存在单值函数关系，即应力与应变同位相；而实际固体阻尼材料往往表现出不同程度的非弹性行为，应变落后于应力，二者的相位之差为 ϕ（图 11.3）。

相位差角可以表示为

$$\phi = \frac{t}{T} \times 2\pi \tag{11.5}$$

式中，t——应变波形落后于应力波形的时间；

T——振动周期。

材料的阻尼能力越高，相位差角越大，其正切 $\tan\phi$ 也越大，因此可用相位差角及其正切来表征材料阻尼能力的大小。

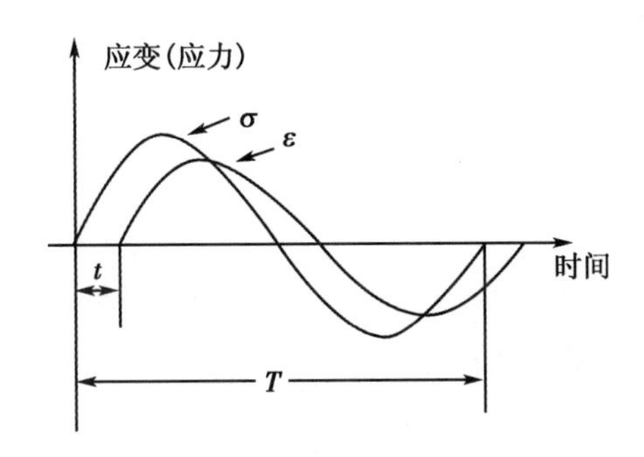

图 11.3　材料在周期性应力作用下的应力-应变关系

此外，有时还采用阻尼比和超声衰减 a 作为表征阻尼性能的参量，当阻尼较小时，上述各种参数可以互相换算。

(4)派生阻尼参数。

由于高阻尼金属的阻尼特性随测试应力的不同而变化，为了提高阻尼测试结果的可比性，于是提出两个新的阻尼性能参数：[82]用屈服应力指定的阻尼指标，其物理意义是，表面应力振幅为拉伸屈服强度(定义为0.2%应变对应的应力)的十分之一时测定的*SDC*。该阻尼指标对固有阻尼能力的比较仅应用于同样使用条件。为了得到一个与外在因素完全无关，仅仅表示材料内部性质的物理量，人们提出了 Intrinsic damping capacity(本征阻尼)，其物理意义是根据被测试样内部的实际应力-应变分布，计算出一个内耗与应变关系的函数$Q^{-1}(\varepsilon)$[85]，而依据该函数就可以求出各种实际受力状态下试样或零件的阻尼，$Q^{-1}(\varepsilon)$称为本征阻尼。但是本征阻尼的概念并不完善，实际上也没有得到推广应用，因为阻尼不仅与应变相关，而且与应变速率和温度有关。

一般情况下，金属材料的阻尼性能与力学性能成反比。高阻尼功能结构材料要求既有较高的阻尼性能(比阻尼能力*SDC*)，又有良好的力学性能(抗拉强度σ_b)，因此有人引入综合性能指标α[86]，以直观地反映材料力学和阻尼两方面综合性能的优劣：

$$\alpha = SDC \times \sigma_b \tag{11.6}$$

上面介绍的几种表征材料阻尼特性(内耗)的方法，可根据材料内耗的大小、频率的高低以及试样尺寸、形状等因素来选择适当的表征参数。

① 当内应力(和应变)较大时，可用测定滞后回线的方法求出试样振动一周期所消耗的能量ΔW与试样中所储存的振动能W之比。

② 当内耗较大时，可用强迫振动法直接测量应变落后于应力的相位差ϕ，这时用的频率f必须远小于振动系统的固有频率。

③ 当试样尺寸较大时，可用扫频法测定试样的共振曲线，或用横振动法测定衰减曲线。用共振峰曲线求出内耗Q^{-1}。

④ 当内耗较小时，可用自由衰减法测定。对于丝状或小、薄片状试样，用扭摆法最为方便。

11.1.2.2 泡沫铝阻尼材料的应用

泡沫金属优良的性能，决定了它具有广泛的用途和广阔的应用前景。目前，泡沫铝已经在许多领域获得了广泛的应用，随着对其研究的不断深入，其应用领域必将不断拓宽。图11.4至图11.7为泡沫铝材料的几个应用实例。

利用其减振、阻尼性能，泡沫铝材料可作为缓冲器、吸振器，例如宇宙飞船的起落架、升降机和传送器的安全垫、各种包装箱，特别是空运包装箱、机械夹持装置、机床工作台、减小齿轮振动和噪声的阻尼环、高速磨床防护装置的减振吸能内衬；利用其吸收冲击、阻尼性能，已用其制作汽车、火车侧面与前部的防冲部件、军事装甲冲击防护材料等。图11.5所示德国大众汽车公司将泡沫铝用作汽车的吸能缓冲装置。

图 11.4　泡沫铝材料的各种应用

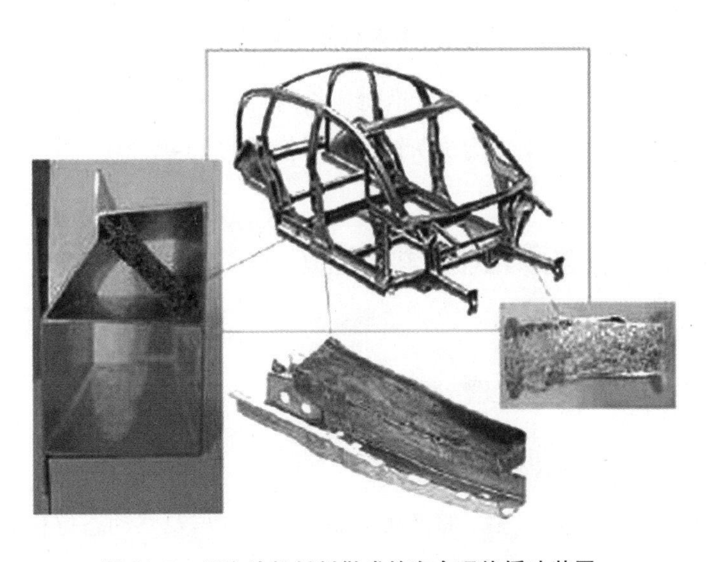

图 11.5　用泡沫铝材料做成的汽车吸能缓冲装置

图 11.6 所示泡沫铝材料机床部件与传统焊钢结构相比，质量仅为传统焊钢结构的 72%，固有频率为传统焊钢结构的 180%，阻尼为传统焊钢结构的 980%。

图 11.6　泡沫铝材料机床部件

图 11.7　泡沫铝材料 HSC 铣床横向拖板

图 11.7 所示泡沫铝材料 HSC 铣床横向拖板与传统灰铸铁材料相比，质量为传统灰铸铁材料板的 54%，固有频率为传统灰铸铁材料拖板的 134%。

11.2　阻尼性能测试原理和方法

11.2.1　阻尼材料的测试原理

11.2.1.1　阻尼材料的损耗因子

弹性材料在承受动态力 F_g 后，将产生动态位移 Δ。F_g 及其动态位移 Δ 是同步的，即 F_g 和 Δ 是同相位的。如果 F_g 和 Δ 均按谐和规律变化，则有[91-93]：

$$\left.\begin{aligned} F_g &= F_0\sin\omega t \\ \Delta &= \Delta_0\sin\omega t \end{aligned}\right\} \tag{11.7}$$

式中，F_0、Δ_0——动态力和位移的幅值；

ω——共振频率；

t——时间。

式(11.7)用复数可表示为

$$\left.\begin{aligned}F_g &= F_0 e^{j\omega t}\\ \Delta &= \Delta_0 e^{j\omega t}\end{aligned}\right\} \tag{11.8}$$

则弹性材料的动刚度 K 为

$$K = \frac{F_g}{\Delta} = \frac{F_0}{\Delta_0} = C \tag{11.9}$$

式中，C——常数，弹性材料的 $F_g—\Delta$ 曲线是斜率为 K 的直线。

对于具有耗能功能的阻尼材料，其所受动态力 F_g 与产生的动态位移响应 Δ 之间便不再保持相同的相位，动位移总是滞后于激励力。设滞后角为 α，则动态力 F 与动态位移响应 Δ 为

$$\left.\begin{aligned}F_g &= F_0 e^{j\omega t}\\ \Delta &= \Delta_0 e^{j(\omega t-\alpha)}\end{aligned}\right\} \tag{11.10}$$

同样，其动刚度可用两者的比值表示，即

$$K^* = \frac{F_g}{\Delta} = \frac{F_0}{\Delta_0} e^{j\alpha} = K e^{j\alpha} \tag{11.11}$$

此时，动刚度已不是一个常数值，而是一个复数值，用 K^* 表示。若将式(11.10)中的参变数消去，可得到 $F_g-\Delta$ 的函数，即椭圆形滞迟回线的椭圆方程。

为了确定材料在动态力 F 作用下耗损的能量，需要计算一周期内它所做的功 dW[94-95]：

$$dW = \int F_g d\Delta = \pi F_0 \Delta_0 \sin\alpha \tag{11.12}$$

dW 所表示的正是椭圆形封闭回线包围的面积。而结构一周期内的弹性变形能为

$$W = \frac{1}{2} F_0 \Delta_0 \cos\alpha \tag{11.13}$$

为了使 dW 与 W 有相同的量纲，将一周期内耗损的能量 dW 用单位弧度动态力 F_g 所做的功来衡量，取为 ΔW，则有

$$\Delta W = \frac{dW}{2\pi} = \frac{1}{2} F_g \Delta_0 \sin\alpha \tag{11.14}$$

用材料耗损的能量与其弹性变形能的比值来表示阻尼，可以恰当地体现阻尼耗能的物理本质。将这一无量纲的比值定义为阻尼损耗因子 η，即

$$\eta = \frac{\Delta W}{2\pi W} = \tan\alpha \tag{11.15}$$

由式(11.15)可知，阻尼损耗因子 η 与滞后角 α 有密切的联系，滞后角愈大，损耗因子 η 也愈大。

式(11.11)可改写为

$$K^* = Ke^{j\alpha} = K(\cos\alpha + j\sin\alpha) = K' + jK'' = K'\left(1 + j\frac{K''}{K'}\right) = K'(1 + j\tan\alpha) \quad (11.16)$$

由式(11.16)可得

$$K^* = K'(1 + j\eta) \quad (11.17)$$

式中包含有阻尼的刚度称为复刚度 K^*，它的刚度性质用复刚度的实部 K' 表示，而阻尼性质则用损耗因子 η 表示。η 为复刚度的虚部 K'' 和实部 K' 之比：

$$\eta = \frac{K''}{K'} = \frac{\mathrm{Im}(K^*)}{\mathrm{Re}(K^*)} \quad (11.18)$$

从式(11.15)、式(11.18)中可以看出，损耗因子 η 既说明阻尼材料在振动时的能量耗损，即力学现象中位移对力或应变对应力的相位滞后，又说明它是刚度复量中虚部和实部之比，可通过这一关系建立相应的模型进行分析、测定与试验。

11.2.1.2　阻尼结构的损耗因子

首先，将阻尼构件简化为如图 11.8 所示的单自由度系统。它的运动微分方程为[96]

$$M\ddot{x} + c\dot{x} + Kx = F \quad (11.19)$$

式中，M——弹簧承受的质量，g；

c——弹簧的黏性阻尼系数，N · s/m；

K——弹簧的刚度，N/m；

F——系统所受正弦力，N；

x——质量块的位移，m；

$\dot{x}$——质量块的速度，m/s；

$\ddot{x}$——质量块的加速度，$\mathrm{m/s^2}$。

将式(11.19)改写成静力平衡方程，即

$$F_m + F_c + F_k = F \quad (11.20)$$

式中，F_m——惯性力，N；

F_c——阻尼力，N；

F_k——弹性力，N；

F——系统所受正弦力，N。

图 11.8(b)为系统的受力分析图。惯性力 F_m、阻尼力 F_c 和弹性力 F_k 之间均有 $\pi/2$ 的相位差，它们和外力 F 在矢量图上相平衡。三个力中，惯性力产生的动能和弹性力产生的位能是此长彼消、互相转化的。两者能量的总和，就是某一瞬时该系统的振动能。而阻尼力是耗损能量的，它耗损的能量由式(11.21)表示[97]：

$$\int F_c \mathrm{d}x = \int c\dot{x}\mathrm{d}x = \int c\,(\dot{x})^2\mathrm{d}t \quad (11.21)$$

设

$$x = X\sin(\omega t - \phi) \quad (11.22)$$

式中，x ——质量块的位移，m；

X ——质量块位移最大值(振幅)，m；

w ——外力振动频率，rad/s；

ϕ ——振动初相位，rad。

则在每一振动周期，系统耗损的能量为

$$E_{\mathrm{d}} = c\int_0^{\frac{2\pi}{\omega}} X^2\omega^2 \cos^2(\omega x - \phi)\,\mathrm{d}t = \pi c X^2 \omega \tag{11.23}$$

式中，E_{d} ——系统耗损的能量。

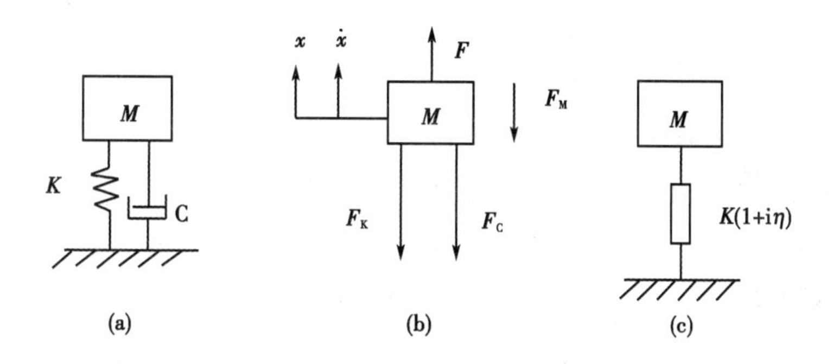

图 11.8　单自由度系统示意图

在任意瞬时，阻尼器的动能 E_{kin} 和位能 E_{pot} 为

$$E_{\mathrm{kin}} = \frac{1}{2}M\dot{x}^2 = \frac{1}{2}MX^2\omega^2\cos^2(\omega t - \phi) \tag{11.24}$$

$$E_{\mathrm{pot}} = \frac{1}{2}Kx^2 = \frac{1}{2}KX^2\sin^2(\omega t - \phi) \tag{11.25}$$

每一振动周期的机械能 E_{vib} 为

$$E_{\mathrm{vib}} = \int_0^{\frac{2\pi}{\omega}} (E_{\mathrm{kin}} + E_{\mathrm{pot}})\,\mathrm{d}t \tag{11.26}$$

共振条件下：

$$\omega = \omega_{\mathrm{n}} \qquad M\omega_{\mathrm{n}}^2 = K \qquad E_{\mathrm{vib}} = \pi K X^2 \tag{11.27}$$

其中 ω_{n} 为共振频率。

结构损耗因子 η 是每一振动周期耗损的能量与机械振动能之比，即

$$\eta = \frac{E_{\mathrm{d}}}{E_{\mathrm{vib}}} = \frac{\pi c X^2\omega}{\pi K X^2} = \frac{c\omega}{K} \tag{11.28}$$

将式(11.19)改写成复刚度的形式，则为

$$M\ddot{x} + K\left(1 + \mathrm{j}\,\frac{c\omega}{K}\right)x = F \tag{11.29}$$

$$M\ddot{x} + K'(1 + \mathrm{j}\eta)x = P \tag{11.30}$$

说明复刚度中的结构损耗因子和式(11.28)推导所得的关系式是相同的，并且有相

同的物理意义。

用阻尼器的结构损耗因子作为阻尼的衡量指标，对阻尼与能耗的关系可做出比较准确的描述。但在实际工程应用中，由于阻尼器的使用情况十分复杂，耗能值随激励状态、振动形态、结构特征等因素而变化[98]，所以，阻尼器的阻尼值或能耗量一般不采用如上所述的直接方法获得，而是采用间接的方法求得。

11.2.2 阻尼的测量方法

11.2.2.1 正弦力激励法

正弦力激励法是将阻尼材料制成一定规格的试样，然后把被测试样置于测试系统中受正弦力激励。通过信号测量系统测得力的频率、幅值和相位及响应的频率、幅值和相位，由这些参数计算出阻尼材料的损耗因子。

正弦力激励法的简化模型如图 11.9 所示[99]，其为一单自由度机械振动系统。

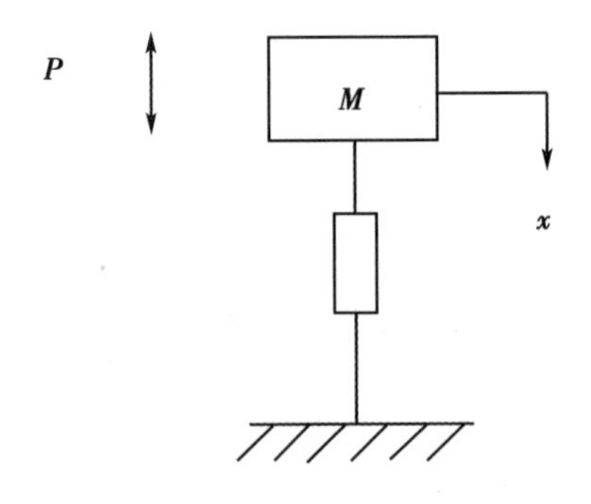

图 11.9 正弦力激励法的简化模型

若以 K^* 表示复刚度，K' 表示复刚度的实部，K'' 表示复刚度的虚部，η 表示材料的损耗因子，则阻尼材料的动态力学性能以复刚度形式表示为

$$K^* = K' + jK'' = K'(1 + j\eta) \tag{11.31}$$

系统的振动微分方程为

$$M\ddot{x} + K'(1 + j\eta)x = P \tag{11.32}$$

式中，M——材料承受的质量，g；

c——材料的粘性阻尼系数，N · s/m；

K'——材料复刚度的实部，N/m；

P——系统所受正弦力，N；

x——质量块的位移，m；

$\ddot{x}$——质量块的加速度，m/s^2。

如图 11.10 所示，将力 P 正交分解为 P_a 和 P_b，P_a 为实部，P_a 与 x 轴同相，P_b 为虚部，则有

$$(K' - M\omega^2)x + jK''x = P_a + jP_b \tag{11.33}$$

式中

$$P_a = P\cos\phi$$
$$P_b = P\sin\phi$$

由式(11.33)可得

$$\left.\begin{aligned} K' &= \frac{P\cos\varphi}{x} + M\omega^2 \\ K'' &= \frac{P\sin\varphi}{x} \end{aligned}\right\} \tag{11.34}$$

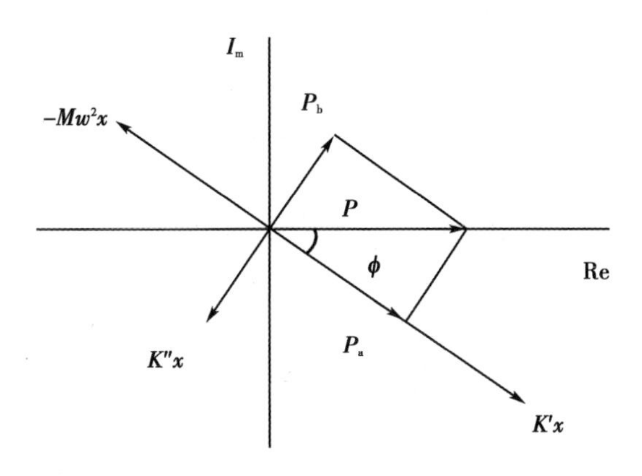

图 11.10　力的矢量平衡图

从而求得损耗因子 η 为

$$\eta = \frac{K''}{K'} = \frac{P\sin\phi}{P\cos\phi + M\omega^2 x} \tag{11.35}$$

因试样所受惯性力 $M\omega^2 x$ 比系统施加在试样上的激励小得多，可忽略不计，所以阻尼材料的损耗因子近似为

$$\eta = \tan\phi \tag{11.36}$$

11.2.2.2　谐振试验法

谐振试验法是以一定的加速度作谐波激振，用加速度计测量质量 M 的响应，从而获得阻尼材料的阻尼损耗因子。其试验测试系统如图 11.11 所示。对不同质量的试样分别测出输入加速度、输出加速度，并记录谐振频率和温度。由测量值即可计算阻尼材料的损耗因子 η [100]：

$$\eta = (A^2 - 1)^{\frac{1}{2}} \tag{11.37}$$

式中，A——共振材料试样的振幅因子。

谐振试验法的主要优点是，试验和数据的分析均比较简单，并且可以估计出应变对振幅的影响。其缺点是，对于不同的频率要使用不同质量的试样，而且改变频率和独立的加载都比较困难。

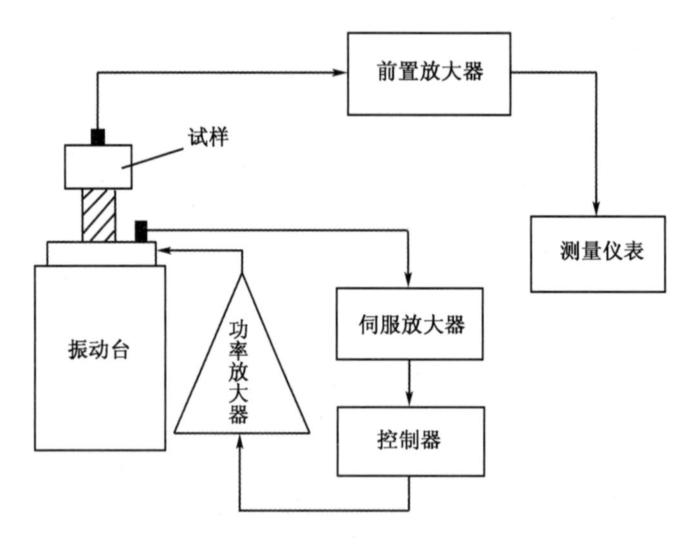

图 11.11 谐振试验法实验框图

11.2.2.3 自由振动衰减法

自由振动衰减法是一种简便易行的阻尼测量方法。如图 11.12(a)所示，机械振动系统受到瞬时的或持续的激励以后，接受了能量的输入并产生振动响应。激励停止以后，输入的能量受系统阻尼的作用而逐渐耗损，响应也逐渐衰减最终达到静止状态。显然，其衰减速度与阻尼直接有关，阻尼大的结构，衰减速度快，达到静止状态的时间也短。当然，也可以利用这一特性，对阻尼值或阻尼特性进行实际的测量。

如图 11.12(b)所示，随时间变化的自由衰减振动位移 x 为[101]

$$x = x_0 e^{-\xi\omega_n t}\cos(\omega_d t - \phi) \tag{11.38}$$

其中：ω_d ——有阻尼固有频率，$\omega_d = \omega_n\sqrt{1-\xi^2} \approx \omega_n$，rad/s；

ω_n ——无阻尼固有频率，rad/s；

ξ ——阻尼比，$\xi = \dfrac{c}{c_c}$，c 为黏性阻尼系数，c_c 为临界黏性阻尼系数。

采用自由振动衰减法进行阻尼值测量，可直接得到对数衰减率 δ。

$$\delta = \frac{1}{N}\ln\frac{x(t_0)}{x(t_N)} = 2\pi\xi \tag{11.39}$$

式中，N——所选取的两个波峰之间的波数；

$x(t_0)$ ——t_0时刻的振幅，m；

$x(t_N)$ ——t_N时刻的振幅，m；

ξ ——阻尼比，$\xi = \dfrac{\delta}{2\pi}$

自由振动衰减法的测量框图如图 11.13 所示。在结构件 2 上可以施加不同性质的力：脉冲力、阶跃力、随机力或正弦力等。图中所表示的是对构件施加锤击脉冲力，待力消失以后，结构件 2 由于受到阻尼试样 7 的阻尼作用，而开始自由衰减振动。自由衰减

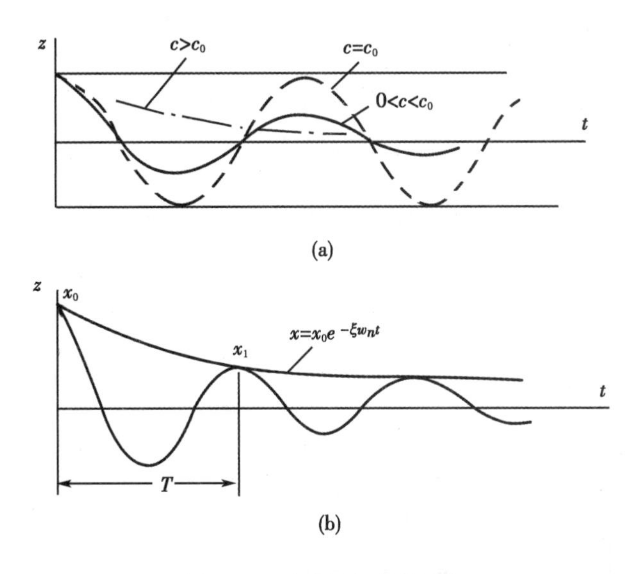

图 11.12　振动的时域波形

振动信号由传感器 3 拾取之后，经带通滤波器 4 滤波，形成单频信号进入放大器 5。最后由数据采集器 6 采集自由衰减振动的时域波形，再将此信号输入计算机，经分析计算得到阻尼指标值。

为了减少测量误差，在测量过程中，必须防止附加阻尼的产生。对测试对象，一般采用悬吊方式或其他柔性安装方式进行安装，以减少因能量传输损失而产生的附加阻尼。如果用电磁激振器激振，要注意防止其断电后，因被动运动产生的附加阻尼。这种附加阻尼是由试件带动激振器的动圈在磁场中运动，因磁电效应而产生的。所以，最好采用非接触式的电磁激振器激振，或采用机械断开方式脱开激振器和试件的连接部分。

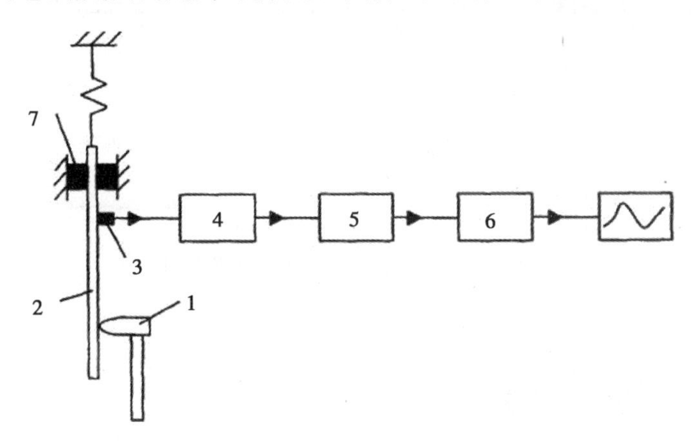

图 11.13　自由振动衰减法的测量框图

1—力锤；2—结构件；3—传感器；4—带通滤波器；5—放大器；6—数据采集器；7—试样

自由振动衰减法的实施条件是被测阻尼材料试样的阻尼要小于临界阻尼值，即处于欠阻尼条件下。此时系统从受激振动到趋于静止需要较长的衰减时间，这样可以准确地测定其阻尼特征值。严格地讲，所测得的阻尼值是阻尼材料在系统自由振动频率下的阻尼值[102]。

11.2.2.4　半功率带宽法

半功率带宽法是测量阻尼材料阻尼值的一种常用方法。试验测量系统如图 11.14 所示，试验可测得阻尼梁各阶振型的结构损耗因子 η_i 及固有频率 f_i，由此可得橡胶阻尼材料的损耗因子[103]：

$$\eta_i = \frac{\Delta f}{f_i} \tag{11.40}$$

式中，η_i ——损耗因子；

Δf ——均质板第 I 阶模态的半功率带宽，Hz；

f_i ——均质板第 I 阶模态的固有频率，Hz。

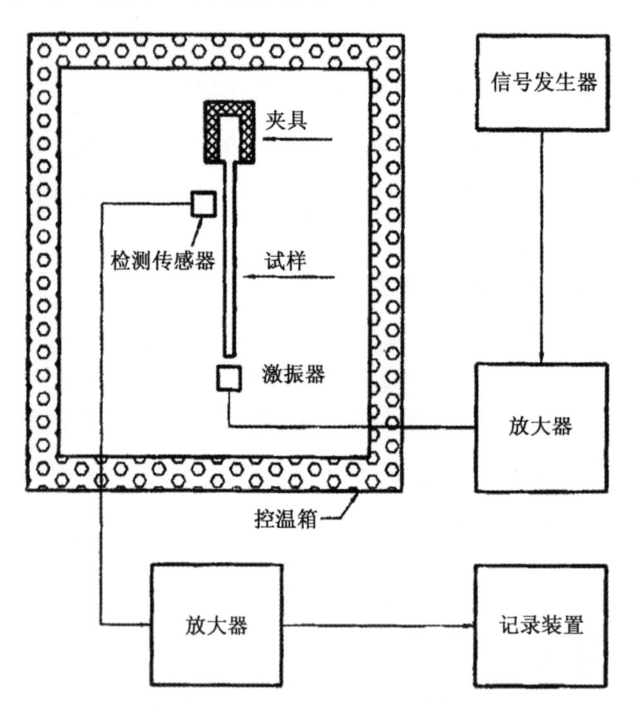

图 11.14　半功率带宽法的测量框图

11.3　泡沫铝材料的阻尼特征

11.3.1　频率对阻尼性能的影响

常温下影响阻尼材料的外界因素以频率为主，铝基泡沫在低频时会有更好的阻尼性能。当外加载荷的频率增大到一定数值之后，工业用泡沫铝中位错引起的内耗源对外加周期载荷有较强的依赖性，损耗因子随着外加周期性载荷频率的增大而增大。

低频范围内，在测试温度 25℃、测试频率 1~10 Hz、应变振幅 1×10^{-4} 的条件下测试铝基闭孔泡沫铝材料。图 11.15 为损耗因子 Q^{-1} 随频率变化的曲线。由图 11.15 可见，在 1~10 Hz 范围内泡沫铝材料的阻尼性能随着频率的升高而降低。但是随着频率的变化，试样的损耗因子基本上在一个带宽$(1.8\sim2.4)\times10^{-2}$范围内变化，降低的程度并不明显。

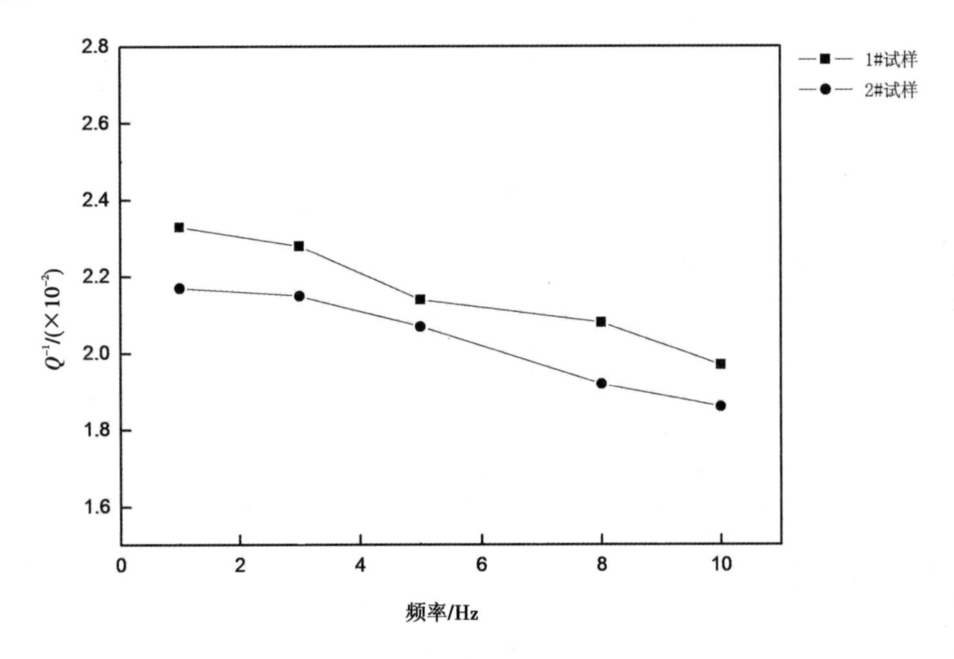

图 11.15 泡沫铝材料的阻尼-频率曲线

在高频范围内测定频率和阻尼关系时采用半功率带宽法，待测试样的固有频率由式(11.41)[104]决定：

$$f_i = \frac{C_i}{2\pi}\sqrt{\frac{EI}{m_0 l^4}} \tag{11.41}$$

式中，f_i ——试样第 i 阶模态的固有频率，Hz；

E ——试样的弹性杨氏模量，Pa；

I ——截面惯性矩，m^4；

m_0 ——单位长度质量，kg/m；

l ——试样长度，m；

C_i ——常数。

通过改变试样尺寸来改变测量频率，这样就可以在同一条件下进行测试。图 11.16 为不同试样在应变振幅分别为 1×10^{-5} 和 2×10^{-5} 时的结果。从图中可以看出，泡沫铝材料的高频阻尼随频率的增加而显著减小。

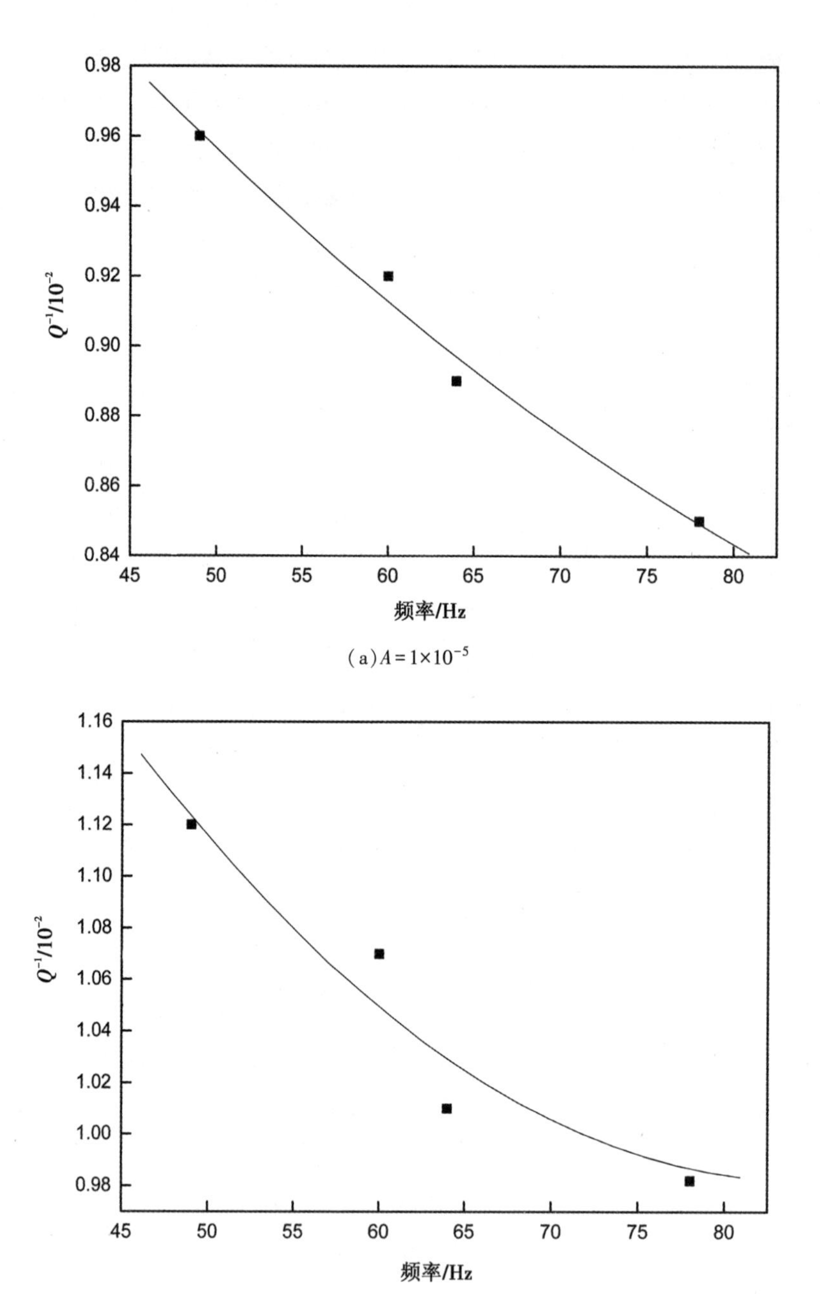

(a) $A=1\times10^{-5}$

(b) $A=2\times10^{-5}$

图 11.16 泡沫铝材料的阻尼—频率曲线

11.3.2 应变振幅对阻尼性能的影响

铝基泡沫的阻尼性能随着所受外加载荷的增大而增大，这是钉扎位错、晶界和相界面的运动以及微塑性变形的综合作用。如图 11.17 所示，改变外加振幅使之增大，受测样品所受应力线性增大，在阻尼样品所受外加载荷的振幅增大的过程中，铝基泡沫内部受钉扎的位错在更大的应力下获得更高的能量，挣脱钉扎这一“束缚”进行振动，并消耗外加的机械能。Granato-Lucker 理论模型(G-L 模型)分析和解释了位错在高振幅下被激活这一现象。在 G-L 模型中，位错根据被不同钉扎点钉扎的强弱，可以分为两类：一类是被弱钉扎点(溶质原子、原子空位等)钉扎的位错，称为Ⅰ型位错；另一类是被强钉扎点(位错网络、晶界、相界面等)钉扎的位错，称为Ⅱ型位错。图 11.18 为两类位错的示意图。

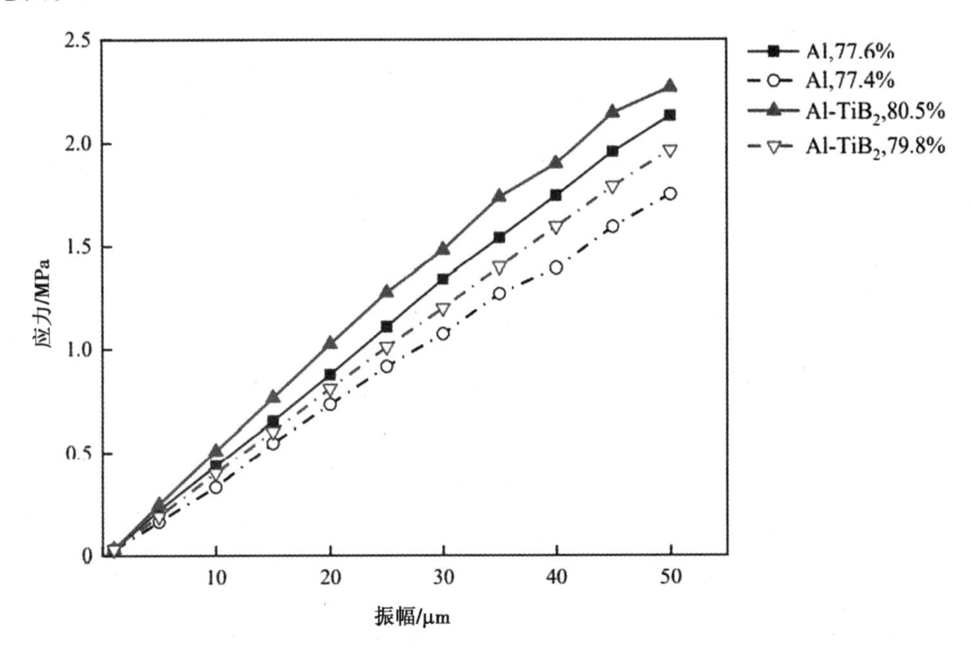

图 11.17　泡沫铝所受应力随振幅的变化趋势[106]

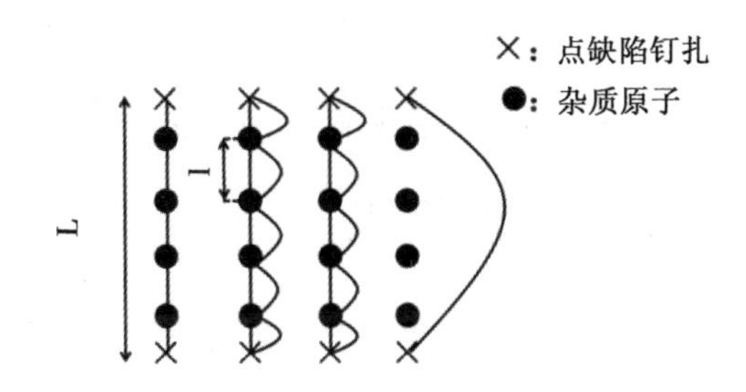

图 11.18　Granato-Lucker 位错钉扎模型[105]

当外加的周期载荷应力值较小时，Ⅱ型位错由于受到较强的钉扎，不会发生运动，但是Ⅰ型位错会在外力的作用下发生运动，消耗部分外加机械能。当外加的周期性载荷应力值逐渐增大，达到一定值之后，除了Ⅰ型位错之外，Ⅱ型位错也会挣脱强钉扎点的束缚，发生运动，消耗能量，而外在则会表现为内耗以及阻尼损耗因子的显著提升。

图 11.19 为应变振幅对泡沫铝材料损耗因子的影响曲线。其测试频率为 10 Hz，应变振幅为$(0.5 \sim 2.5)\times10^{-4}$。

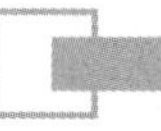

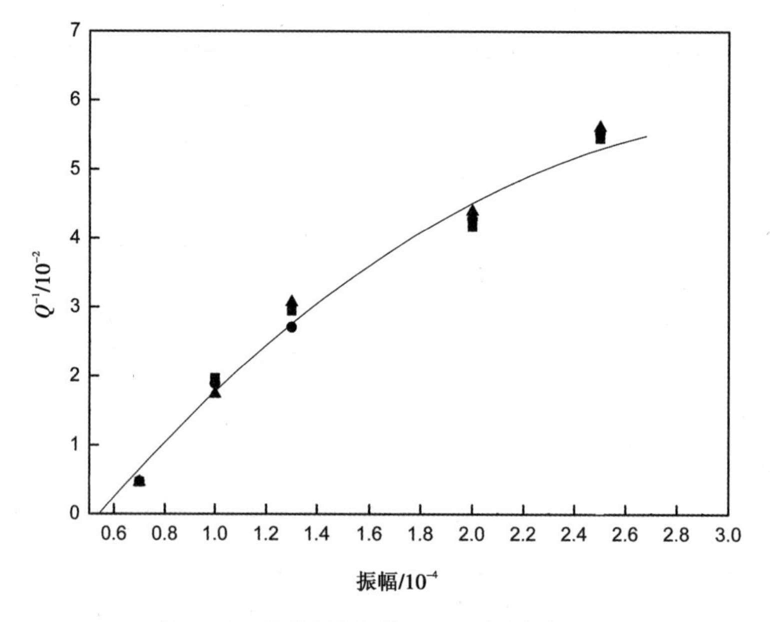

图 11.19　泡沫铝材料的阻尼—应变振幅曲线

从图 11.19 可知，随着应变振幅的增加，泡沫铝材料的阻尼明显增大，损耗因子强烈依赖于应变振幅。从图中可以看出，当应变振幅为 0.7×10^{-4}时，Q^{-1} 为 0.47×10^{-2}；而当应变振幅为 2.5×10^{-4}时，Q^{-1} 为 5.4×10^{-2}，Q^{-1} 值增加了 10 倍。

泡沫铝在不同应变振幅条件下的阻尼可以通过改变激发信号的强弱来测定。

再选取高频区间，频率 $f=224$ Hz、$f=713$ Hz，分别测试损耗因子随应变振幅的变化情况。结果见图 11.20。从图 11.20 可以看出，泡沫铝的阻尼同样随着外界激振力的增大而增大。

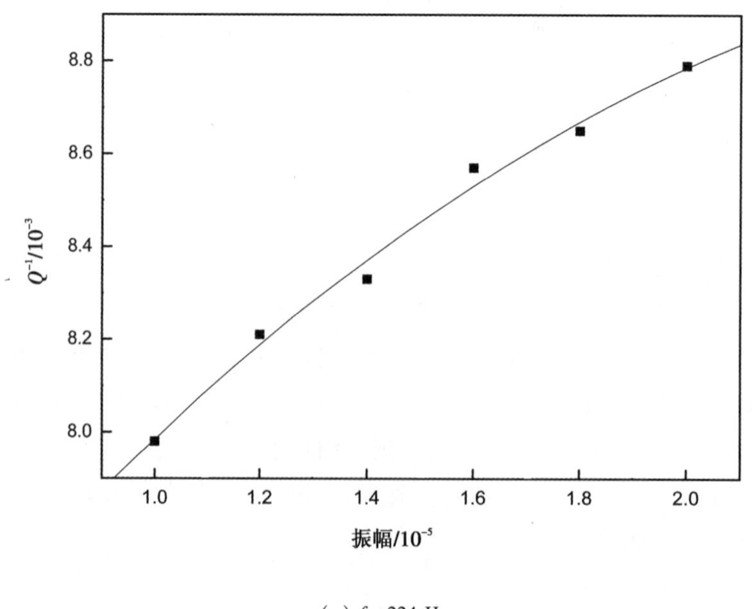

(a) $f=224$ Hz

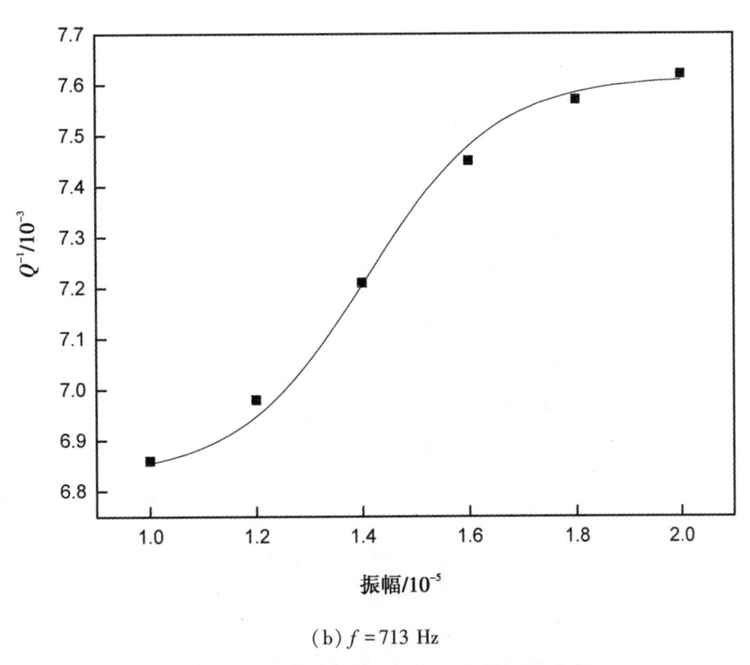

(b) $f=713$ Hz

图 11.20　泡沫铝材料阻尼—应变振幅曲线

11.3.3　温度对阻尼性能的影响

对于阻尼材料来说，无论是高分子材料、阻尼合金还是金属泡沫，温度对其阻尼性能都有着至关重要的影响。而泡沫铝的阻尼性能具有明显的温度效应。采用熔体直接发泡法或熔体正压发泡法制备的铝基泡沫，在铝基泡沫从熔体状态冷却成为固体泡沫结构的过程中，由于凝固过程并不是瞬间完成的，这就导致部分熔体先一步凝固，之后在已凝固熔体与周边继续冷却凝固熔体的界面处会产生一定量的位错。在进行阻尼性能测试时，这些位错在外加周期性载荷的作用下会发生一定的运动，进而消耗一定的外加机械能，以便提高金属基材料的阻尼性能。在多晶体中，由于晶粒的取向不同，晶粒之间存在着晶粒界面(又被称为晶界)，在晶界上的原子从排列状态上处于过渡状态，并且在金属基体中，杂质更倾向于集中在晶界上。一般而言，晶界处的过渡状态原子具有高于晶粒内部原子的能量，而且晶界处的原子相对于晶粒内部紧密排列的原子而言排列更不规则。因此，在阻尼测试中，随着测试温度的升高，当试样受到外加周期性振动时，晶界处的过渡态原子更容易发生黏滞性滑动，进而将部分外加机械能转化为热能给耗散掉。对于铝基泡沫来讲，这种温度效应存在明显的低温区域和高温区域，这两个区域内损耗因子随温度变化的趋势截然不同。低温区域内位错和晶界对铝基泡沫内耗的贡献较低，阻尼性能变化不大。而在高温区域内，大量的位错和晶界运动被激活，外加循环载荷的作用使得铝基泡沫基体中的位错和晶界发生滑移运动，这些滑移运动对内耗是有益的，进而消耗外加的机械能，导致损耗因子相对于低温区域显著提升。除此之外，铝基泡沫中存在大量厚度较薄的孔壁(图 11.21 中白色箭头所指)，这些孔壁为阻尼测试提供了大量的内耗源。在外加周期性载荷的作用下，这些薄弱孔壁发生振动，并消耗能量。当温度逐渐升高时，孔壁强度降低，更容易在外力作用下发生运动，促使铝基泡沫阻尼性能提高。

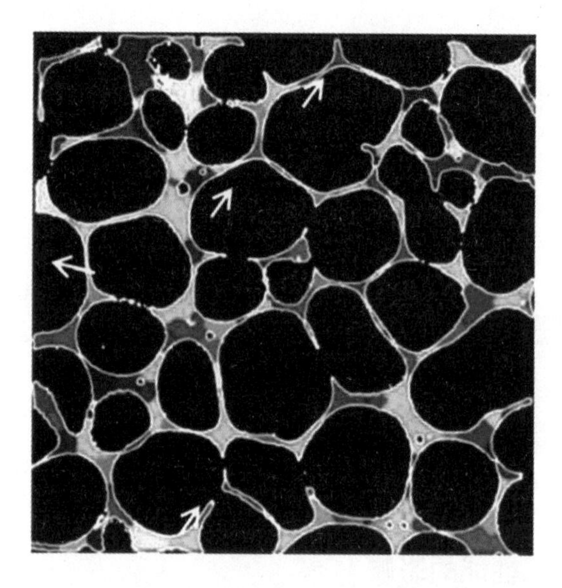

图 11.21　铝基泡沫 2D 孔壁建模

在扫温模式下，3 个孔隙率极为接近的纯铝泡沫样品的储能模量 E'、耗能模量 E''随温度变化的趋势如图 11.22 所示。已知 E'代表试样的刚度，E''体现材料消耗外加机械能的能力。随着温度的升高，材料的硬度下降，样品的储能模量 E'均出现下降的趋势。而随着温度的上升，材料消耗外加机械能的能力上升，材料的耗能模量 E''出现上升的趋势。图 11.23 为扫温测试中温度变化对 3 个同密度纯铝泡沫样品的阻尼性能的影响。随着温度的升高，铝基泡沫材料的损耗因子的变化趋势分为两个区域，在室温到 250 ℃温度区域内，泡沫铝阻尼性能变化不大，三个样品的损耗因子值一直在 0.04 左右波动。当温度高于 250 ℃时，在测试温度范围内，三个样品的损耗因子显著增大，可以达到 0.13 左右。

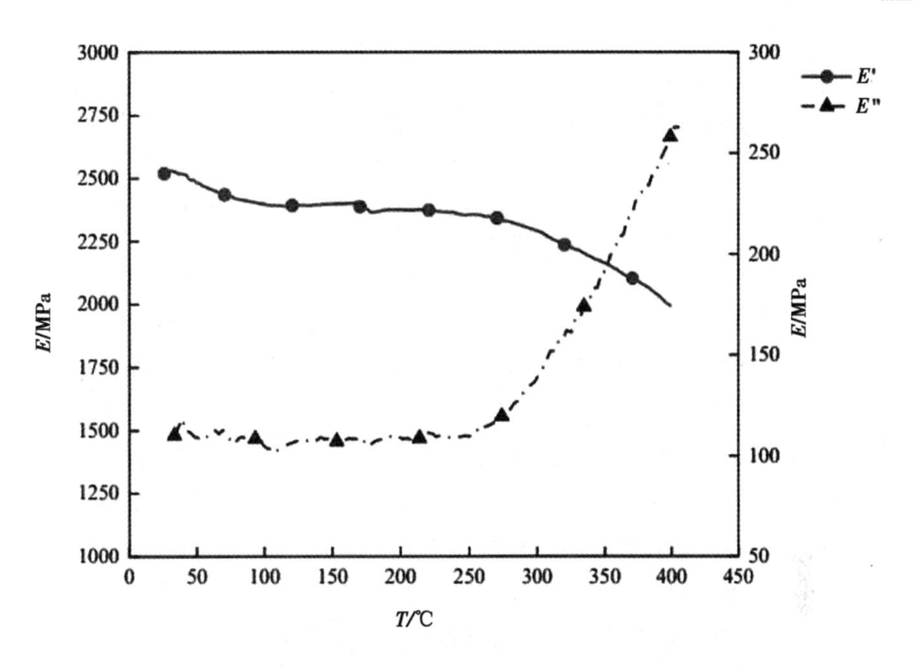

图 11.22　升温测试中储能模量 E'、耗能模量 E'' 随温度变化的趋势

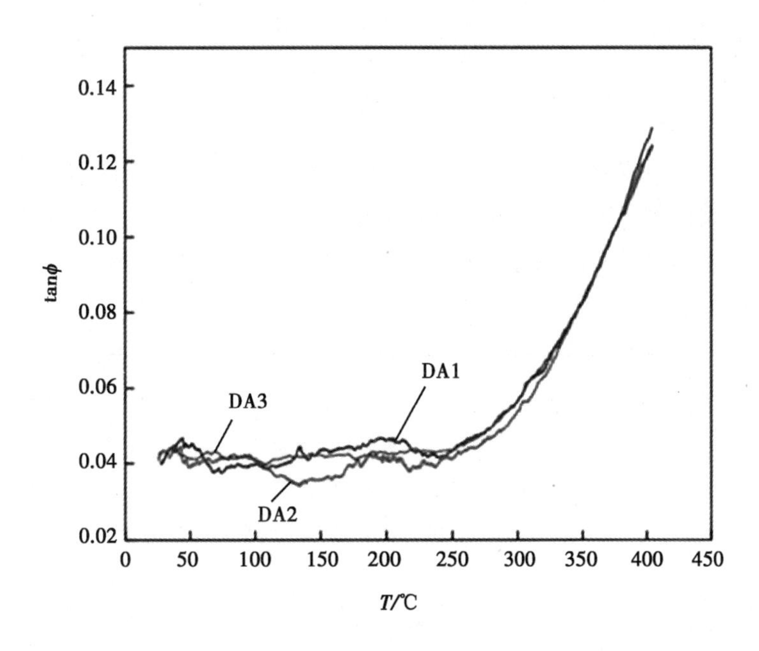

图 11.23　泡沫铝损耗因子随温度变化的趋势

11.4 泡孔结构对阻尼性能的影响

11.4.1 孔隙率和孔径对阻尼性能的影响

泡沫金属的阻尼性能宏观上主要由其孔隙结构决定，孔隙率和孔径是泡沫铝材料的两个基本参数。孔径一定时，泡沫铝的内耗随孔隙率的增大而增大；孔隙率一定时，泡沫铝的内耗随孔径的减小而增大。

孔径一定时，孔隙率的增大意味着单位体积内孔的数目增多、比表面积增大；孔隙率一定时，孔径的减小同样表明单位体积内孔的数目增多、比表面积增大。也就是说泡沫铝中的孔是其高能量损耗之源，泡沫铝中单位体积内孔的数目增多、比表面积增大将导致泡沫铝内耗增大。

文献[107]从泡沫铝受力时孔洞发生膨胀和畸变所引起的膨胀能和畸变能来分析其内耗特征，并采用等效夹杂物方法[108, 109]建立数学模型来分析膨胀能和畸变能。最后得到的泡沫铝的内耗值 Q^{-1}：

$$Q^{-1} \propto \frac{1}{a}\frac{\psi}{1-\psi} \tag{11.42}$$

在频率为 1 Hz、应变振幅为 2.5×10^{-4}时对孔隙率不同、孔径相同的闭孔泡沫铝试样进行测试，每个试样测试 3 次。以孔隙率 ψ 为横坐标、损耗因子 Q^{-1} 为纵坐标作图，可得到图 11.24。从图 11.24 可以看出，在孔径一定的情况下，当孔隙率从 73.3%增加到 89.9%时，损耗因子从 3.1×10^{-2}增大到 5.8×10^{-2}，增加了 87%。

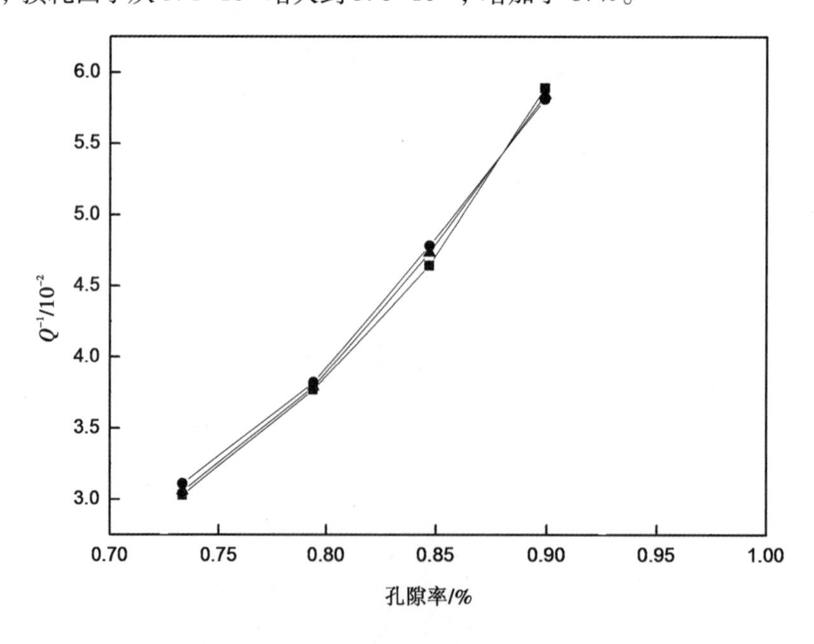

图 11.24 不同孔隙率闭孔泡沫铝阻尼特性曲线

在频率为 1 Hz、应变振幅为 2.5×10^{-4}时对孔隙率大致相同、孔径不同的闭孔泡沫铝试样进行测试，每个试样测试 3 次。以孔径 a 为横坐标、损耗因子 Q^{-1} 为纵坐标作图，可得到图 11.25。从图 11.25 可以看出，在孔隙率一定的情况下，当孔径从 1 mm 增大到 3 mm 时，损耗因子逐渐减小。孔径从 1 mm 增大到 2 mm 时，损耗因子 Q^{-1}减小了 20%；孔径从 2 mm 增大到 3 mm 时，损耗因子 Q^{-1} 只减小了 7%。也就是说，随着孔径的不断增大，损耗因子减小的幅度逐渐下降。此外，从图 11.25 还可以看出，随着孔径增大，测试结果偏离平均值的水平也逐渐增大。

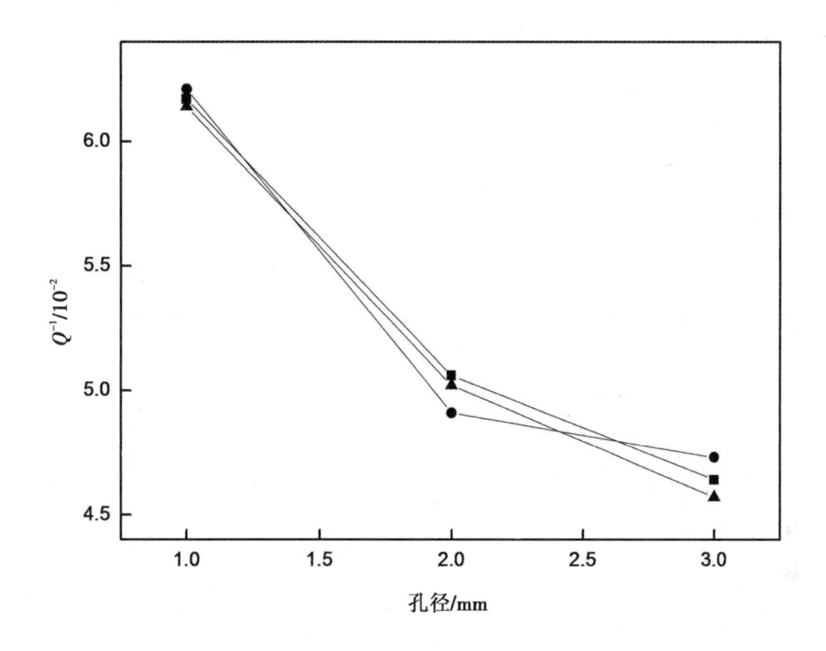

图 11.25　不同孔径闭孔泡沫铝阻尼特性曲线

11.4.2　孔隙壁厚和孔壁变化对阻尼性能的影响

泡沫铝材料孔隙壁厚与损耗因子有着更直接的关系。对于尺寸相同（即体积相同）的被测试样，当孔隙率 ψ 一定时，随着孔径 a 的减小，试样上孔数增多，孔和孔之间的距离减小，即泡壁厚度 h 减小；反之，亦然。当孔径 a 一定时，随着孔隙率 ψ 增大，试样密度减小，在试样体积不变的情况下泡壁厚度 h 必然减小；反之，亦然。由此可见，损耗因子 Q^{-1}是孔壁厚度 h 的函数，即

$$Q^{-1}=f(h) \tag{11.43}$$

设有孔径为 a_1、孔隙率为 ψ_1、孔隙数为 N_1和孔径为 a_2、孔隙率为 ψ_2、孔隙数为 N_2的两种闭孔泡沫铝材料，其体积都为 V。

又设以上两种泡沫铝材料孔隙分布均匀，所有孔均为圆孔，则其泡壁厚度 h 可以表

示为

$$h = \frac{V(1 - \psi)}{4\pi N a^2} \tag{11.44}$$

则

$$\frac{h_1}{h_2} = \frac{a_1}{a_2} \frac{1 - \psi_1}{1 - \psi_2} \left(\frac{\psi_1}{\psi_2}\right)^{-1} \tag{11.45}$$

由式(11.42)至式(11.45)可得

$$\frac{Q_1^{-1}}{Q_2^{-1}} = \overline{C} \left(\frac{h_1}{h_2}\right)^{-n} \tag{11.46}$$

式中，$\overline{C}$——常数；

n——待测实数。

在测试频率为 1 Hz、应变振幅为 2.5×10^{-4}的条件下对闭孔泡沫铝试样进行测试。然后以泡壁厚度 h 为横坐标、损耗因子 Q^{-1} 为纵坐标作图，可得到图 11.26。从图 11.26 可以看出，随着壁厚 h 的增加，损耗因子 Q^{-1} 逐渐减小，符合式(11.46)的结果。

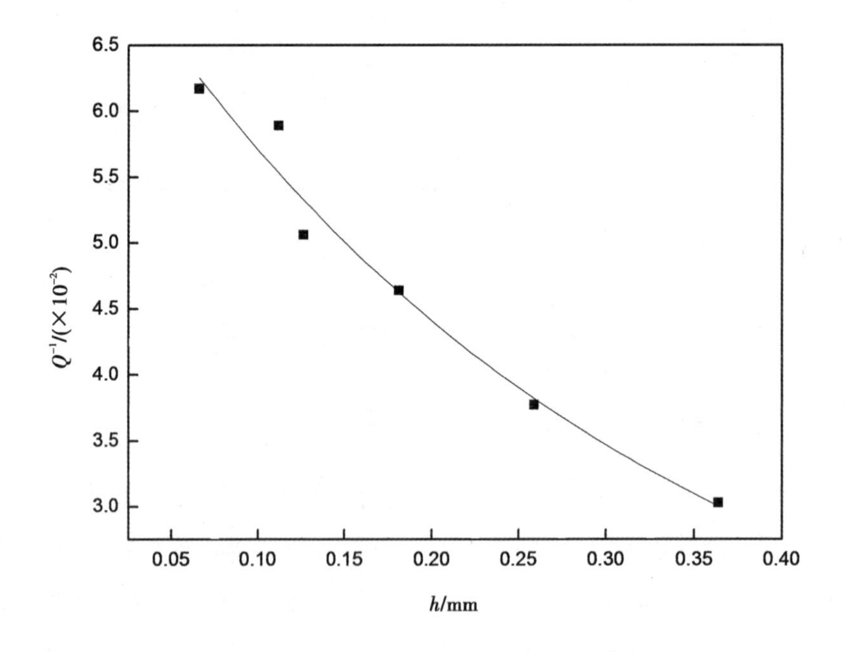

图 11.26　不同泡壁厚度闭孔泡沫铝阻尼特性曲线

关于孔壁的弯曲与褶皱对泡沫铝性能的影响，已经有多位学者进行了相关的实验研究。Smith[110]等研究了泡沫铝的准静态压缩过程中表面积内部的局部应变，发现泡沫铝孔壁的弯曲现象是影响其压缩性能的最重要的孔结构因素。Simone 与 Gibson[111]采用建模的手段模拟了孔壁的弯曲和褶皱对泡沫铝强度的影响，在假设孔壁为平直结构时，经过计算得出的理论强度要高于实际情况中的弯曲孔壁。Andrews[112]等研究发现，泡沫铝的气孔形状、孔壁褶皱、孔壁弯曲和密度不均匀是降低泡沫铝屈服强度和刚度的重要影响因素。并且一些学者还发现，泡孔壁的弯曲不仅对其力学性能有影响，还会进一步影响泡沫里作为功能性材料应用时的吸声及冲击波防护性能。而泡沫铝孔壁断裂缺失导致的泡孔连接状况的增加对泡沫铝散热、声学等功能特性而言较为有利。

11.5　基体对阻尼性能的影响

11.5.1　泡沫铝硅合金的阻尼性能

Al-Si 基泡沫铝材料中含有多种物相，其微观形貌比较复杂，由二相或二相以上的复相组织构成。图 11.27 所示主要以暗色大片状(A)、小白点(B)、明亮大片状(C)以及长针状(D)存在，这些金相的主要成分如图 11.28 所示。从 X 衍射(图 11.29)分析可知，其化学成分分别为 $Al_{3.21}Si_{0.47}$、Al_2O_3、$CaAl_2Si_3$和 Al_3Ti。

当受到振动应力作用时，通过片状 $Al_{3.21}Si_{0.47}$和 $CaAl_2Si_3$的黏性和塑性变形造成界面间的移动，这种内耗属于动滞后机制而产生减振效应。而 Al_2O_3颗粒对位错有钉扎作用，在外力作用下位错线作不可逆的往复运动，因此产生静滞后型内耗。振动时，合金晶体中的滑动错位与杂质原子相互作用产生机械静滞后效应而造成能量损耗。

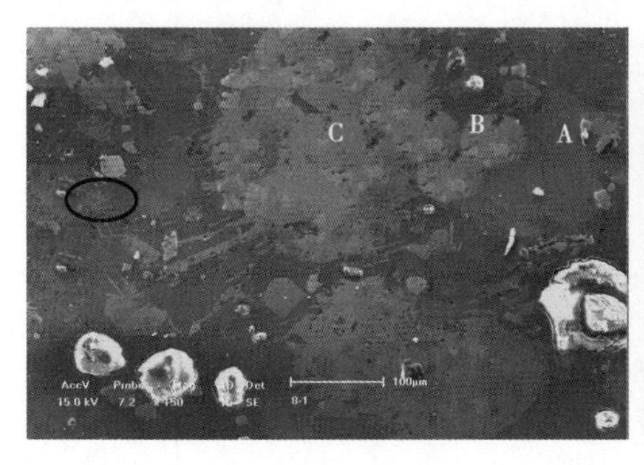

(a) Al-6Si 基闭孔泡沫铝 SEM 照片

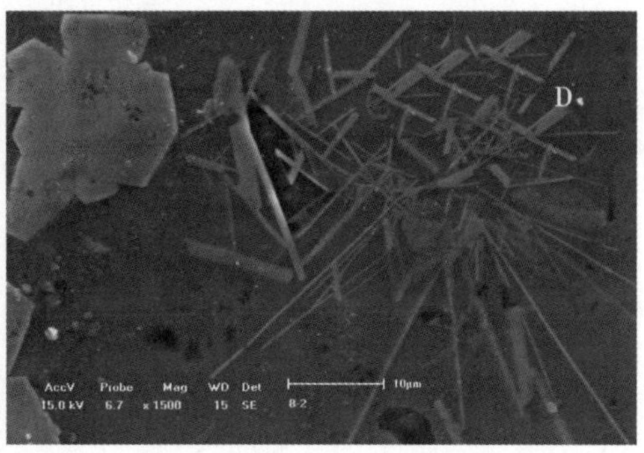

(b)(a)图圆圈内形貌放大图

图 11.27　Al-Si 基闭孔泡沫铝 SEM 照片

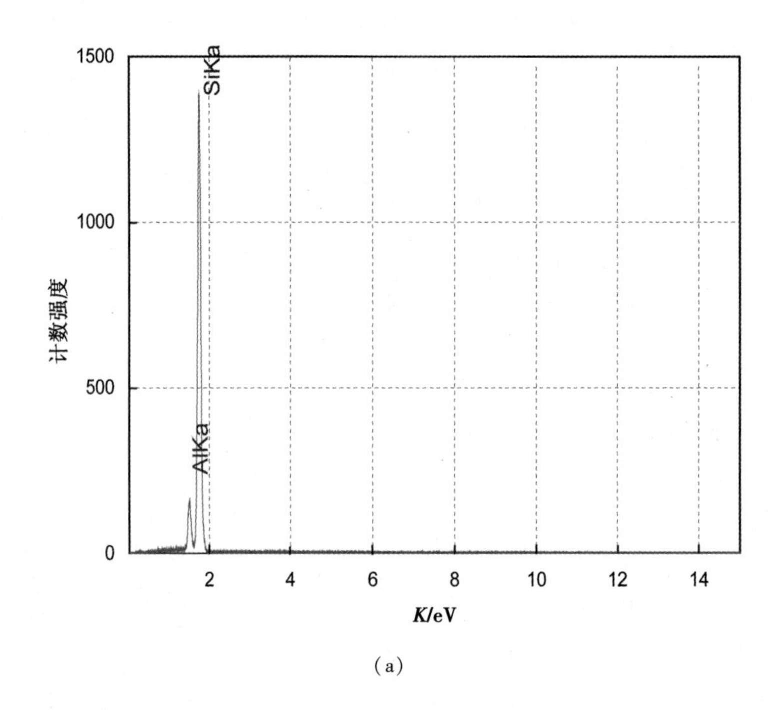
1500
1000
500
0
计数强度
SiKa
AlKa
2
4
6
8
10
12
14
K/eV
（a）

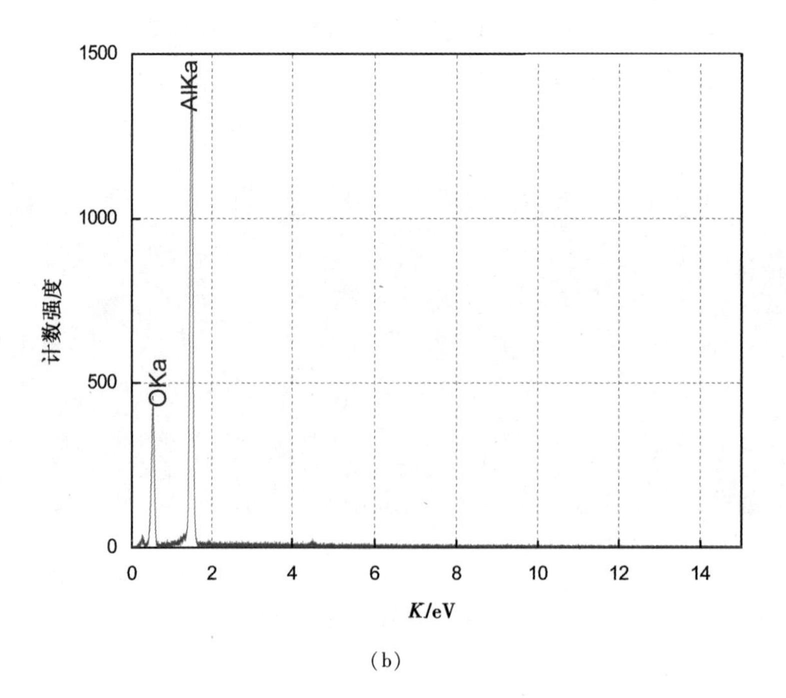
1500
1000
500
0
计数强度
AlKa
OKa
0
2
4
6
8
10
12
14
K/eV
（b）

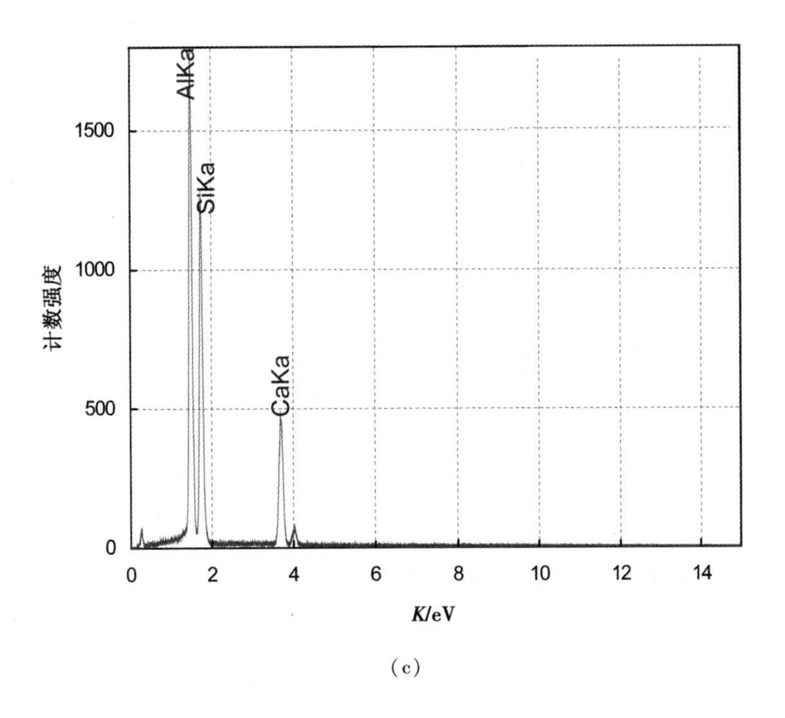

(c)

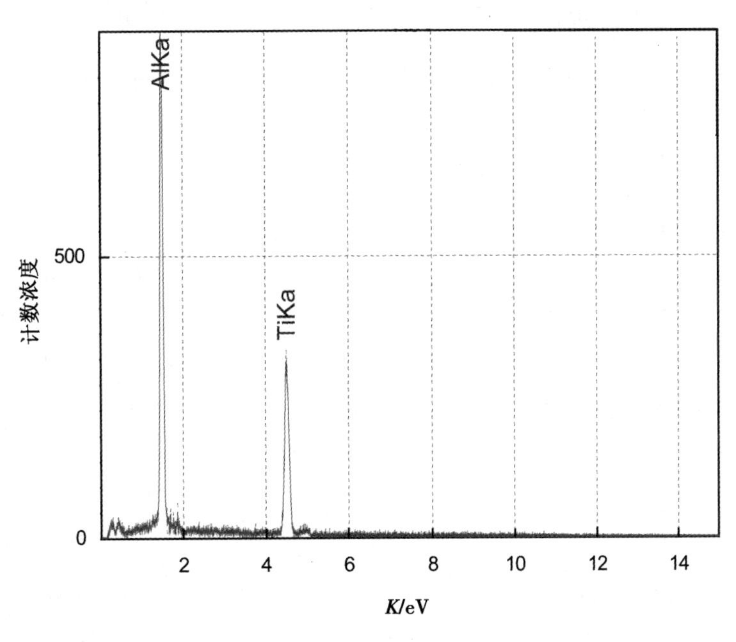

(d)

图 11.28　EDX 分析

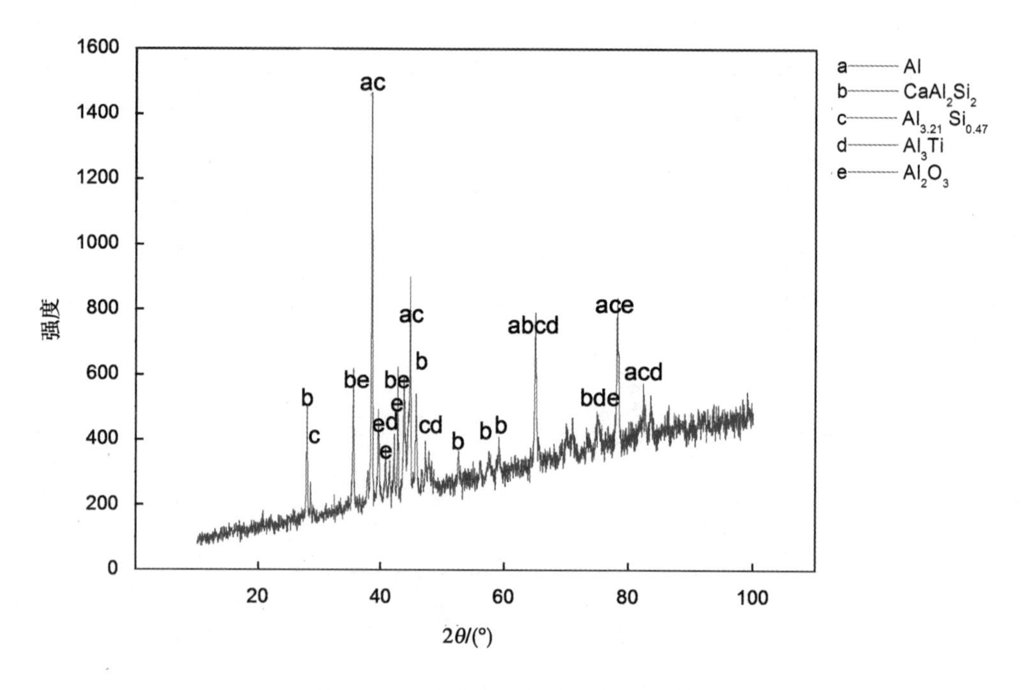

图 11.29　Al-Si 基闭孔泡沫铝的 X 衍射分析

对闭孔泡沫铝硅合金进行阻尼测试，所得测试结果如图 11.30、图 11.31 所示。

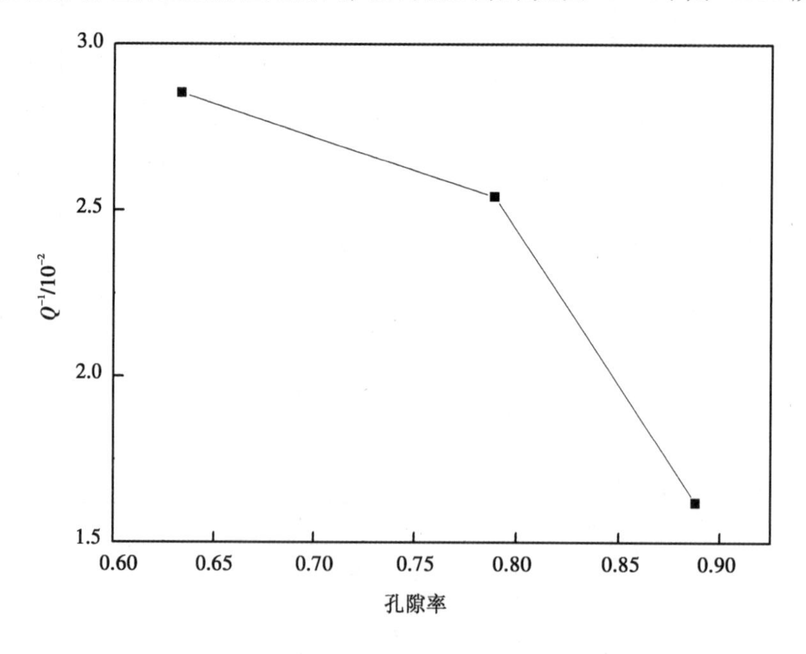

图 11.30　不同孔隙率泡沫铝硅合金的阻尼性能

从图 11.30、图 11.31 可以看出，虽然试样的孔隙率从 63.3%升高到 88.8%，但是随着孔径从 2.5 mm 增大到 9.0 mm，其阻尼性能下降很快。这是因为孔径越大，孔的形态越不规则，形状越来越远离球形和正多边形，并且孔壁上的褶皱越来越明显，导致试样

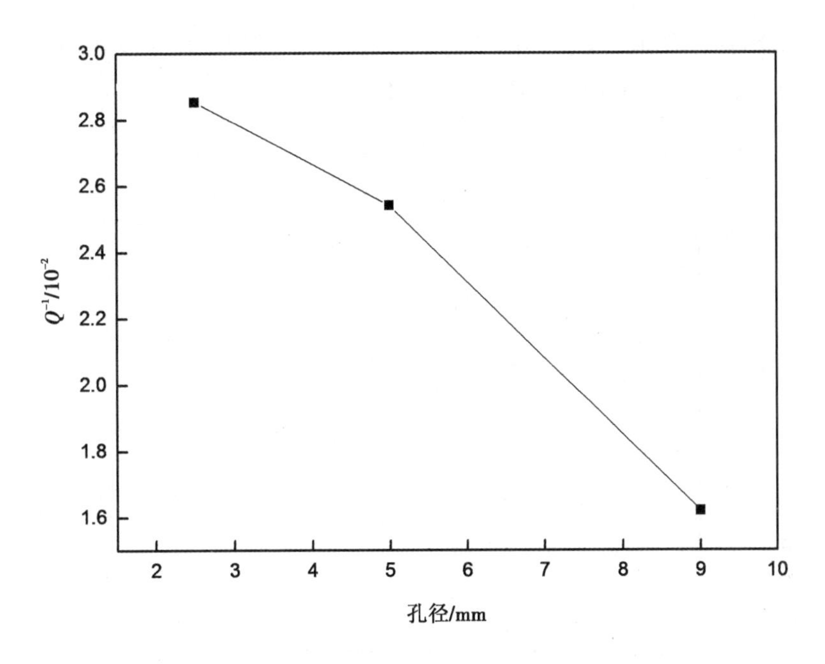

图 11.31　不同孔径泡沫铝硅合金的阻尼性能

内部应力集中和模式转换出现很多不稳定因素，因此损耗因子波动很大。

此外，从图 11.30 可以看出，在频率为 3 Hz、孔隙率大致相同(75%～85%)的范围内，泡沫铝硅合金的阻尼性能比泡沫纯铝的阻尼性能稍高，在 3 Hz 时泡沫纯铝的损耗因子 Q^{-1}的平均值为 2×10^{-2}，而泡沫铝硅合金的损耗因子 Q^{-1}的平均值稍高，为 2.3×10^{-2}。

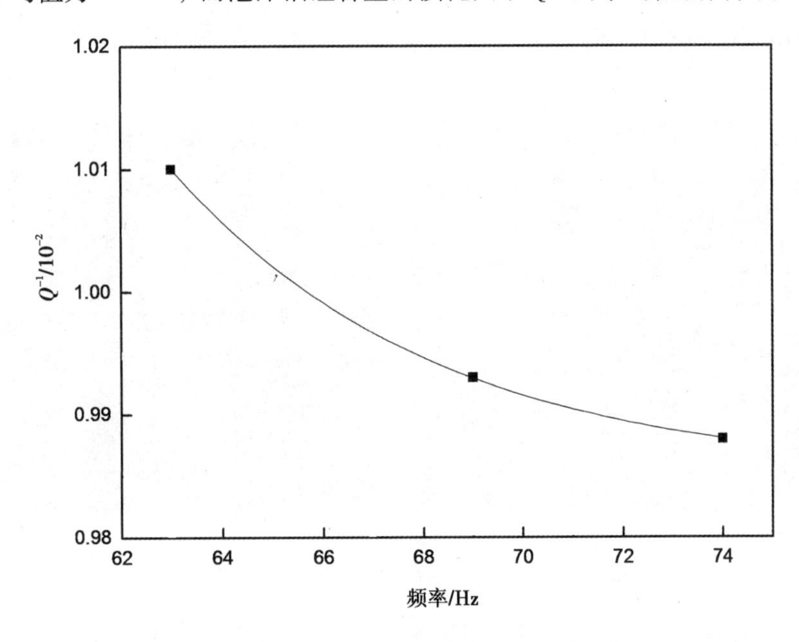

图 11.32　泡沫铝硅合金高频阻尼性能

由图 11.32 可知，随着频率的增加，材料损耗因子减小，阻尼性能减弱。其阻尼性能与纯铝基泡沫铝材料相差不大。图 11. 33 为阻尼能力随应变振幅变化的曲线。从图中可以看出，随着应变振幅的增加，损耗因子不断增大。

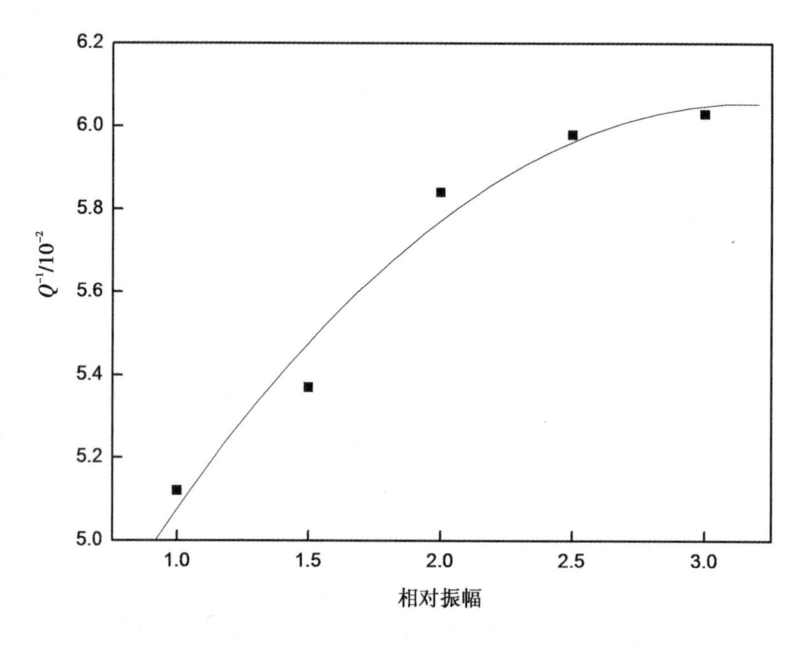

图 11. 33 Al-Si 基闭孔泡沫铝的高频阻尼-应变振幅曲线

11. 5. 2 碳纤维复合泡沫铝材料的阻尼性能

纤维的加入(如图 11. 34 所示)会使泡壁上的缺陷减少、整体性增强，从而使泡壁上受力均匀，使材料的稳定性变好。

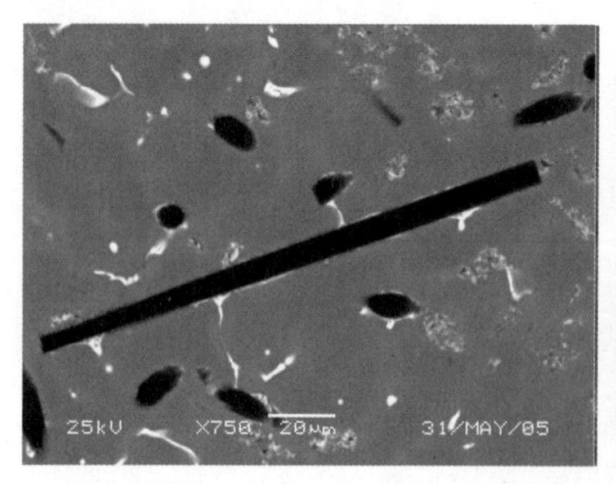

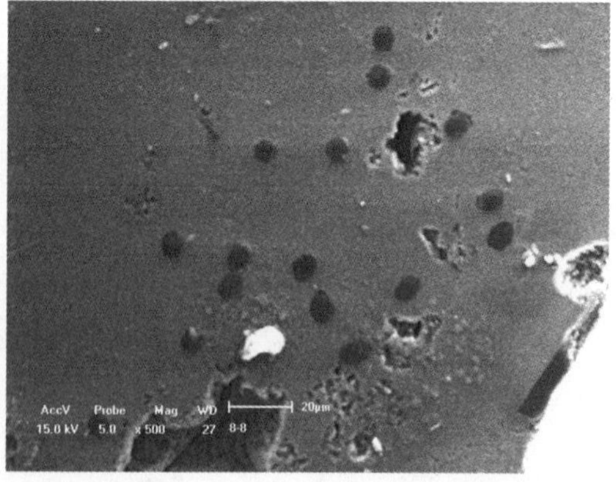

图 11. 34 碳纤维复合泡沫铝材料的 SEM 图

对碳纤维增强泡沫纯铝材料进行阻尼测试，所得的测试结果如图 11. 35 所示。

由图 11. 35 可见，在 1~10 Hz 范围内 Q^{-1}值下降趋势明显，碳纤维增强泡沫铝材料的损耗因子随着频率增加而逐渐降低且变化范围较大。

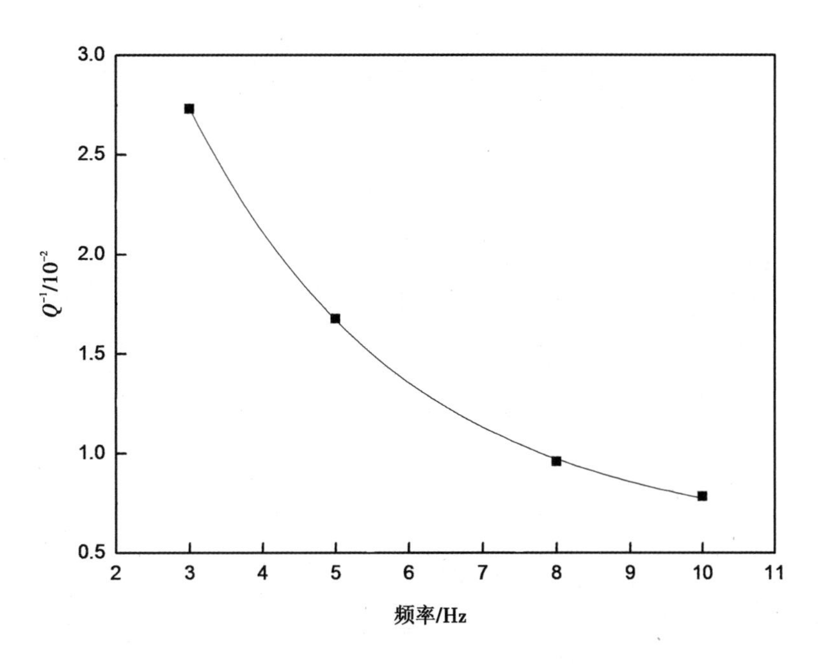

图 11.35　碳纤维复合泡沫铝材料阻尼性能随频率的变化曲线

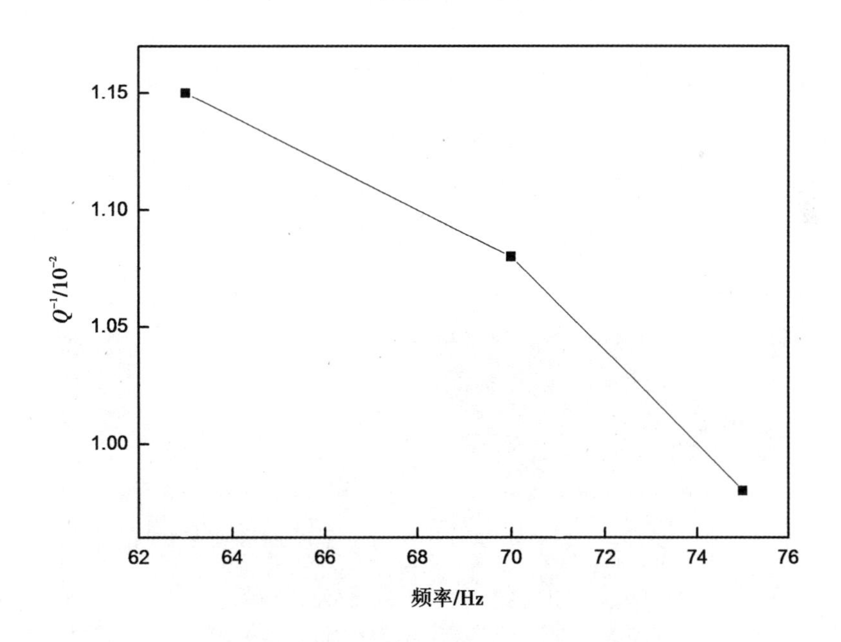

图 11.36　碳纤维复合泡沫铝材料高频阻尼性能

由图 11.36 可知，随着频率增加，材料损耗因子减小，阻尼性能减弱。如图 11.37 所示，随着应变振幅增加，损耗因子不断增大。

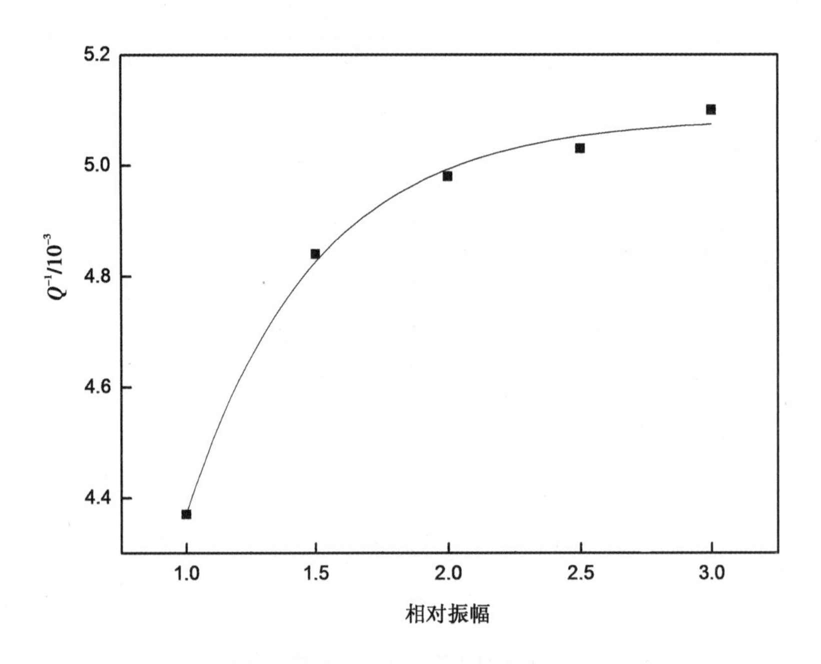

图 11.37　碳纤维复合泡沫铝的高频阻尼-应变振幅曲线

11.5.3　粉煤灰增强泡沫铝硅合金的阻尼性能

如图 11.38 所示，粉煤灰的加入使得样品由特大孔与微孔组成，孔径大小相差很大，孔隙没有特定的形状分布，裂纹、缺陷很多，大部分孔连通，且孔棱弯曲、孔壁褶皱十分明显，壁厚分布也不均匀。这可能导致试样内部应力集中和模式转换出现很多不稳定的因素，造成损耗因子波动很大。

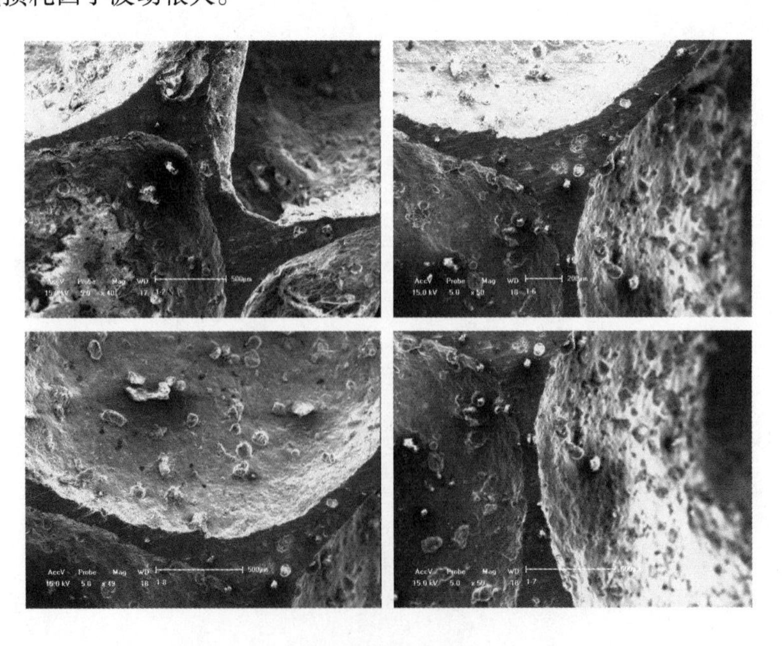

图 11.38　粉煤灰增强泡沫铝硅合金 SEM 图

对粉煤灰增强泡沫铝硅合金进行阻尼测试，所得的测试结果如图 11.39 所示。

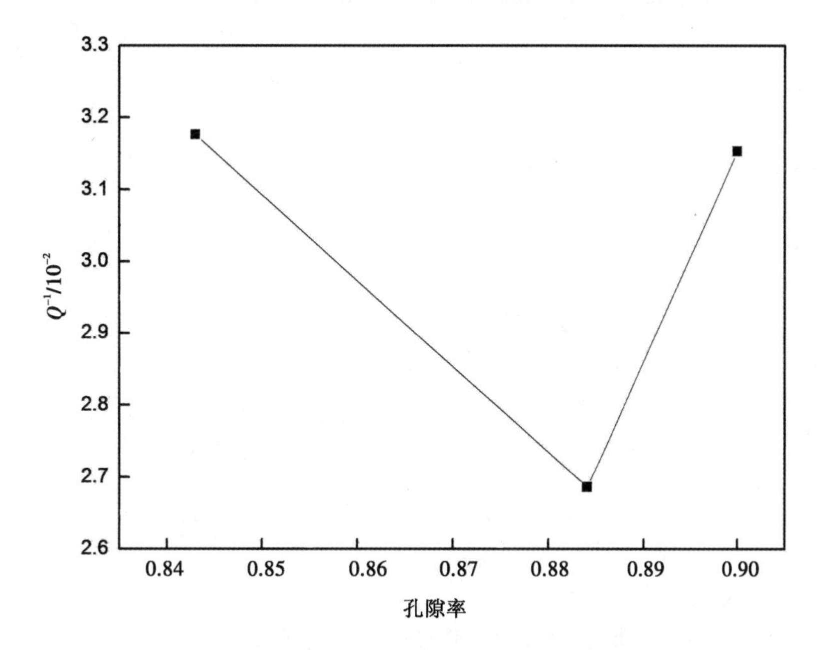

图 11.39　不同孔隙率粉煤灰增强泡沫铝硅合金阻尼性能

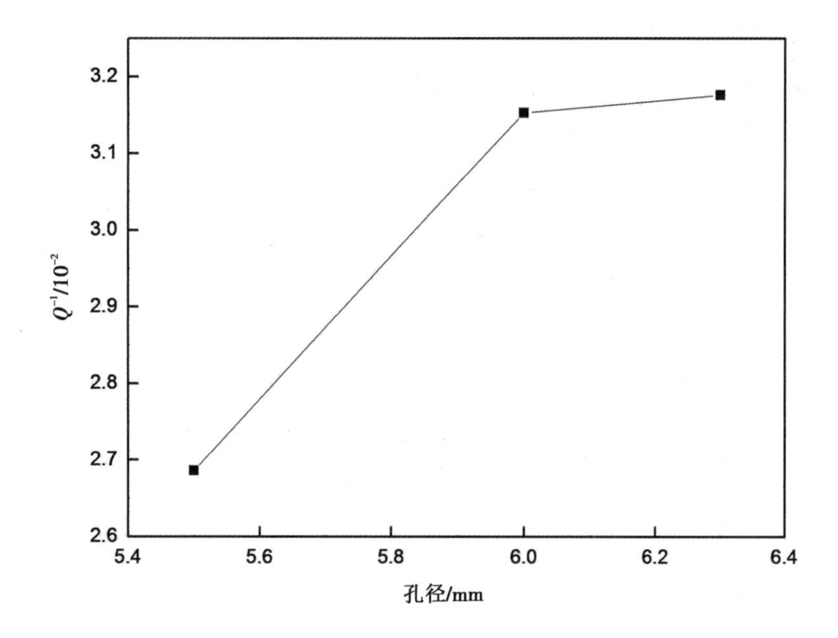

图 11.40　不同孔径粉煤灰增强泡沫铝硅合金阻尼性能

当孔径很大(大于 4 mm)时，材料阻尼性能出现不规律的特征，其损耗因子波动性很大。当孔隙率为 84.3%时 Q^{-1}值为 3.2×10^{-2}，而当孔隙率为 88%时 Q^{-1}值为 2.6×10^{-2}。图 11.40 则显示出损耗因子随着孔径的增大而增大，经计算，Q^{-1}值和壁厚 h 偏离式(11.46)的程度很大。

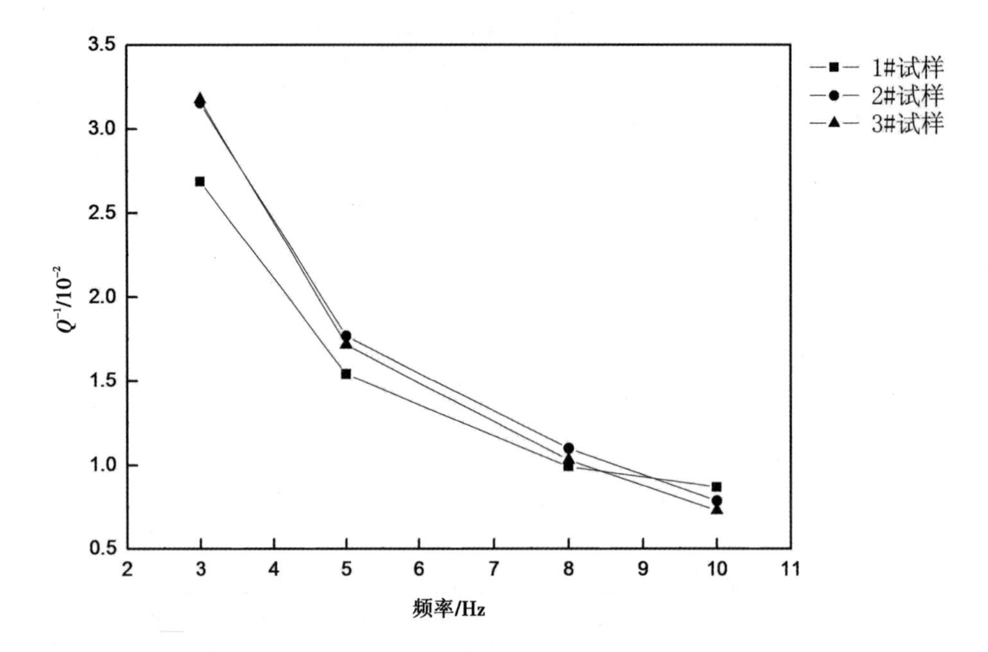

图 11.41　粉煤灰增强泡沫铝硅合金阻尼性能随频率的变化曲线

图 11.41 为 3 个试样损耗因子随频率的变化曲线。从图中可以看出，在频率为 1~10 Hz 范围内，材料的阻尼能力随着频率的升高而降低。

图 11.42 为阻尼能力随应变振幅的变化曲线。从图中可以看出，随着应变振幅的增加，损耗因子不断增大。

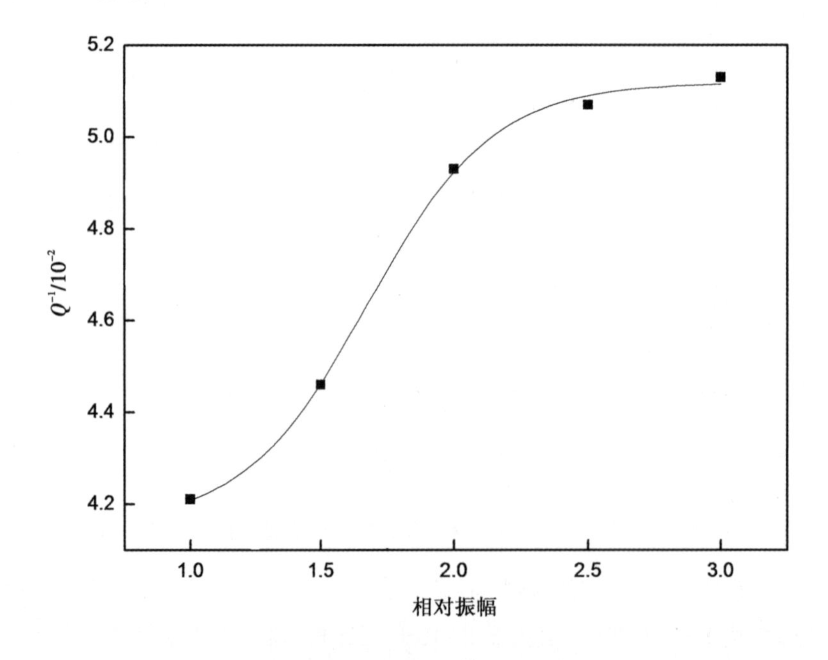

图 11.42　粉煤灰增强泡沫铝硅合金的高频阻尼-应变振幅曲线

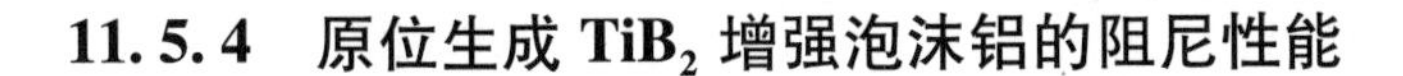

11.5.4 原位生成 TiB_2 增强泡沫铝的阻尼性能

原位生成的 TiB_2 颗粒尺寸细小、热力学性能稳定、界面无污染、结合强度高，是一种新兴的颗粒增强复合材料制造工艺。表 11.1 将 Al-TiB_2 复合泡沫与已有的一些铝基复合泡沫的损耗因子进行对比可以发现：

① 在孔隙率接近的情况下，制备的纯铝泡沫与参考文献[113]中的纯铝泡沫的损耗因子接近。

② 将涉及的所有铝基泡沫的损耗因子进行对比，在孔隙率接近的情况下，相对于纯铝泡沫，几乎所有种类的复合泡沫都有更高的损耗因子。见图 11.43。

③ 相对于其他铝基复合泡沫，在孔隙率接近的情况下，制备的 Al-TiB_2 复合泡沫拥有更优异的阻尼性能。

表 11.1　Al-TiB_2 复合泡沫与其他增强铝基材料的阻尼性能对比

材料	ψ	频率/Hz	振幅/μm	Tanδ	文献
纯铝泡沫	83%	1	20	0.04	本研究
纯铝泡沫	77%	1	20	0.03	本研究
纯铝泡沫	70%	1	20	0.02	本研究
Al-TiB_2 复合泡沫	82%	1	20	0.07	本研究
Al-TiB_2 复合泡沫	75%	1	20	0.06	本研究
Al-TiB_2 复合泡沫	63%	1	20	0.04	本研究
纯铝泡沫[113]	70%	1	5	0.02	文献[113]
铝硅合金泡沫[113]	70%	1	5	0.03	文献[113]
Al-Cf 复合泡沫[114]	90%	10	2.5	0.05	文献[114]
Al-SiC 复合泡沫[115]	80%	20	15	0.05	文献[115]
Al-Si-SiC 复合泡沫[116]	75%	1	25	0.04	文献[116]
粉煤灰增强泡沫铝[117]	42%	8	-	0.02	文献[117]

所以选择添加很小尺寸(2 μm)的原位生成 TiB_2颗粒，可使 Al-TiB_2复合泡沫中具有更多的相界面。在循环载荷的作用下，除了铝基体中本身固有的位错及晶界等内耗源，TiB_2颗粒增强相的添加引入了新的内耗源，即增强相与基体金属之间的相界面所导致的一系列的内耗。这种内耗源来源于泡沫铝基体材料的改变。大量的 TiB_2颗粒均匀分布在 Al 基体中，由于更小的体积和更复杂的形状，TiB_2颗粒和铝基体之间有更多的相界面。并且，由于 TiB_2颗粒是原位生成的，两相的相界面非常清晰，这点与异位生成的增强相有较大的不同。

从图 11.44 可以看出，TiB_2颗粒复杂的多边形形状以及更小的尺寸(2 μm)可以产生大量的位错网络和相界面，增加振动过程中的内耗源，从而提高 Al-TiB_2复合泡沫的阻尼性能。而 TiB_2颗粒的引入并不单纯有利于泡沫铝的阻尼性能，除了 TiB_2颗粒添加导致微

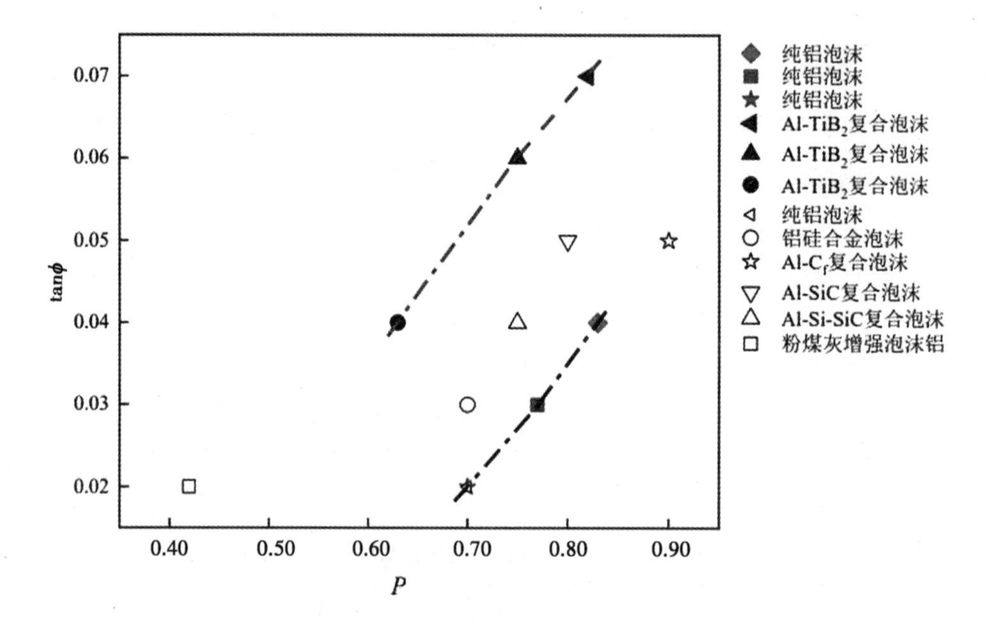

图 11.43　Al-TiB_2复合泡沫与其他增强铝基材料的阻尼性能对比

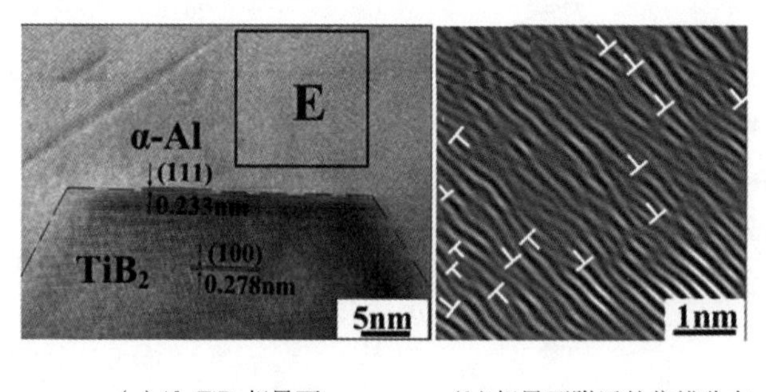

(a) Al-TiB_2相界面　　　　(b)相界面附近的位错分布

图 11.44　Al-TiB_2复合泡沫基体材料 TEM 图[118]

观形貌改变之外，还会影响泡沫铝的宏观泡孔结构。在孔隙率接近的情况下，Al-TiB_2复合泡沫具有比纯铝泡沫更高的球形度，即前者的泡孔形状更加规则，因此 TiB_2的添加导致的泡孔形状改变是一种不利因素，这两种因素都对泡沫铝的阻尼性能有重要影响，但相界面这种有利因素占据主导作用，导致 Al-TiB_2复合泡沫的阻尼性能高于纯铝泡沫。

同样将相似孔隙率的纯铝泡沫和 Al-TiB_2复合泡沫放入 TA-Q800 的加热炉中进行扫温测试。绘制孔隙率接近的纯铝泡沫和 Al-TiB_2 复合泡沫的损耗因子随温度变化趋势图，如图 11.45 所示。可以看出，当二者的孔隙率相近时，在整个测试温度范围内，与纯铝泡沫材料相比 Al-TiB_2复合泡沫的损耗因子提升了 60%~125%。

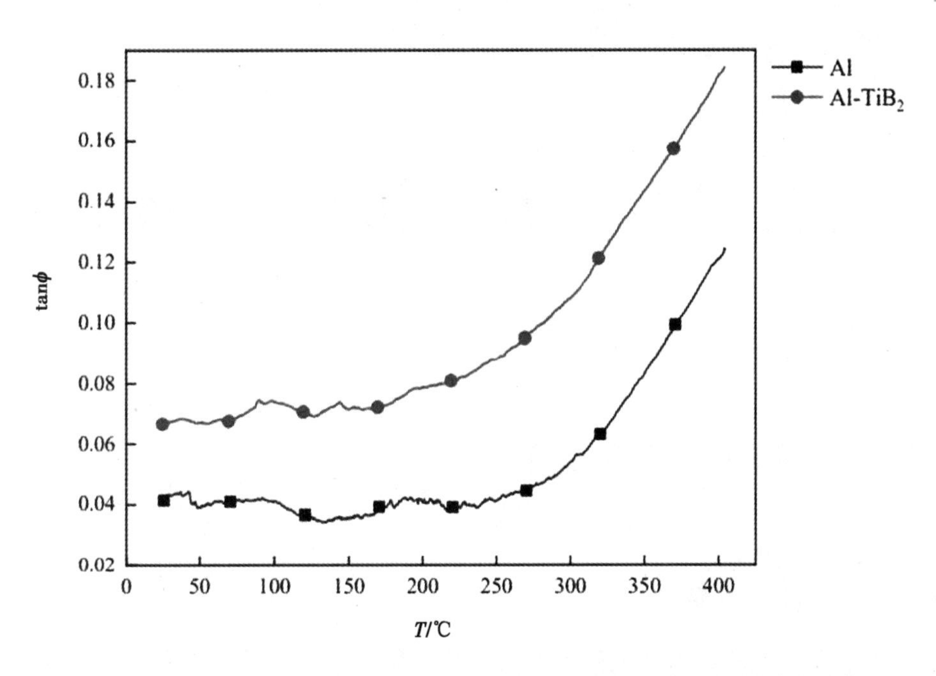

图 11.45　相似孔隙率的纯铝泡沫与 $Al-TiB_2$ 复合泡沫损耗因子随温度变化趋势图

第12章　泡沫铝的声学性能

12.1　泡沫铝的声学简介

12.1.1　噪声污染现状

人们生活和工作所不需要的声音都可以称作噪声。人耳可听声的频率范围一般是20 Hz~20 kHz，一切可听声都可能被判断为噪声。因此，人们关注的噪声的频率范围也是20 Hz~20 kHz。噪声可由自然现象引起，但是随着现代社会工业生产及交通运输业的发展，噪声来源越来越广泛，噪声的污染和危害也日益严重。噪声污染与水污染、空气污染并称为当代三大污染。长期处在噪声环境下，人体的听觉系统会受到巨大的损害，听力下降甚至致聋。而且，据医学研究发现，长时间的噪声环境会导致更高的心脑血管、肠胃功能紊乱等疾病的发病率。除此之外，随着现代社会压力的增大，噪声导致人们精神衰弱。

城市环境噪声根据来源可分为五种：工业噪声、交通噪声、建筑施工噪声、社会生活噪声和自然噪声。工业噪声主要来自工厂的高速运转设备、金属加工机床、发动机、发电机、风机等；交通噪声污染主要是汽车、摩托车、船舶、飞机等各类交通工具的发动声和喇叭声；建筑施工噪声包括推土机、打桩机、搅拌机及装修机械噪声；社会生活噪声指日常生活和社会活动所造成的噪声，包括家庭、商业、文化娱乐场所的噪声等；自然噪声指来源于自然现象，而不是由机器或其他人工装置产生的电磁噪声。

12.1.2　降噪材料及降噪效果

一般而言，最有效的降噪方法是从源头上消除其产生的基础，但是这在实际操作中往往面临着巨大的困难。因为振动是声音产生的基础，理论上只要让发出噪声的物体停止振动就可以，但这是不切实际的，因为对于一些设备而言，其在做功的过程中就伴随着振动。所以既然无法从源头上解决噪声的产生，那就只能通过一些途径使噪声在传播的过程中被尽可能消除掉，而这正是吸声材料产生的基础。严格地讲，任何材料都有一定程度的声吸收能力。而所谓吸声材料，是指那些吸声能力相对较大、专门用作吸声处理的材料。一般常将吸声系数 α 大于 0.3 的材料称作吸声材料。按照吸声机理的差异，现今的吸声材料主要分为两大类：共振吸声材料和多孔吸声材料，如图 12.1 所示。

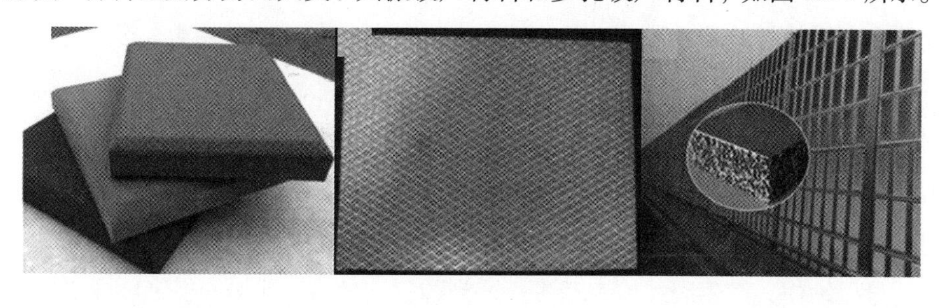

(a)共振吸声材料　　(b)纤维吸声材料（多孔吸声材料）　　(c)泡沫金属吸声材料（多孔吸声材料）

图 12.1　三种吸声材料展示

共振吸声材料，其主要的吸声部件是亥姆霍兹共振结构，入射声波在亥姆霍兹共振器腔内发生共振现象，从而将大量的声能转化为热能耗散掉。共振吸声材料主要有薄板共振结构、亥姆霍兹共振吸声器、穿孔吸声结构和宽带吸声结构等。与多孔性吸声以材料为主不同，共振吸声以结构为主。共振吸声材料主要对中低频有很好的吸声效果，而多孔吸声材料的吸声频率范围主要在中高频，因此在进行声学设计时，合理地将共振吸声材料与多孔吸声材料相结合，可以使整个频段内的吸声效果变得更好。

多孔吸声材料的吸声原理是泡孔内部空气的黏滞力和摩擦力，以及泡孔壁气固界面的空气与材料之间的热传导综合作用的结果。多孔吸声材料按照其材质的不同又可以分为纤维多孔材料和泡沫金属材料。在吸声材料发展过程中广泛使用的是纤维类材料。最初阶段主要是有机纤维类，包括动物纤维和植物纤维，动物纤维材料吸声性能好、装饰效果华丽，但价格较贵；植物纤维材料虽然价格便宜，但防火、防潮、防霉效果差。无机纤维类材料是多孔性吸声材料中最主要的类型，也是目前在实际声学装修工程和降噪处理中使用最多的吸声材料。从材质上主要分为玻璃棉、矿渣棉、无纺织物、环保纤维材料等。其中，矿渣棉产品环保性能较差、密度较大，使用受到很大限制；玻璃棉吸声性能好，价格低廉，密度小，但施工难度较大，纤维易断、易碎，易发生纤维发散，污染空气；无纺织物材料的特点是防潮性能比较好，可用于潮湿环境，但质地比较柔软、表面平整度差，难以保证装饰效果；环保纤维材料是最近新研制出的高效吸声材料，符合目前所流行的对材料的环境保护要求，但价格较贵。

泡沫金属是一种在金属基体中形成大量三维空间孔状结构的多孔材料，同时具备金属和非金属的一些特性。作为一种新兴的吸声材料，可以在工程运用中集合金属种材料和多孔材料的优点。泡沫金属种类有泡沫铝、泡沫镁、泡沫铅等，综合考虑经济因素及泡沫金属自身的性质，用于吸声降噪较多的是泡沫铝类。

12.1.3 闭孔泡沫铝的声学性能

闭孔泡沫铝材料的声学特性主要包括隔声和吸声。在工程应用上，这两者的区别在于，隔声材料着重控制入射声源另一侧透射出来的声能，透射声能越小，隔声能力越强；吸声材料则着重于控制声源一侧反射回来的声能，反射声能越小，吸声性能越强。由于闭孔泡沫铝中孔与孔之间相互封闭，这就使得其可以作为一种隔声效果很好的材料，但其本身的吸声性能较差，吸声峰值一般在 0.5 左右，且有效吸声频率较窄。对闭孔泡沫铝进行适量压缩使其产生裂纹或对其进行适当的打孔处理以形成一定的开孔率，当声波进入裂纹或者孔隙中时，通过与孔壁的摩擦形成热能而损耗掉，就能产生很好的吸声效果。

虽然熔体发泡法制备的泡沫铝按照定义属于闭孔泡沫铝，但是由于孔壁上存在大量的孔洞和裂纹，因此，其实际上属于一种半开孔泡沫铝(图 12.2)，并且其中也含有一定数量的亥姆霍兹结构，其吸声行为不能简单地以完全闭孔结构的吸声行为进行分析。

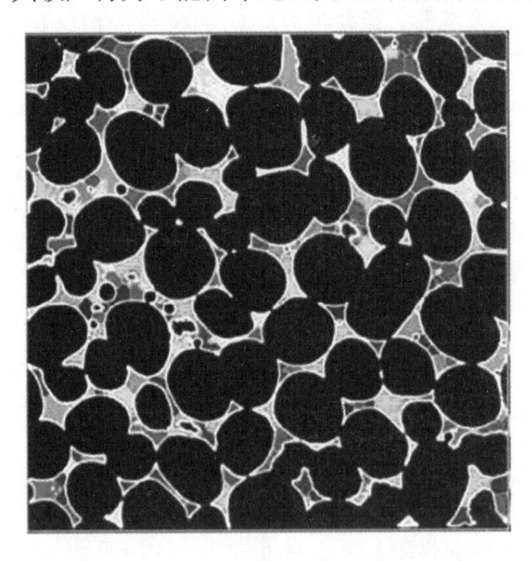

图 12.2 半开孔泡沫铝的孔壁建模图

12.1.4 闭孔泡沫铝吸声性能的研究现状

泡沫铝从发明到现在已有 50 余年的历史，制备方法越来越丰富，制备工艺越来越成熟，对其性能的研究也渐渐开展，而在声学领域的应用研究始于 20 世纪 80 年代末，研究泡沫铝的吸声性能并将其用于降低环境噪声是研究的热点之一。

Itoh M 等人于 1987 年对闭孔型泡沫铝进行了研究，得出闭孔型泡沫铝的吸声性能比较差的结论。随后，卢天健[119]于 1998 年对闭孔泡沫铝合金进行了研究，发现通过机械压缩使泡沫铝合金内部的孔胞壁破裂，将闭孔结构转变为微通孔，可以改善吸收性能。

2002 年，王月等人[120-121]进一步研究了机械压缩率对闭孔型泡沫铝吸声性能的影响，结果表明，在压缩率未达某一临界值时，增加压缩率可以提高闭孔型泡沫铝的吸声性能。

随着对泡沫铝的研究逐渐深入，其良好的吸声性能渐被发掘，研究人员开始设计将其用于吸声、降噪的结构或设备。目前，国外已有将泡沫铝作为高速磨床吸能内衬以降低机床噪声的相关报道，日本几年前将泡沫铝板用于高速公路两侧的声屏障，取得了良好的效果。在建筑方面，日本将泡沫铝用作咖啡厅、西餐厅、办公室等防止噪声的内装置材料。德国卡曼汽车公司将泡沫铝用于降噪用的汽车顶盖板，用三明治式复合泡沫铝材制造的吉雅轻便轿车(Ghiaroadster)的顶盖板的刚度比原来的钢构件大 7 倍左右，还有更高的吸收冲击能与声能的效果，对频率大于 800 Hz 的噪声有很强的消声能力。在国内，一些学者在研究了开孔泡沫铝的吸声机理后，给出了空压机房、列车发动机、施工现场、声频室的降噪设计实例。因泡沫铝具有良好的水下吸声性能，可将其作为船用材料。也可将泡沫铝也可用于制作汽车气缸、气阀等排气用的消声器[122]，采用泡沫铝合金作为消声器的替代消声材料，消声性能明显提高，除降低噪声外，其自身特殊的结构、性能对于改善大气环境、防治污染可发挥巨大的作用。也有将泡沫铝用于机床工作台降噪的设计。研究认为，采用泡沫铝夹芯结构制造工作台可以改善其动态性能，从而减小振动和噪声，改善加工环境，提高加工精度，延长刀具寿命。上海卢浦大桥应用的泡沫铝与安全玻璃组合制作的声屏障，是国内泡沫铝作为大规模生产的产品应用的突破。烟台莱佛士船业有限公司建造的出口拖轮使用泡沫铝后的实船噪声测试效果也较显著。由黄埔造船厂制造的深圳海监 45 m 级巡逻船的驾驶室和接待室使用泡沫铝后，舱室噪声测量结果显示，该船的驾驶室、接待室的噪声控制在 70 dB 以下，满足了用户的使用需求[125]。

12.2 吸声测试原理和方法

12.2.1 吸声系数表征

12.2.1.1 吸声系数的定义

声波通过媒质或入射到媒质分界面上时声能的减少过程，称为吸声或声吸收。材料的吸声过程如图 12.3 所示。

吸声系数是用来表征材料吸声能力的物理量，其定义为被材料吸收的声能量与入射总声能量的比值，用符号 α 表示。其数学表达式为

$$\alpha = \frac{E_a}{E_i} = 1 - \frac{E_r}{E_i} = \frac{E_i - E_r}{E_i} \tag{12.1}$$

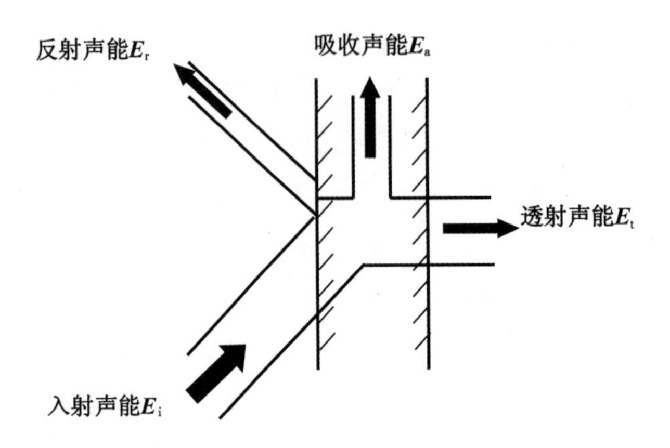

图 12.3　声波入射至吸声材料被吸收、反射及透射情况

式中：α ——吸声系数；

E_i ——入射总声能量，J；

E_r ——反射声能量，J；

E_a ——吸收声能量，J。

α 值在 0~1 范围内变化：$\alpha=0$ 表示无声吸收，材料为全反射；$\alpha=1$ 表示声波全部被吸收。α 值越大，材料的吸声效果越好。

12.2.1.2　测试方法分类

一般测量材料的吸声系数要测一组倍频程，得出材料在不同频率下的吸声系数值。常用的吸声系数的表征有无规则入射吸声系数、垂直入射吸声系数。无规则入射吸声系数的测量条件较接近实际使用条件，在混响声场中进行，因此也称混响室法吸声系数；垂直入射吸声系数为材料表面法向垂直入射时测定的吸声系数，通常用驻波管法测量。

采用混响室法测量吸声系数，对测试样件的尺寸要求较高，要求测试样件面积为 10~12 m^2。实验测试中一般需进行多组测量比较，这需要大量的测试样件，用混响室法测试难以实现。

驻波管法用来测量垂直入射吸声系数，测试样件只需较小的尺寸就可以满足测量条件，测法简单，适合于实验研究。

12.2.2　测试仪器

12.2.2.1　仪器组成

驻波管测试仪的结构示意图如图 12.4 所示，实物图如图 12.5 所示。

测试仪主要由驻波管、声源系统、接受系统等部分组成。驻波管为一圆形截面的长管道，管壁由密实坚硬材料制成，内表面平滑无缝。驻波管分两段：一为试件段，装置试件；一为测试段，为驻波管主体，进行测量。两段横截面与壁厚完全相同且同轴连接。

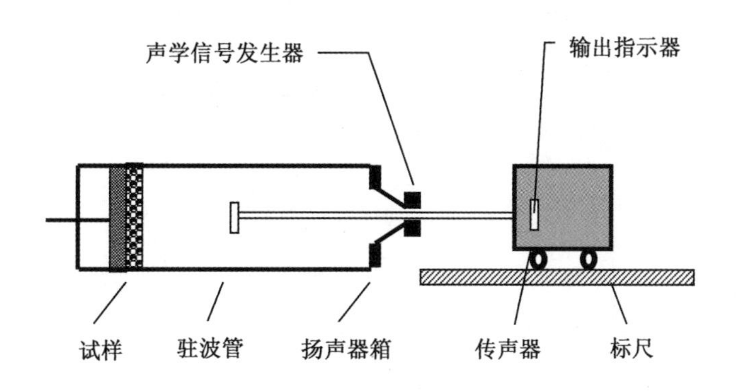

图 12. 4　驻波管吸声测试仪结构示意图

图 12. 5　驻波管吸声测试仪实物图

驻波管测试的频率范围与管的粗细和长短有关。因此，若要覆盖不同频段，需使用长短、粗细不同的管。依据声学测试标准，吸声性能的测试频率的两种取值方式为 1 倍频程和 1/3 倍频程取值。式(12. 2)为 1 倍频程取值方式。式(12. 3)为 1/3 倍频程取值方式。

$$f_1 \approx 2^1 \times f_0 \tag{12.2}$$

$$f_1 \approx 2^{\frac{1}{3}} \times f_0 \tag{12.3}$$

其中：f_0——初始取值频率，取 16 Hz；

f_1——后续频率取值点，此处取值为约数，为一接近数学求值的整数值。

具体的频率取值点见表 12. 1。

表 12.1　1 倍频程和 1/3 倍频程取值点

频程	1 倍频程	1/3 频程		
频率取值点	16	16	20	25
	31.5	31.5	40	50
	63	63	80	100
	125	125	160	200
	250	250	315	400
	500	500	630	800
	1000	1000	1250	1600
	2000	2000	2500	3150
	4000	4000	5000	6300
	8000	8000	10000	12500
	16000	16000	20000	25000

本书选取 1/3 倍频程为频率取值点的确定标准，测试频率满足下列公式：

$$f_{上} < \frac{3.83c}{\pi D} \tag{12.4}$$

$$f_{下} > \frac{c}{2l} \tag{12.5}$$

式中：$f_{上}$——测试频率允许上限，Hz；

$f_{下}$——测试频率允许下限，Hz；

c——声速，m/s；

l——管长，m；

D——管直径，m。

声源系统由声频信号发生器、功率放大器、扬声器等部分组成。扬声器必须以纯音信号激发。激发信号一般由声频信号发生器发声，后经功率放大再反馈送至扬声器。信号频率采用 1/3 倍频程的中心频率。在测试过程中，纯音信号的幅值和频率要保持稳定。同一次测量中，信号幅值的漂移不应大于 0.2 dB，频率的漂移不应大于 0.5%。接受系统由探测器和输出指示装置组成。探测器的主体为一可移动的传声器。传声器可直接装置在驻波管内，探测器在管内装置部分的总和不能大于驻波管截面积的 5%。由探测器把信号传入输出指示装置。输出指示装置由信号放大器、衰减器、滤波器和指示器等部分组成[126]。

12.2.2.2　仪器测试原理

驻波管测量的是声压的极大值和极小值，它们的比值为驻波比，即接收信号的电压比。

试件的吸声系数通过测量给定频率的驻波比或其倒数按下列公式计算：

$$\alpha = \frac{4S}{(S+1)^2} \tag{12.6}$$

$$\alpha = \frac{4n}{(n+1)^2} \tag{12.7}$$

式中：α ——吸声系数；

S ——驻波比，即声压极大值与极小值之比；

n ——驻波比的倒数。

对于待测样品，α 表征的是材料在单个频率下的吸声性能，可以体现出测试样品的吸声峰值。在对比受测样品的吸声曲线并总结规律时，对于吸声峰值有明显差异的，可直接使用吸声系数的峰值表征其吸声性能；对于吸声峰值差别不大的对比组，可使用降噪系数这一物理量对材料的吸声性能进行表征[127]：

$$NRC = \frac{\alpha_{250} + \alpha_{500} + \alpha_{1000} + \alpha_{2000}}{4} \tag{12.8}$$

式中：NRC——降噪系数；

α_{250}——同一个受测样品在测试频率为 250 Hz 时的吸声系数；

α_{500}——同一个受测样品在测试频率为 500 Hz 时的吸声系数；

α_{1000}——同一个受测样品在测试频率为 1000 Hz 时的吸声系数；

α_{2000}——同一个受测样品在测试频率为 2000 Hz 时的吸声系数。

由式(12.8)可知，降噪系数 NRC 是多个测试频率下吸声系数的平均值，表征的是整个测试频段的整体吸声能力，是对吸声系数表征材料吸声性能的一个补充。

12.2.2.3　测试操作方法及使用规范

试件要牢靠地固定在驻波管试件段内，试件表面要平整，试件截面面积和形状要与驻波管截面相同。试件侧面与管壁紧贴、无缝隙，为增加密闭性可使用密封泥等密封。试件背面与驻波管底板紧贴，当要求背后有空腔时，需在试件与底板之间留出要求厚度的空气层。样件安装好之后，手动调节频率挡，读出相应频率下的吸声系数值,本书所测频率从 160 Hz 到 2000 Hz 按 1/3 倍频程增加，即可得到一个倍频系列的吸声系数值。试验的测量依据是 GBJ 88—1985《驻波管法吸声系数与声阻抗率测量规范》，使用驻波管法进行闭孔泡沫铝吸声系数测量，为增加测试结果可靠性，每组试样重复测试 3 次，取平均值。

12.3 材料的吸声机理

12.3.1 多孔性吸声材料的吸声机理

声波在黏滞性媒介中传播，引起媒介质点振动，当媒介中相邻质点的运动速度不同时，它们之间由于相对运动而产生内摩擦力（也称黏滞力），阻碍质点运动，从而通过摩擦和黏滞阻力做功使声能转化为热能，使入射声波得到很大衰减。同时，当声波通过媒介时，媒介产生压缩和膨胀变化：压缩区的体积变小，温度升高；而膨胀区的体积变大，相应地温度降低，从而使相邻的压缩区和膨胀区之间产生温度梯度，一部分热量从温度高的部分流向温度较低的媒介，发生热量交换，使声能转换为热能而耗散掉。多孔性吸声材料的吸声就是基于这一原理，当声波入射到多孔材料的表面时，激发其微孔内部的空气振动，使空气与固体筋络之间产生相对运动，由空气的黏滞性在微孔内产生相应的黏滞阻力，使振动空气的动能不断转化为热能，从而被衰减。另外，在空气绝热压缩时，空气与孔壁之间不断发生热交换，也会使声能转化为热能，从而被衰减。

从多孔材料本身的结构来说，主要有五方面因素影响其吸声特性：

一是流阻。流阻的定义是空气质点通过材料空隙时的阻力。流阻低的材料，低频吸声性能较差，而高频吸声性能较好；流阻较高的材料中低频吸声性能有所提高，但高频吸声性能明显下降。对于一定厚度的多孔性材料，应有一个合理的流阻值，流阻过高或过低都不利于吸声性能的提高。

二是孔隙率。孔隙率的定义是材料内部空气体积与材料总体积的比。吸声材料应有较大的孔隙率，一般孔隙率应在70%以上，多数可达90%左右。

三是厚度。材料的厚度对吸声性能有很大的影响。当材料较薄时，增加厚度，材料的低频吸声性能将有较大的提高，但高频吸声性能所受影响较小；当厚度增大到一定程度时，再增加材料的厚度，吸声系数的增加幅度将逐步减小。多孔性吸声材料的第一共振频率近似与吸声材料的厚度成反比，即厚度增加，低频的吸声性能提高，吸声系数的峰值将向低频移动，厚度增加1倍，吸声系数的峰值将向低频移动1个倍频程。

四是密度。密度的定义是单位体积材料的质量，一般将1 kg/m^3 用K表示。例如40K玻璃棉板表示，1 m^3的玻璃棉板质量为40 kg。密度对材料吸声性能的影响比较复杂，对于不同的材料，密度对吸声性能的影响不尽相同，一般对于同一种材料来说，当厚度不变时，增大密度可以提高中低频的吸声性能，但比增加厚度所引起的变化要小。多孔性吸声材料一般都存在一个理想的密度范围，在这个范围内材料的吸声性能较好，密度过低或过高都不利于提高材料的吸声性能。有时也用孔隙率代替密度来表征多孔材料，二者之间呈反比关系，即孔隙率越高，密度越小。

五是结构因子。在多孔材料吸声的研究中，将多孔材料中的微小间隙当作毛细管沿厚度方向纵向排列的模型。但实际上材料中的细小间隙的形状和排列是很复杂和不规则的，为使理论与实际相符合，需要考虑一个修正系数，称为结构因子，它是一个无因次量。材料中复杂、不规则的孔隙排列有利于吸声。

一般来说，多孔性吸声材料以吸收中、高频声能为主。

12.3.2　共振吸声材料(结构)的吸声机理

单个亥姆霍兹共振器的结构示意图如图 12.6 所示。其可看作由几个声学元件组成，它的管口及管口附近空气可看作声质量元件，空腔为声顺元件，开口壁面的空气可看作声阻。当入射声波的频率接近共振器的固有频率时，孔径的空气柱产生强烈振动，在振动过程中，由于克服摩擦阻力而消耗声能。当声波频率远离共振器的固有频率时，共振器振动微弱，声吸收很少。因此，吸声系数的峰值出现在共振器固有频率处。单个共振器的共振频率可由式(12.9)求得：

$$f_0 = \frac{c}{2\pi}\sqrt{\frac{S}{VL_k}} = \frac{c}{2\pi}\sqrt{\frac{\pi r^2}{V(t + 0.8d)}} \tag{12.9}$$

式中：L_k——等效深度，$L_k = t + 0.8d$；

c——声速，m/s；

S——颈口面积，m^2；

r——颈口半径，m；

V——空腔体积，m^3；

t——颈的深度，即板厚，m；

d——圆孔直径，m。

因颈部空气柱两端附近的空气也参加振动，需要对 t 进行修正，修正值一般取 $0.8d$。

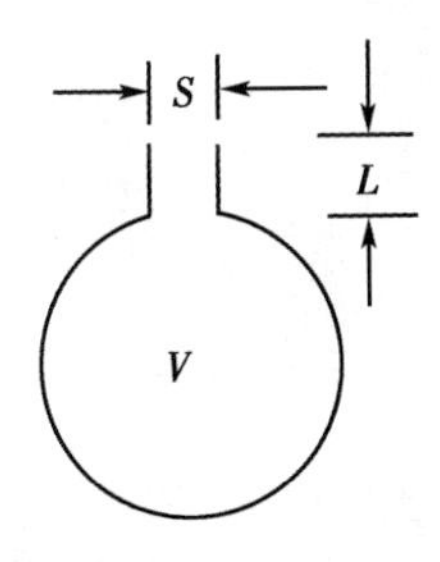

图 12.6　亥姆霍兹共振器结构示意图

12.3.3 闭孔泡沫铝板吸声机理

12.3.3.1 表面漫反射作用

闭孔泡沫铝特殊的结构以及泡孔无取向等，使其进行切割加工后必然会形成不同的表面孔形态，如图 12.7 所示。图 12.7 中分别为切割加工后泡沫铝表面的不同孔形态，表面的凹凸不平使声波在该断面发生漫反射，从而引起干涉消声。

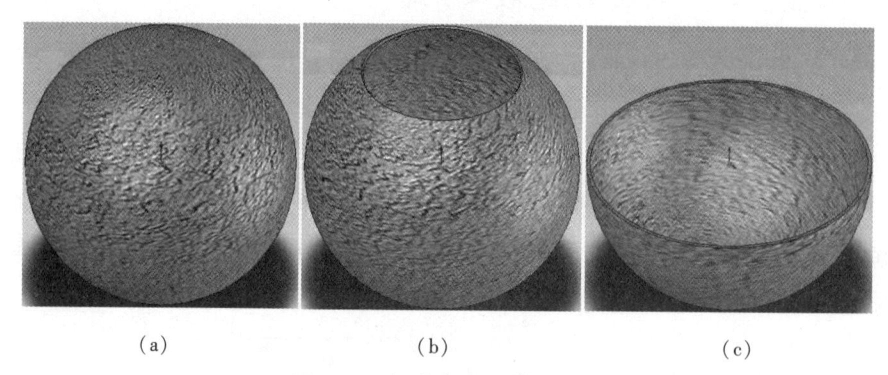

(a) (b) (c)

图 12.7 闭孔泡沫铝表面结构

12.3.3.2 微孔和裂缝作用

由于闭孔泡沫铝的制备温度高，不能及时冷却等，因此会在内部产生大量的裂缝和微孔，如图 12.8 所示。由图 12.8(a)可见，泡沫铝内部形成了许多微孔和裂缝。图 12.8(b)和图 12.8(c)分别为微孔和裂缝的形态，这些内部的缺陷结构有利于闭孔泡沫铝的吸声。

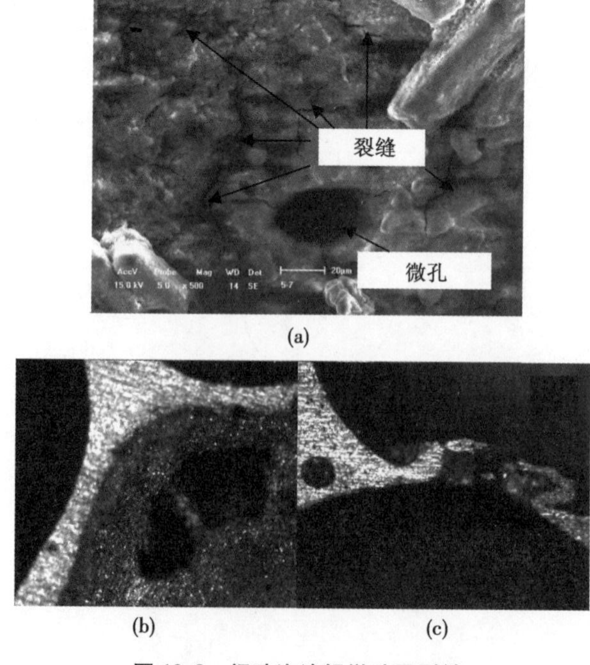

(a)

(b) (c)

图 12.8 闭孔泡沫铝微孔及裂缝

闭孔泡沫铝结构在承受外部声波的激发时，声音可以穿透该结构或使该结构本身发生振动。结构在其共振频率或固有频率下发生振动时，孔结构就显得更加重要了。铝本身阻尼性能很低，但闭孔泡沫铝的损耗系数值至少比铝本身高一个数量级，结构阻尼通过闭孔泡沫铝内部裂纹面间的摩擦将振动能转变为热能，接着把热能分散到周围环境中去；当声波由微孔或裂纹向泡孔传波时，体积突然膨胀数倍至数十倍，则声波动能因体积突变而衰减；同时，当声波通过微孔或裂纹时，由于流通面积变窄，摩擦阻力增大，也有利于动能向热能转化，当此过程在孔隙间反复进行时，不断发生体积的膨胀—收缩—膨胀过程，必将使声能迅速衰减。

12.4　闭孔泡沫铝的吸声性能

12.4.1　泡沫铝吸声性能与声波频率的关系

当声波传入铝基泡沫吸声样品的泡孔中时，声波会与传播方向的孔壁发生碰撞并且产生反射，因为孔壁尺寸较小(尺度为毫米级)，这种碰撞和反射行为多次发生直到声波从孔中传出或能量耗尽。在这个过程中，入射的声波与反射的声波、入射声波之间、反射声波之间会发生如图 12.9 所示的波的干涉消声现象[128]。当具有更高能量的入射声波与孔壁发生碰撞时，声波容易发生非弹性碰撞，将声能转化为热能，进而消耗能量。而且当入射声波具有较高能量时，声波可以与孔壁发生更多次的碰撞以及反射，进而提高干涉消声发生的概率。像大气中声波衰减系数与声波频率的平方成正比的传播现象一样，对于声波而言，频率越高，其所具有的能量越高[106]。所以，泡沫铝的高频吸声性能要高于低频吸声。也就是说，泡沫铝的吸声频率范围主要在中高频。

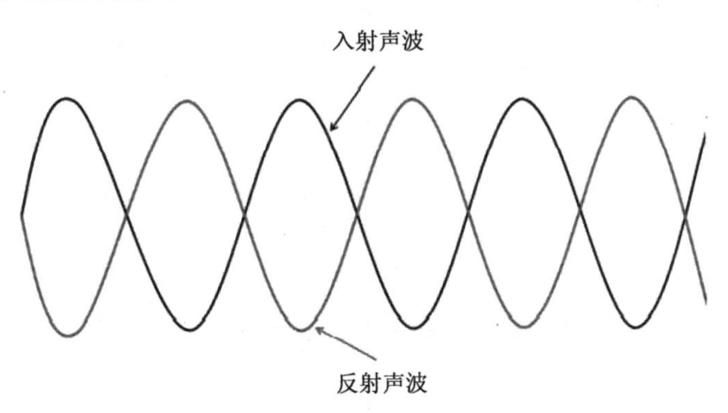

图 12.9　干涉吸声原理示意图

按照我国对声波频率的分类，声波的低频范围不高于 200 Hz，高频范围不低于 1000 Hz。下面选用 1/3 跳频法测量的 5 个直径 99 mm、厚度 20 mm 的泡沫铝分别在 4 个低频取值点(100 Hz，125 Hz，160 Hz，200 Hz)和高频取值点(1000 Hz，1250 Hz，1600 Hz，2000 Hz)测量的吸声系数进行说明。具体的样品编号见表 12.2。高频、低频下铝基泡沫吸声系数散点图如图 12.10 所示。低频与高频吸声区间吸声系数均值如图 12.11 所示。结合两图可见，同一个样品在高频区间的吸声性能要显著高于低频区间。

表 12.2 泡沫铝高低频吸声测试编号

基体材料	编号	P
Al	A	82.8%
	B	77.0%
	C	72.1%
$Al-TiB_2$	D	83.3%
	E	78.2%

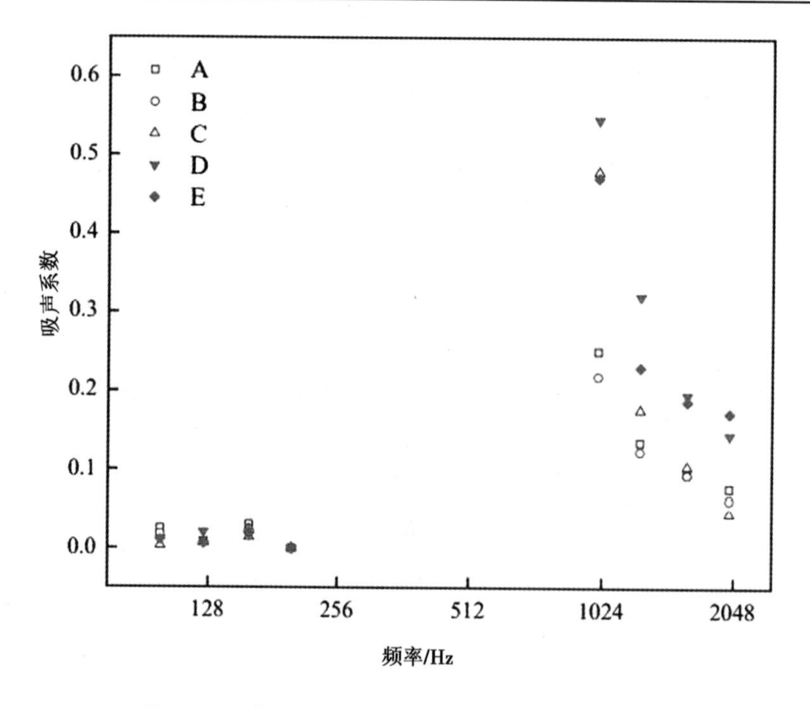

图 12.10 高频及低频测试中铝基泡沫吸声系数散点图

12.4.2 TiB_2的添加对铝基泡沫吸声性能的影响

为了增大铝基泡沫的声学性能，可以通过添加原位生成的 TiB_2来影响其微观形貌和基体组成。除此之外，声波与孔隙壁的碰撞分为弹性碰撞和非弹性碰撞，弹性碰撞时声波能量损失较小，非弹性碰撞时能量损耗较大。声波的频率越高，其所具有的能量越高，与铝基泡沫孔壁碰撞时更易发生非弹性碰撞。相应地，孔壁的强度越大，达到非弹性碰撞所需的频率越高。TiB_2的添加不仅会影响其微观形貌及基体组成，还会影响泡沫铝的

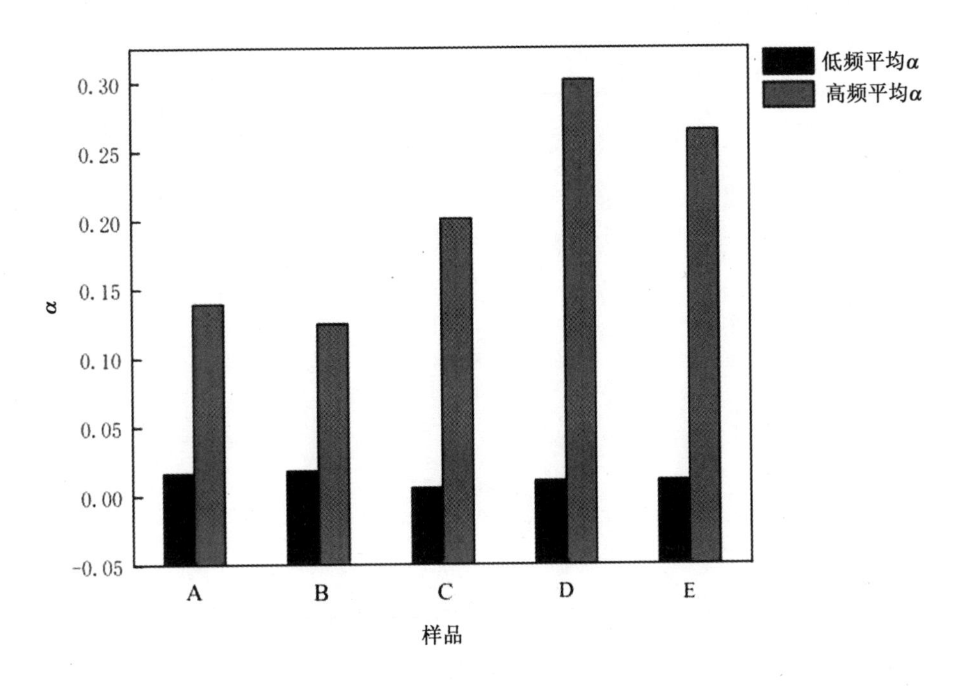

图 12.11 低频与高频区间吸声性能对比

宏观泡孔结构。图 12.12 所示的孔壁厚度便是一个对泡沫铝吸声性能来说重要的物理参数。将多个吸声样品的泡孔壁的厚度 d_w 进行统计，然后作图，如图 12.13 所示。Al-TiB_2 复合泡沫具有比纯铝泡沫更高的强度和孔壁厚度，需要更高的声波能量才能发生非弹性碰撞进而达到吸声峰值，因此其吸声峰值频率相较纯铝泡沫要向右移。

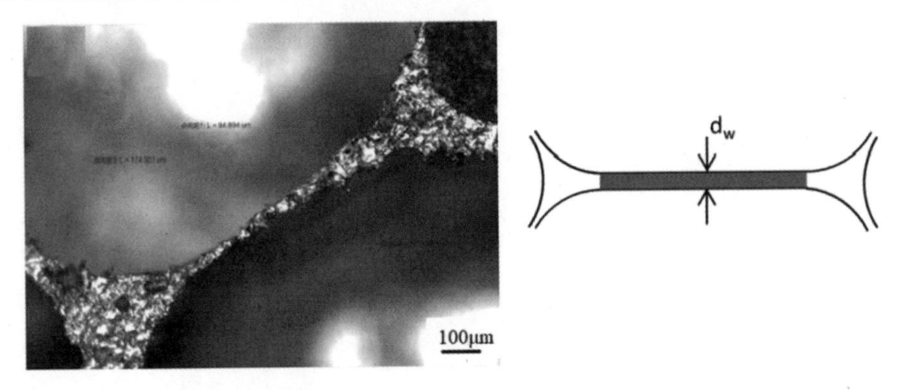

(a)孔壁显微实物图　　(b)孔壁厚度示意图

图 12.12 泡沫铝孔壁及其厚度示意图

为验证 TiB_2的吸声影响，将孔隙率相近的同尺寸的纯铝泡沫和 Al-TiB_2复合泡沫样品编为一组进行测量，选取相同的样品厚度，具体编组方式见表 12.3。同时，为了排除驻波管直径因素对泡沫铝吸声测试结果的干扰，分别在 100 mm 和 30 mm 直径的驻波管中对组Ⅰ和组Ⅱ进行了测量。图 12.14 是两组纯铝泡沫和 Al-TiB_2复合泡沫吸声系数随频率的变化趋势。同时将吸声系数峰值、峰值频率等重要参数列于表 12.3 中。

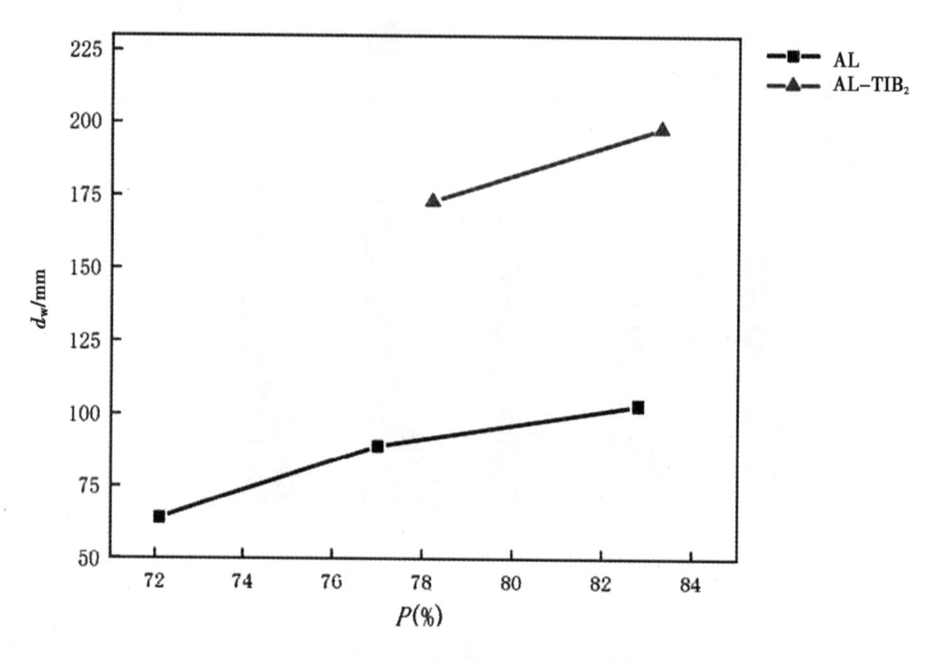

图 12.13　泡沫铝孔壁的厚度

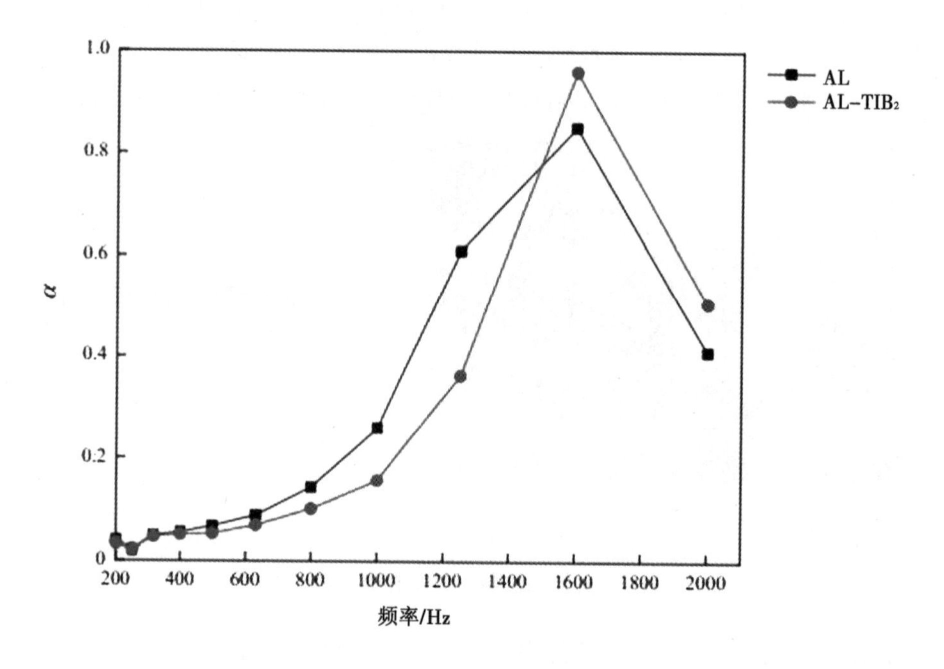

(a) Ⅰ组

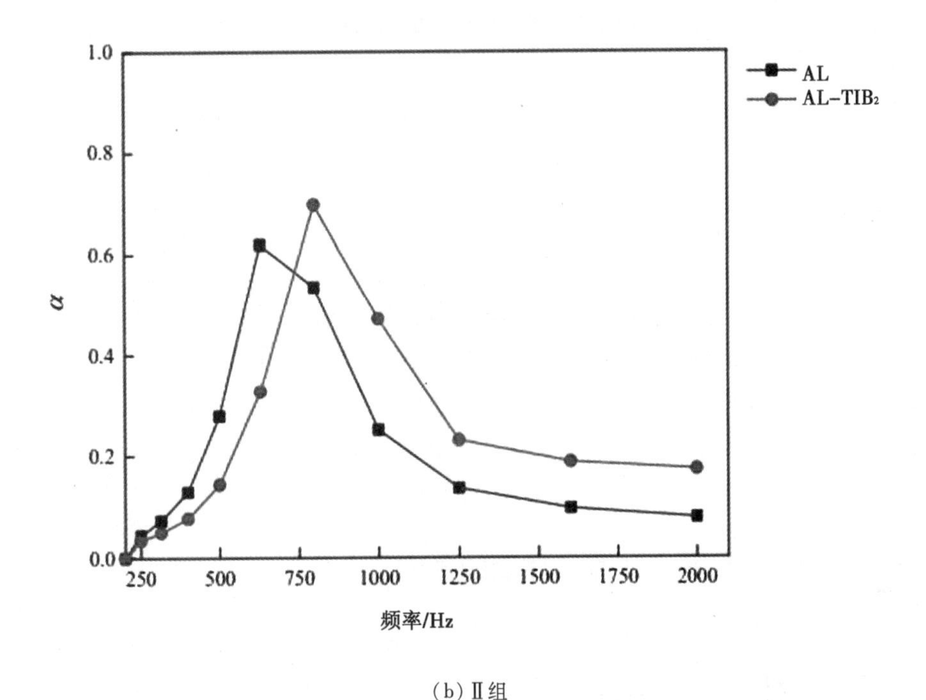

(b) Ⅱ组

图 12.14 纯铝泡沫和 Al-TiB_2 复合泡沫吸声系数随频率变化趋势

图中Ⅰ组吸声系数出现频率重合的现象，这是由于 1/3 倍频程扫频时，频率跨度较大，只能保证吸声系数峰值出现在真正的峰值附近，并不能精确表征吸声峰值和峰值频率。在这种情况下需要对两者峰值附近的频率进行精细扫频寻峰。图 12.15 为高密度扫频图。

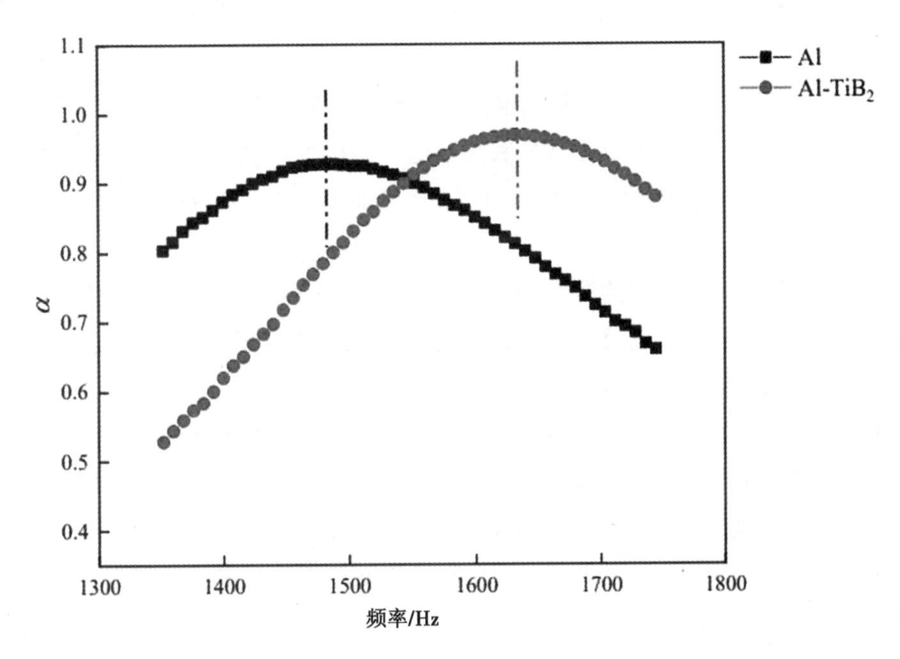

图 12.15 泡沫铝吸声系数峰值频率附近细致扫描

表 12.3 纯铝泡沫和 Al-TiB_2复合泡沫吸声系数表征

组别	直径/mm	基体材料	P	吸声峰值	峰值频率/Hz
Ⅰ	28	Al	82.8%	0.85	1490
		Al-TiB_2	83.3%	0.96	1650
Ⅱ	99	Al	82.8%	0.62	630
		Al-TiB_2	83.3%	0.70	800

从图 12.14 及表 12.3 可见，在孔隙率接近的情况下，两组吸声测试实验中 TiB_2颗粒使铝基泡沫的吸声峰值均增大 13%。图 12.14(b)中Ⅱ组 Al-TiB_2复合泡沫的吸声峰值频率由纯铝泡沫的 630 Hz 右移至 800 Hz；图 12.14(a)中Ⅰ组两种泡沫吸声峰值频率重叠，但是通过图 12.15 的高密度扫频可以看出，TiB_2颗粒的添加确实使铝基泡沫吸声峰值频率右移。

12.4.3 孔隙率对铝基泡沫吸声性能的影响

在添加 TiB_2 的同时，改变孔隙率使之增大，其孔结构所占比例增多，孔结构的比表面积增大，当声波从空气进入到铝基泡沫中时，相应的声波与多孔材料作用面积就大，声波在孔结构中反射现象增多，整体上同样可以提高铝基泡沫的吸声性能。除此之外，当声波发生反射等传播行为时，声波对泡孔内空气做功，空气发生绝热压缩，导致孔内空气温度升高，并且将热量通过泡孔壁传导出去，也导致部分声能转化为热能被消耗，达到吸声的目的。声波在泡孔内传播过程中还会引起孔内空气的振动，导致空气与气孔壁发生摩擦，消耗部分声能。入射声波进入铝基泡沫泡孔中后引起泡孔中空气的振动，此时表面粗糙并且形状不规则的孔壁就会与振动中的空气发生大量的摩擦，使声能转化为热能而被消耗。

从图 12.16 可以清晰地看到，铝基泡沫的内壁是粗糙且形状不规则的。因此，摩擦吸声机制与吸声样品的泡孔形状不规则程度、比表面积有直接的关系，泡孔形状越不规则，振动的空气与孔壁发生的摩擦就越剧烈；比表面积越大，这种摩擦行为就可以越多地发生。

因此，促进这些耗散行为的发生，就可以提高铝基泡沫的吸声表现。铝基泡沫中大量不规则形状的泡孔结构，以及熔体冷却阶段所形成的孔壁褶皱都是有效的吸声结构，可以有效提高空气与孔壁摩擦耗能、声波反射导致的干涉耗能、压缩空气做功引起的热转换耗能等吸声行为，而且吸声材料的比表面积越大，吸声性能越好。所以，当泡沫铝制备时加压压力降低，纯铝泡沫和 Al-TiB_2复合泡沫的孔隙率会明显增大，样品的平均泡孔直径增大，并且泡孔形状变得更加不规则，样品的比表面积同时增大，这些都会提高铝基泡沫的吸声性能。而当孔隙率增大时，铝基泡沫的吸声系数峰值增大，吸声峰值频率左移。

将在不同压力下制备的不同孔隙的纯铝泡沫样品和不同孔隙率的 Al-TiB_2复合泡沫

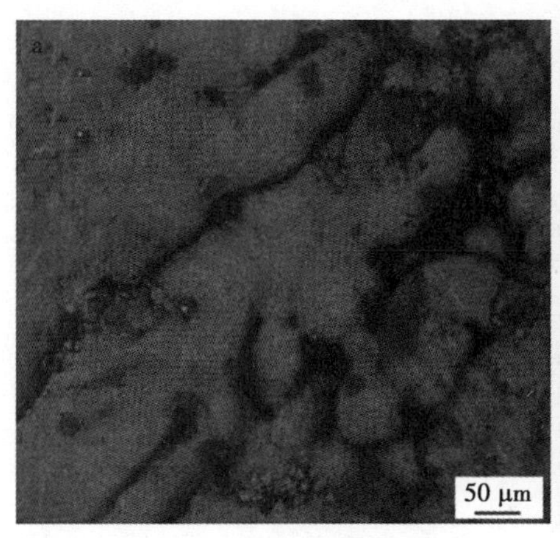

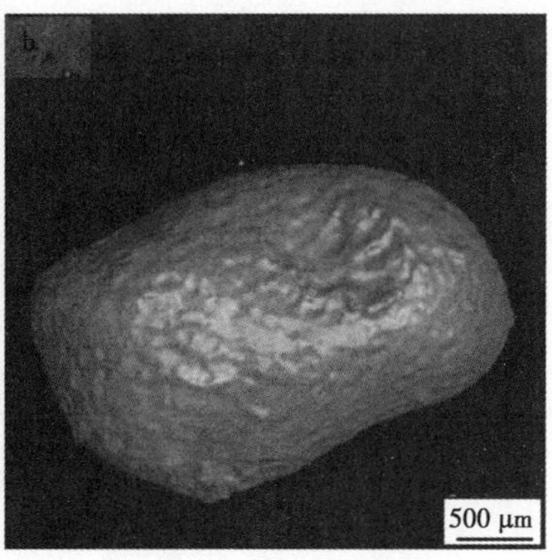

(a)扫描电子显微镜下孔壁表面的褶皱　　　　(b)单个泡孔的 3D 建模

图 12.16　孔壁表面的褶皱以及形状不规则的泡孔

样品在驻波管中进行吸声性能测量。将基体材料相同的铝基泡沫分为一组，具体的分组方法见表 12.4 中，并且分组测量其吸声系数。图 12.17 为孔隙率不同的铝基泡沫吸声系数随频率变化趋势图，其中与吸声性能相关的物理量记录在表 12.4 中。

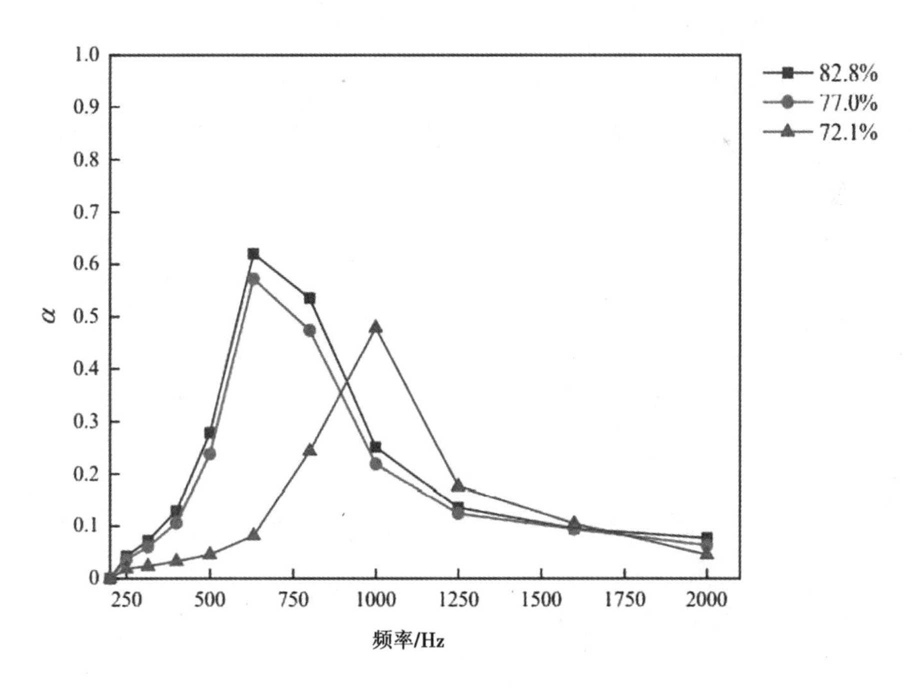

(a)纯铝泡沫

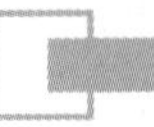

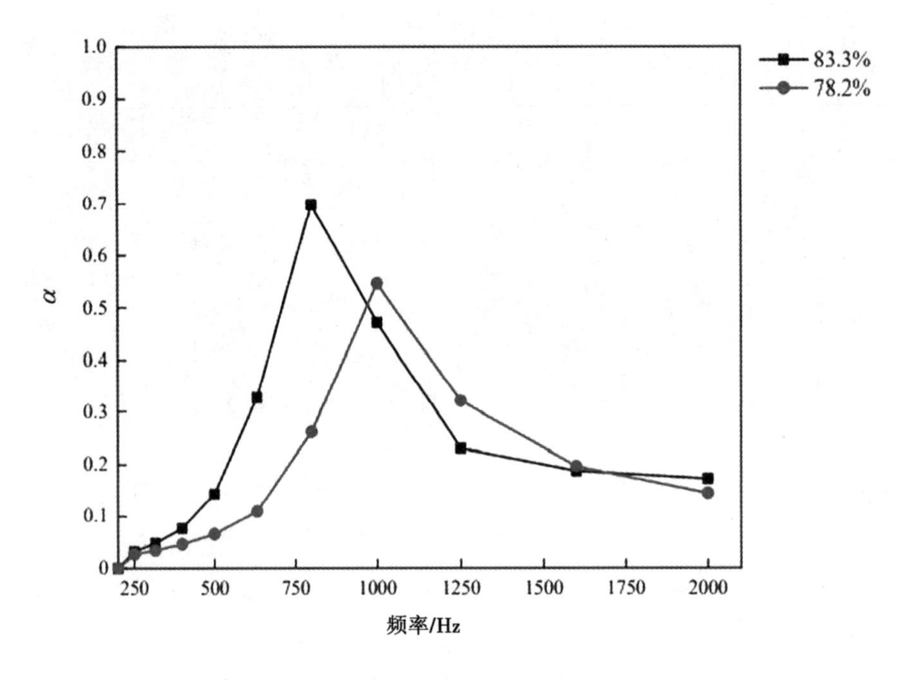

(b) Al-TiB_2复合泡沫

图 12.17　不同孔隙率的泡沫铝吸声系数随频率的变化趋势

由于图 12.17(a)中 82.8%与 77.0%孔隙率的纯铝泡沫的峰值频率出现了重合，因此对二者进行高密度扫频，得到图 12.18，以图中峰值频率来判断二者实际的峰值频率先后关系。

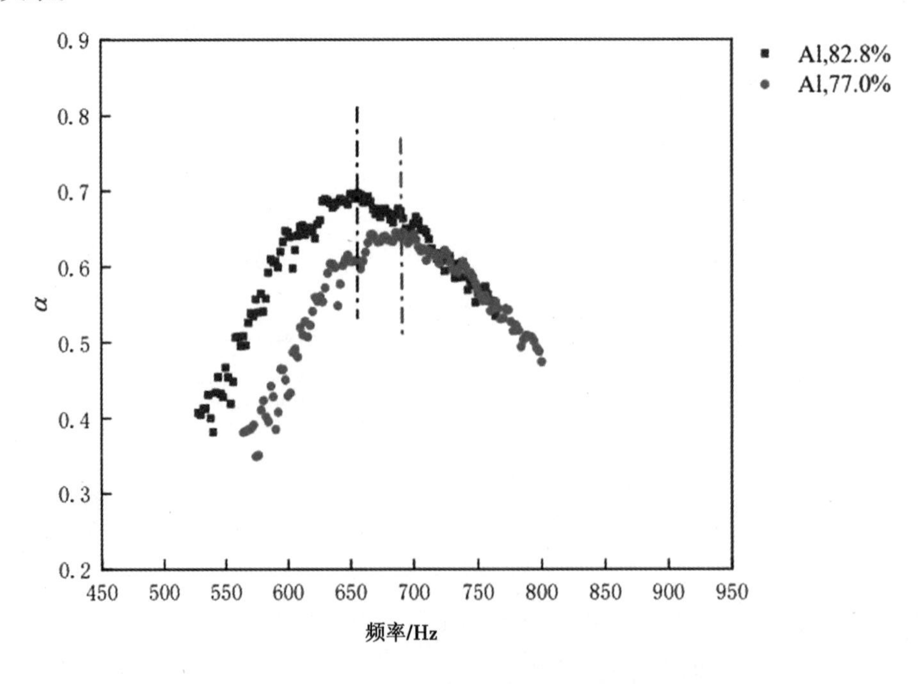

图 12.18　泡沫铝吸声系数峰值频率附近细致扫描

表 12.4　不同孔隙率的泡沫铝吸声性能统计

组别	基体材料	P	吸声峰值	峰值频率/Hz
Ⅲ	Al	82.8%	0.62	650
		77.0%	0.57	690
		72.1%	0.48	1000
Ⅳ	Al-TiB_2	83.3%	0.70	800
		78.2%	0.55	1000

根据图 12.17 及表 12.4，Ⅲ组中的纯铝泡沫孔隙率从 72.1%增大至 82.8%时，其吸声峰值提升了 30%；Ⅳ组中 Al-TiB2 复合泡沫孔隙率从 78.2%增大至 83.3%时，其吸声峰值也同时提升了 30%。从图 12.17 和图 12.18 可以看出，随着孔隙率的增大纯铝泡沫和 Al-TiB_2复合泡沫的吸声峰值频率均有降低的趋势，吸声峰值频率左移。

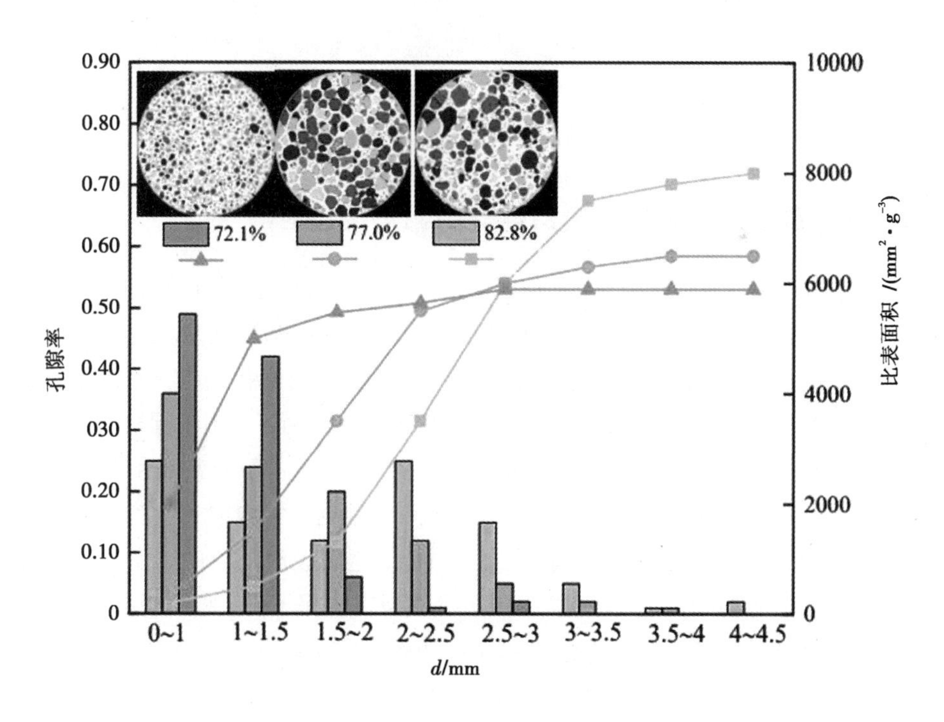

(a)纯铝泡沫

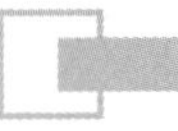

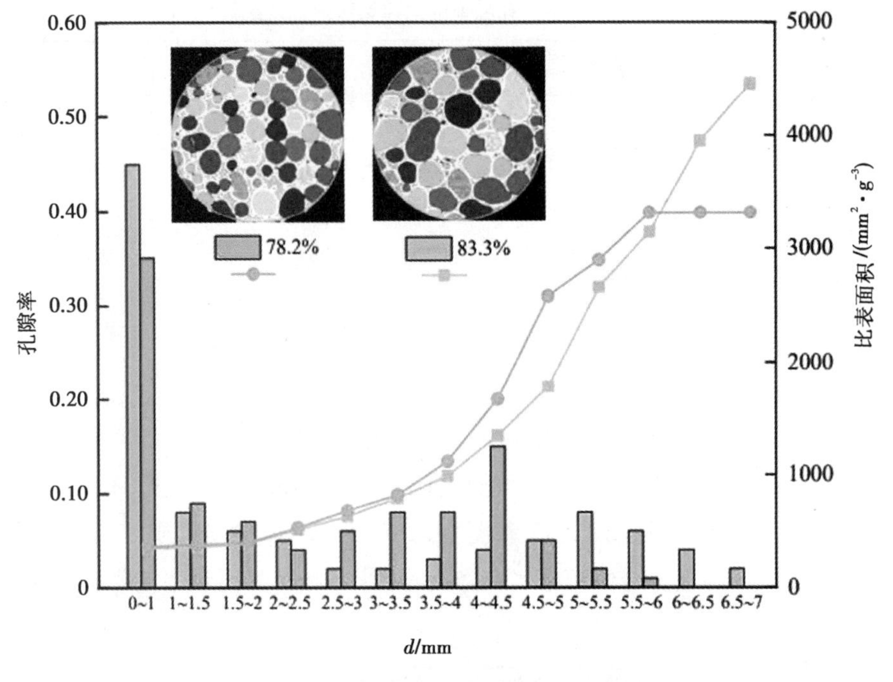

(b) Al-TiB_2 复合泡沫

图 12.19 不同孔隙率的泡沫铝宏观泡孔结构表征

12.4.4 样品厚度对铝基泡沫吸声性能的影响

对于闭孔泡沫铝而言，其吸声峰值与样品厚度无关[160]，虽然采用熔体加压法制备的铝基泡沫定义上属于闭孔铝基泡沫，但是在发泡过程中冷却凝固阶段泡孔结构并不是短时间内同时凝固成型的，导致一部分孔壁出现了裂缝以及微孔结构，使得制备的铝基泡沫实际上并不是严格意义上的闭孔泡沫。如图 12.20(a)所示，图中圆框所示孔壁上的微裂纹和微孔结构，这些结构使铝基泡沫样品中的孔互相连接，有利于部分声波透过进入后面部分。当声波穿过这些微孔及裂纹结构进行传播时，气泡内的空气运动并与这些裂纹及微孔结构发生摩擦，进而将声能转化为热能，达到吸声的目的。所以当样品厚度增大时，铝基泡沫的吸声性能明显增大，吸声峰值所在频率下降，吸声峰左移。

选用直径相同而厚度不同的纯铝泡沫测量其吸声系数随频率的变化，共测量 3 组不同孔隙率的纯铝泡沫互相印证，具体的样品参数及分组情况见表 12.5 中。图 12.21 为不同厚度的纯铝泡沫吸声系数随频率的变化趋势。同时将图 12.5 中一些关键数据提炼出来列入表 12.5 中，形成厚度不同的纯铝泡沫吸声表征数据。由图 12.21 及表 12.5 可见，随着样品厚度的增大，3 组试样的吸声峰值和降噪系数均明显增大，当厚度从 10 mm 增大为 20 mm 时，吸声峰值提升 63%~200%，降噪系数提升 30%~150%，并且在低频下表现出更好的吸声性能。

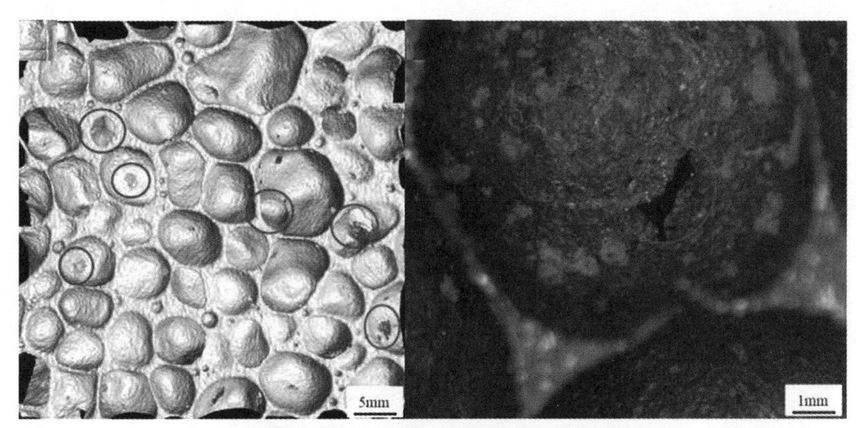

(a)具有非完全闭孔结构铝基泡沫的 3D 建模

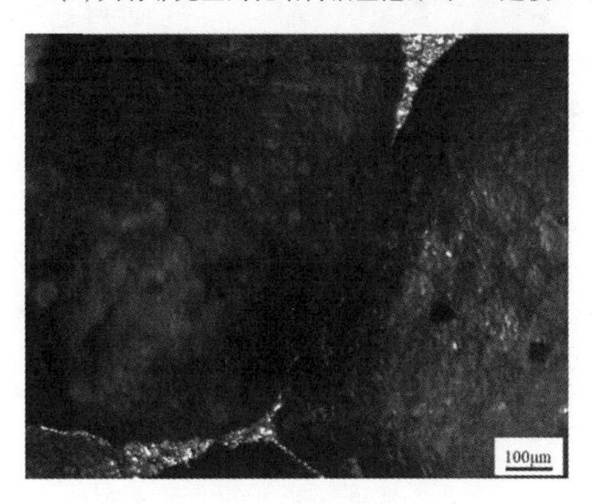

(b)孔壁上的微孔

图 12.20　具有非完全闭孔结构的铝基泡沫

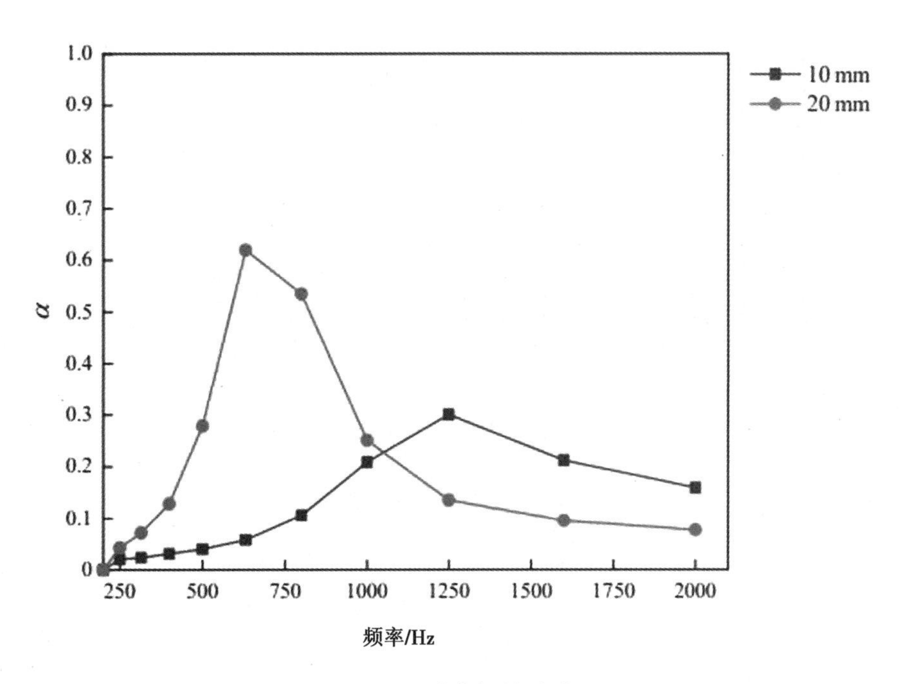

(a)82.8%孔隙率纯铝泡沫

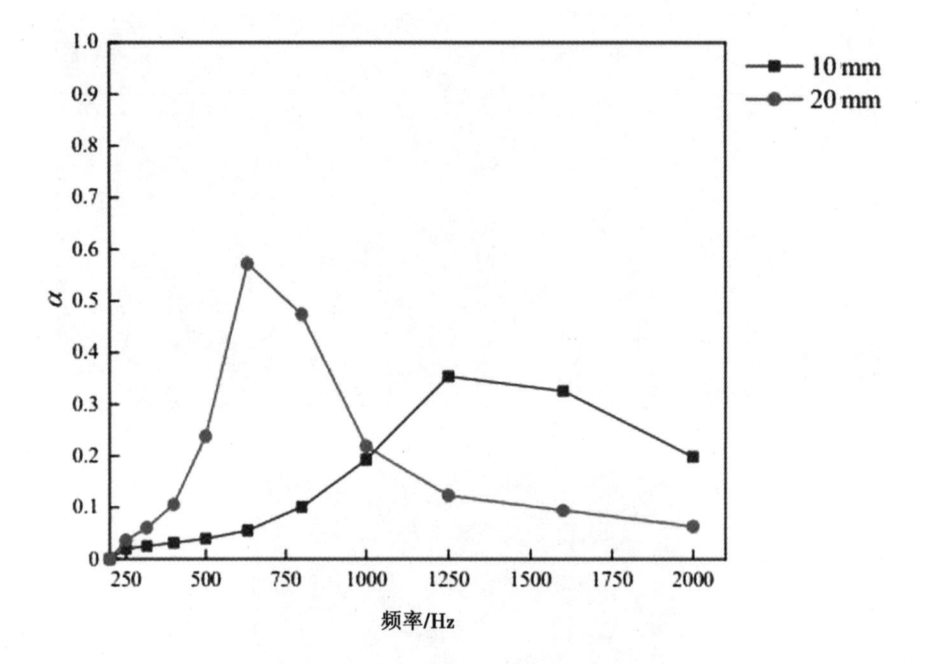

(b)77.0%孔隙率纯铝泡沫

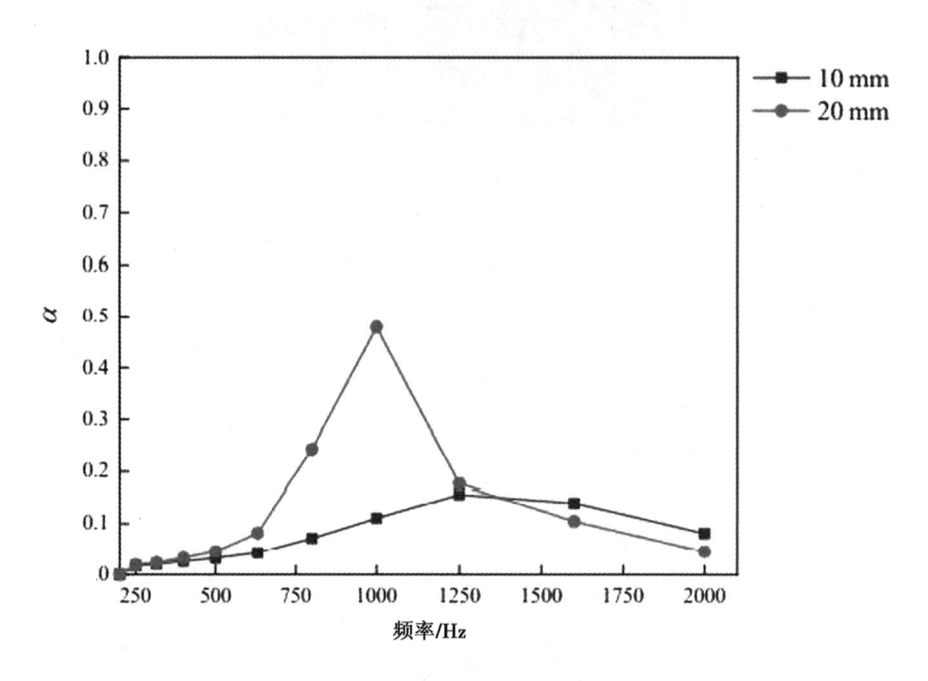

(c)72.1%孔隙率纯铝泡沫

图 12.21　不同厚度的泡沫铝吸声系数随频率变化趋势

表 12.5　厚度不同的纯铝泡沫吸声性能表征

组别	P	厚度/mm	吸声峰值	峰值频率/Hz	NRC
Ⅴ	82.8%	10	0.30	1250	0.11
		20	0.62	630	0.16
Ⅵ	77.0%	10	0.35	1250	0.11
		20	0.57	630	0.14
Ⅶ	72.1%	10	0.16	1250	0.06
		20	0.48	1000	0.15

亥姆霍兹共振器结构作为一个重要的吸声机制，对吸声材料的发展做出了极大的贡献。对于铝基泡沫，其大部分泡孔结构是闭孔形态，无法作为亥姆霍兹共振器发挥吸声作用，一般需要对其进行打孔使其形成亥姆霍兹共振结构，很少认为闭孔泡沫铝中具有亥姆霍兹共振器结构。黄承[130]、黄学辉[131]等研究认为，多孔金属材料中每个泡孔都可以被单独看作亥姆霍兹共振器，特别是铝基泡沫经过线切割切成吸声样品之后，一些孔洞具备了如图 12.22 所示的亥姆霍兹共振器结构，这对提高泡沫铝材料的吸声性能而言是有益的操作。将一定数量的亥姆霍兹共振器组合在一起，可以提高铝基泡沫的吸声性能。当制备的泡沫铝属于半开孔结构时，一些在样品表层形成亥姆霍兹共振结构的泡孔通过孔壁间的微孔与深层以及周边的泡孔进行串联。这样一来，随着吸声样品厚度的增大，铝基泡沫的有效吸声部分变得更多，其吸声性能也随之显著增大。虽然厚度增大可以显著增强 TiB_2 复合增强型铝基泡沫的吸声性能，但是在实际应用中，受应用环境以及吸声材料质量的限制，并不能一味地增加铝基泡沫的厚度，而是要综合多种工程因素进行考量。

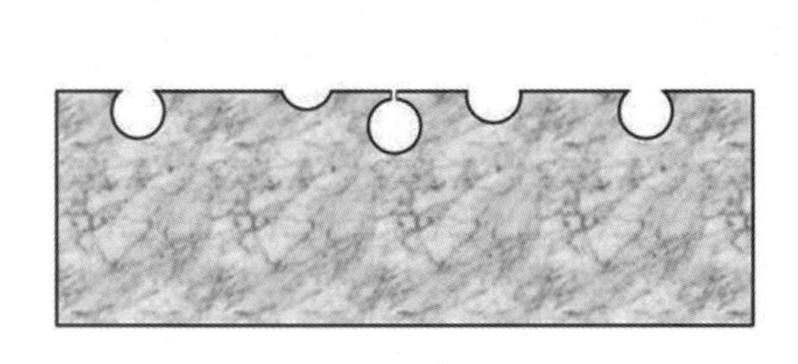

(a)线切割示意图

(b)单个泡孔的亥姆霍兹共振器示意图

图 12.22　线切割导致的亥姆霍兹共振器结构

12.5 打孔闭孔泡沫铝板及复合吸声结构的吸声性能

12.5.1 打孔泡沫铝吸声机理探讨

对闭孔泡沫铝进行打孔后，在背后添加空腔，形成的打孔后的孔内壁结构如图12.23(a)所示，形成的打孔后的共振吸声结构如图12.23(b)所示。闭孔泡沫铝板所打的孔与背后空气层组成了亥姆霍兹共振器。在板上均匀打孔后，就相当于形成了一系列并联的亥姆霍兹共振结构，整个可看作由质量和弹簧组成的一个共振系统。当有声波作用于管口时，由于短管的线度远小于波长，所以短管中的各部分空气都同属于波长 λ 的一个很小的区域，可以认为它们具有相同的振动情况，可以形象地把短管内的空气比喻为一个“活塞”做整体振动，与短管壁发生摩擦，消耗声能。当入射声波的频率和系统的共振频率一致时，穿孔板颈内的空气产生激烈振动与摩擦，加强了吸收效应，形成了吸收峰，使声能显著衰减；当远离共振频率时，则吸收作用较小。

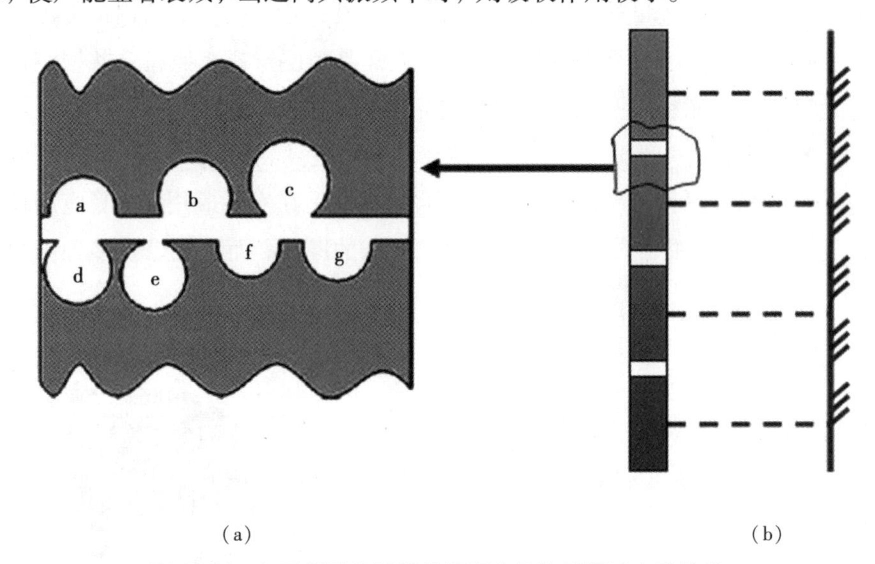

(a)　　　　(b)

图 12.23　打孔闭孔泡沫铝共振吸声结构及通孔内壁结构

亥姆霍兹共振器的吸声特性曲线如图12.24所示。对比图12.24与图12.23可以看出，打孔闭孔泡沫铝的吸声特性曲线与亥姆霍兹共振器的吸声曲线有相似之处。

至于腔体内的空气，当短管的空气柱向腔内方向运动引起腔内质量增加时，由于腔壁是刚性的，腔内的空气被压缩，腔内压强增加，引起腔内空气振动，聚集声能。然而，闭孔泡沫铝泡孔内表面(见图12.25)比较粗糙，本身阻尼较大，并不适合储藏声能，腔内声波受曲折的泡壁阻挡发生多次反射和折射，引起介质与泡沫铝粗糙壁膜表面摩擦，使声能转变成热能而耗散。

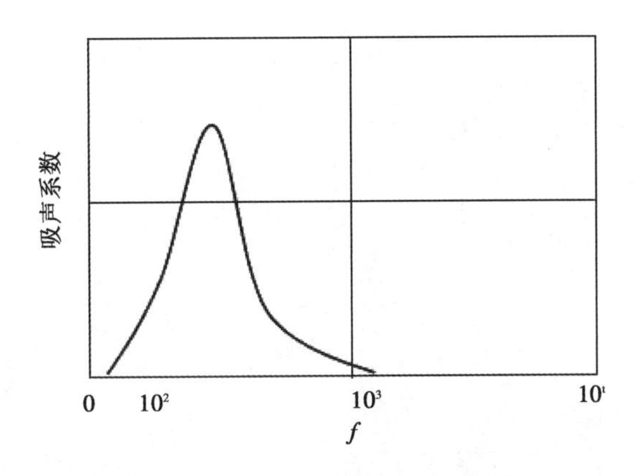

图 12.24　亥姆霍兹共振器吸声特征曲线

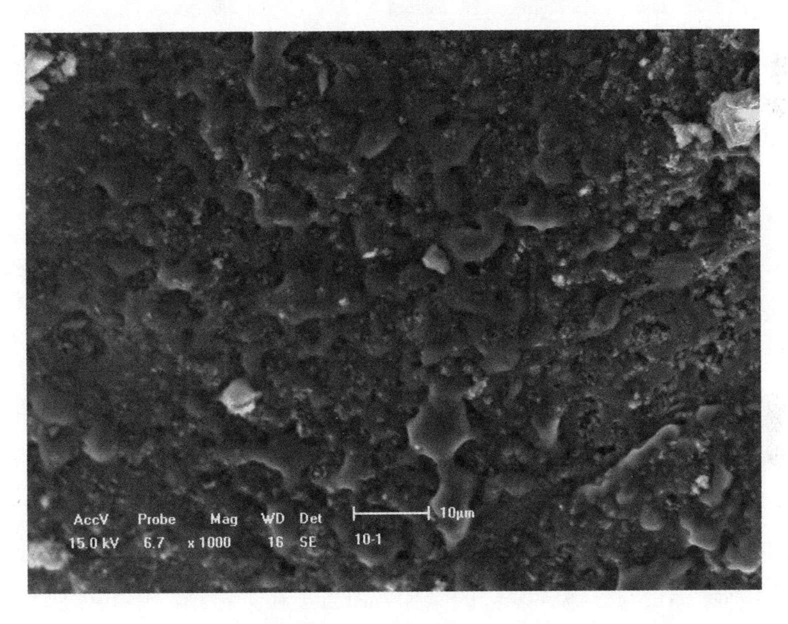

图 12.25　闭孔泡沫铝内表面

由于闭孔泡沫铝内部的特殊泡孔结构，打孔后，通孔的内壁并非光滑面，而是在侧面形成许多小洞，如图 12.26(a)所示。打孔穿过泡孔的位置不同，形成的小洞深度、形状也不同。小洞的存在增加了通孔内壁的迂曲度，泡孔内壁本身的粗糙结构增大了结构因子，使空气分子的弛豫效应增强，从而提高了吸声系数，而有的小洞可形成单个亥姆霍兹共振器，进一步增大其共振频率下的吸声系数。

12.5.2　复合结构吸声机理

声波在多层复合结构中传播，当声波通过第一层材料到达第二层材料时，由于两层材料的密度和开孔率不同，会形成一个分层界面，部分声能会产生折射，回到第一层材料，加大了声能的损耗，能够提高其在中高频的吸声性能。复合结构声波的入射面为闭孔泡沫表面，由于中低频声声压级较强，在中低频段声波透过的声能较多，从而被第二

(a) (b)

图 12.26 不同孔径的闭孔泡沫铝试样

层再次吸收；而高频声声压级较弱，透过闭孔泡沫的声能较少，所以复合后中高频吸声性能变化不明显。

带有空气层的双层吸声结构的吸声特性是其结构中两个单层吸声结构吸声特性互相耦合的结果，第一共振频率主要取决于吸声结构总厚度和第一层材料流阻率。与带空气层的单层吸声结构相比，双层吸声结构可加宽吸声频带，且适当调整两层材料流阻率及空气层厚度，能使吸声结构在较宽的频率范围内具有良好的吸声性能。当两层材料流阻率较小时，其总声阻率相对较小，材料吸收性能较弱，共振吸声系数较小，当增加第二层材料的流阻率时，总声阻率增加，增强了材料的吸收能力，共振吸声系数增大，提高了吸声结构的整体吸声性能。

打孔闭孔泡沫铝板与玻璃棉复合的结构，相当于在共振结构中共振吸声板背后添加了多孔吸声材料。当打孔板后空气层填入疏松吸声材料时，空腔内的声质量和声顺都增加，打孔的末端阻抗也增加，即相当于空腔的有效深度增大，打孔的有效长度也增加。与未填材料时相比，共振频率向低频方向移动，移动量通常在一个倍频程以内，同时吸声系数有所提高。

第 13 章　泡沫复合构件的力学行为

由于泡沫铝材料特有的多孔结构，因此具有很多优良性能，潜在的应用领域也十分广泛，如汽车制造、航空航天、轨道交通、建筑等。但是，泡沫铝的多孔结构也使得其强度远远低于传统致密金属，导致其承载能力较弱，难以作为结构材料单独使用，大大限制了泡沫铝材料的使用范围。

在实际的工程应用中，如果将泡沫铝材料作为填充材料与传统致密材料相结合制备泡沫铝填充材料，保留其众多优势的同时提高其强度，实现材料的结构与功能一体化，替代现有的一些传统构件，那么将会大大扩展泡沫铝材料的应用范围。目前，常见的泡沫铝填充材料主要包括泡沫铝夹芯板和泡沫铝填充管两类，如图 13.1 所示。

(a)泡沫铝夹芯板

(b)泡沫铝填充管

图 13.1　泡沫铝复合构件

本章主要对泡沫铝夹芯板和泡沫铝填充管的结构特点、制备过程和应用进行介绍，并对准静态条件下二者的力学性能进行探讨。

13.1 泡沫铝复合构件的结构特点

13.1.1 泡沫铝夹芯板的结构特点

夹芯结构是一种特殊的复合材料结构类型，其由质量轻且较厚的芯材与两侧坚固且较薄的面板构成。因此，夹芯结构的显著特征是具有较高的比强度，并且可以通过对面板材料、芯层材料、芯层结构进行不同设计来满足工程应用中的不同需求。

以泡沫铝为芯材的泡沫铝夹芯板具备泡沫铝材料的众多优点，并且解决了单一泡沫铝材料强度差的问题，是一种优秀的结构-功能一体化材料。泡沫铝夹芯板的面板材料通常选择以铝合金、不锈钢为代表的金属材料，随着复合材料的发展，以碳纤维复合材料(CFRP)为代表的非金属材料也逐渐成为泡沫铝夹芯板面板材料的新选择，其强度高、密度低的特点进一步提升了泡沫铝夹芯板的比强度。[132-134]

泡沫铝夹芯板的面板与芯材之间的结合方式分为界面物理结合和界面冶金结合两类。界面物理结合的夹芯板通常采用胶黏法制备，广泛适用于各种金属与非金属面板，但是结合强度较差。采用金属面板的泡沫铝夹芯板，可采用一些冶金方法制备结合强度更高的界面冶金结合的泡沫铝夹芯板。图 13.2 为冶金结合界面的金相图，图中上半部分为泡沫铝芯材，下半部分为铝板，两者之间紧密结合，并且有相互扩散的趋势。

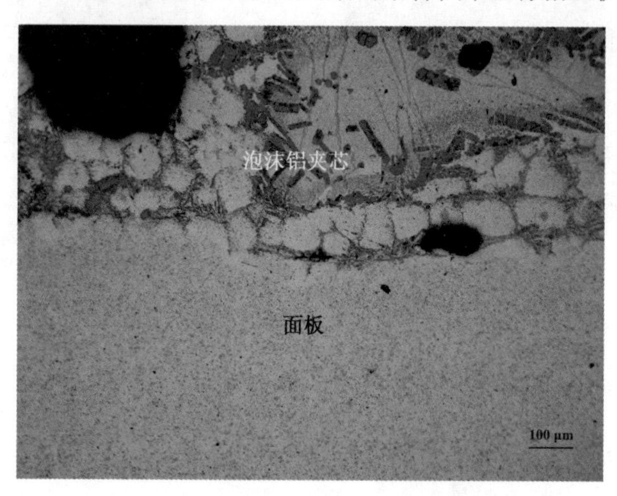

图 13.2 冶金结合泡沫铝夹芯板界面金相图

13.1.2 泡沫铝填充管的结构特点

金属薄壁管具有比刚度高和比强度高的特点，并且其薄壁结构在发生轴向压缩时会产生塑性形变形成褶皱，吸收大量能量，是一种常见的吸能构件。同时，薄壁管还具有结构简单、易于加工及安装等优势，因此广泛应用于汽车、航空、建筑等领域。薄壁管也

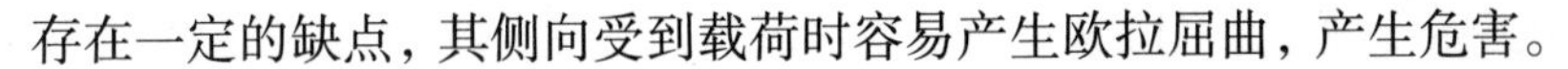

存在一定的缺点，其侧向受到载荷时容易产生欧拉屈曲，产生危害。

将泡沫铝材料作为填充材料填充到金属薄壁管内部，制备泡沫铝填充管，可以大大提高其侧向的承载能力，很好地解决薄壁管易出现欧拉屈曲的问题。同时，泡沫铝材料的众多优良性能赋予了泡沫铝填充管更多的功能性，相比普通薄壁管具有更好的性能及更广阔的应用空间。[135-138]

13.2　泡沫铝复合构件的制备

13.2.1　泡沫铝夹芯板的制备

(1)胶黏法。

胶黏法是指将环氧树脂、丙烯酸树脂或聚氨酯等黏结剂涂抹在泡沫铝芯层和面板的表面，对二者进行连接。这属于物理连接方法。日本 Shinko Wire 公司生产的 Alporas 泡沫铝夹芯板就是采用这种方法制备的[139-140]。胶黏法的优势在于工艺简单，产品精度高，不仅适用于金属面板，还适用于碳纤维复合材料等非金属面板。胶黏法的缺点在于，当夹芯板应用于高温或强腐蚀性环境时，黏结剂易失效，导致夹芯板面板与芯层脱落，大大限制了其应用环境。此外，胶黏法通常只在面板和泡沫铝孔壁处进行粘连，接触面积较小，导致结合强度不高。

(2)焊接法。

对于金属面板的泡沫铝夹芯板来说，焊接也是常用的制备方法。通常有钎焊焊接和激光焊接两种方法。

钎焊焊接是一种面连接技术，选取低于泡沫铝材料基体熔点温度的金属作为钎料，将钎料与金属面板加热到低于泡沫铝熔点且高于钎料熔点的温度，用熔化的钎料润湿泡沫铝表面，使钎料在焊件中自由扩散，实现面板与泡沫芯层的连接。由于泡沫铝表面的的氧化层会影响钎焊效果，所以在钎焊前要除去表面氧化层。一种方法是通过刮、刷或超声波破坏氧化层；另一种方法是采用钎剂进行处理，但要防止其腐蚀泡沫铝芯层。钎焊法的优点是结构变形小，接头处美观，适合精密复杂结构和不同材料之间的结合；但钎焊焊接的连接区域只有孔棱处，所以其强度较低[132, 141-142]。

激光焊接是将激光束作为热源，利用激光束产生的高能量使面板与泡沫铝芯层的表层熔化，凝固时形成金属连接，连接仅存在于熔化的面板与芯层的孔棱之间。由于激光束具备一定的渗透性，历此接近表面的部分泡沫铝也进入了连接区域。此外，激光束发热的集中度高，可以最大限度地减少连接区以外的泡沫铝材料熔化[143-144]。

(3)模具压制成型法。

此法为国内率先采用，将铝粉与发泡剂的混合粉末和面板放入模具中冷压，之后在

450 ℃下经过 1 小时的保温过程后，对其进行热压，得到圆片形的预制体。最后将预制体放入发泡炉内，在芯层固相线以上的温度发泡，冷却后得到泡沫铝夹芯板。该方法的缺点在于，制备工艺中冷压后还需要热压，并且要在模具中完成，工艺流程较长，比较复杂，且产品尺寸受模具限制较大，产品过于单一[143, 145-146]。

13.2.2 泡沫铝填充管的制备

泡沫铝填充管主要采用非原位填充方法制备，即对泡沫铝材料进行切割，直接将其填充进薄壁管内部，切割过程中需要合理控制泡沫铝材料的尺寸，使其与薄壁管内壁紧密贴合。此外，目前也有少量研究采用原位填充法制备泡沫铝填充管，即将泡沫铝材料的发泡过程在薄壁管内完成，可直接制得泡沫铝填充管。[135]

13.3 泡沫铝复合构件的应用

13.3.1 汽车工业的应用

国外有研究表明，如果一辆轿车有 20%的结构件采用泡沫铝夹芯板制造，车辆可减重 27.2 kg 左右，并且零部件数量可以减少 1/3，对燃油效率的提升至少可以达到 0.01 L/km[147]。目前，各国都在不断推行更为严苛的汽车排放标准，以减少环境污染。减轻车身质量是提高燃油效率并减少排放的重要途径之一，在汽车工业中大量应用泡沫铝夹芯板材料可以有效减少汽车排放。

汽车用泡沫铝夹芯板技术诞生于 1994 年，由德国汽车制造商 Karmann 公司和德国 Fraunhofer 先进材料及制造研究所联合开发成功，将该技术用于取代汽车中的传统钢制冲压件，可以有效降低车重并且减少零件数量。

Karmann 公司将泡沫铝夹芯板应用于 Ghiaroadster 的顶板盖，其刚度比原钢件提高 7 倍左右，而质量降低了 25%[17, 20]。德国 Teupen Gronau 公司用泡沫铝夹芯板材料制造特种车辆的维修台举升臂(如图 13.3)，泡沫铝夹芯板的应用使维修平台的提升高度由 20 m 提高至 25 m，水平伸展距离扩大至 11 m，同时保持车辆的总质量不超过 3500 kg。该结构经过多轴循环应力测试(纵向 100 kN、横向 14 kN)，完成了 10 万次循环，超过了 4 万次的标准，并且质量较钢制结构降低了 50%，仅重 110 kg[148]。

泡沫铝材料还可填充进部分车身构件中，如防撞梁吸能盒、发动机支架等，构成泡沫铝填充结构。当车辆发生碰撞时，泡沫铝填充构件可以吸收并消耗撞击所产生的能量，减小对车内乘客造成的伤害，单位体积吸收能量可达 6~9 MJ/m^3。此外，泡沫铝材料还具有吸收车辆噪声的作用。当声音频率在 800~4000 Hz 时，其隔声系数大于 0.9。宝马公司将泡沫铝填充到发动机内部支架中，不仅能吸收发动机运行时的噪声及振动，

图 13.3　车辆维修台举升臂

还可以增强发动机支架的强度。图 13.4 为泡沫铝填充结构在汽车中的应用。[132]

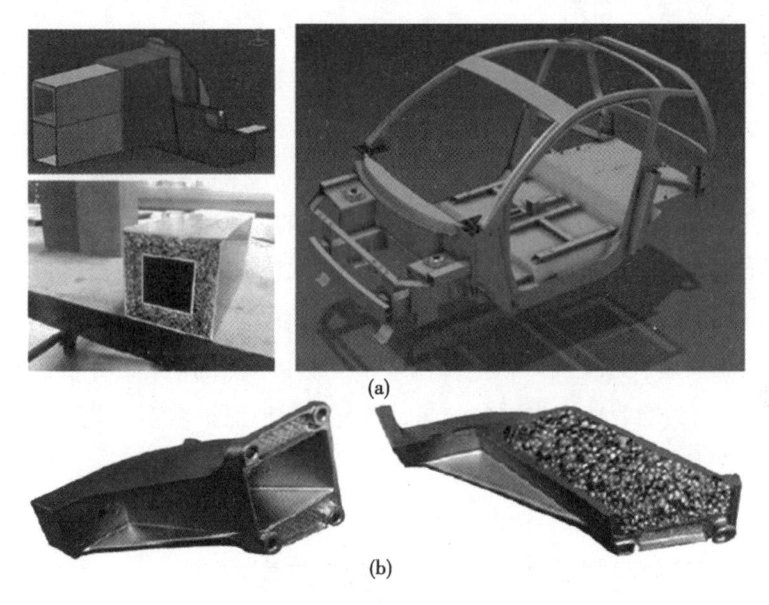

(a)

(b)

图 13.4　泡沫铝填充构件在汽车中的应用

13.3.2　航空航天工业的应用

在航空航天工业中，金属铝由于较低的密度和铝合金优良的性能，被誉为“会飞的金属”，而泡沫铝填充构件的应用将会进一步降低飞行器的质量，提高飞行器性能并节省燃料，是一种极具研究结果价值的新型结构材料。研究结果表明，每送入轨道 1 kg 有效质量，发射费用就增加数万美元，因此泡沫铝在航天航空工业的应用是大国的重点研究方向。美国波音公司已经研究了泡沫铝夹芯板在直升机尾梁中的应用[149]。图 13.5 为欧洲航天局研发的 Ariane 5 火箭采用泡沫铝夹芯板制成的锥形壳体[150]。

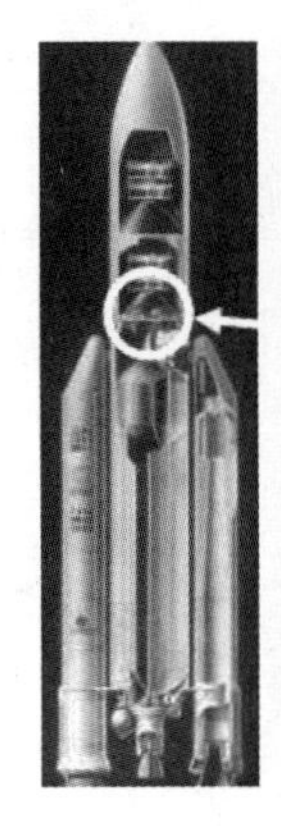

图 13.5　Ariane 5 火箭的锥形壳体

13.3.3　建筑领域的应用

泡沫铝夹芯板不仅具有质量轻、强度高、吸声效果好等特点，而且其阻燃、隔热性能好，是一种极具潜力的新型建筑及装饰材料。将泡沫铝材料应用于高级写字间的间隔墙，采用钢体框架，框架内镶嵌厚度为 30 ~ 50 mm 的泡沫铝夹芯板材料，占用空间少且隔音性能好(30 mm 可隔音 60 dB 以上，50 mm 隔音 80 dB 以上)，并且其重量轻，便于施工，且阻燃性能好，从而保证了房屋的安全性。日本已经采用泡沫铝材料生产列车发电室和工厂的降噪装置，并取得了显著的效果[148]。将泡沫铝夹芯板应用于电梯客舱，取代现有客舱面板材料，可大大降低电梯的重量，减少电能的消耗，并且在电梯发生意外坠落时，还可以有效吸收冲击带来的能量，最大限度地保护乘客。此外，泡沫铝夹芯板还可应用于组合房、活动房的组装。

13.4　泡沫铝复合构件的准静态力学性能

本节探讨泡沫铝夹芯板与泡沫铝填充管的准静态力学性能，由于二者使用场景不同，因此对二者的准静态力学性能研究的侧重方向不同。

泡沫铝夹芯板在其应用环境中，不可避免会受到一定的弯曲载荷，发生弯曲形变甚至失效，因此对泡沫铝夹芯板弯曲性能的研究至关重要。对于夹芯结构的弯曲性能研究，主要试验方法包括夹芯梁的三点弯曲试验和四点弯曲试验，目前对泡沫铝夹芯板的研究主要集中于三点弯曲试验。泡沫夹芯结构的特点在于可以采用不同的面板与芯材的组合实现对结构的设计，以满足其实际应用中的性能需求。因此，泡沫铝夹芯板可以通过调整芯材密度、芯材厚度、芯材成分、面板材质、面板厚度等因素，实现其性能的改变。同时，以上因素的改变也会导致泡沫铝夹芯板在三点弯曲试验下出现不同的破坏模式。目前，关于夹芯结构破坏准则以及泡沫铝夹芯板的三点弯曲行为已有大量研究。

13.4.1 节从现有的夹芯结构理论研究中筛选出适用于泡沫铝夹芯结构的破坏准则进行介绍，并结合泡沫铝夹芯板三点弯曲的实验研究对其三点弯曲行为进行探讨。

泡沫铝填充管通常作为吸能构件使用，吸能过程中受到的载荷方向一般为轴向，因此泡沫铝填充管力学性能的研究主要集中于轴向压缩性能。普通金属薄壁管在受到轴向压缩时会发生塑性形变，不断形成褶皱并吸收能量。研究结果表明，金属薄壁管的压缩模式包括金刚石模式、手风琴模式及混合模式等。对于泡沫铝填充管，泡沫铝材料的充入大大提高了单一金属管在受到轴向压缩时的承载能力。填充管内部的泡沫铝材料在受到压缩载荷时发生形变及塌陷，在横向上具有向外扩张的趋势，与压缩过程中不断产生褶皱的金属管的内壁产生相互作用。由于相互作用的存在，泡沫铝填充管的轴向压缩性能并非内部泡沫铝材料及外部金属薄壁管二者性能的简单叠加，同时也受到了相互作用的影响。因此，对泡沫铝材料与金属薄壁管之间相互作用的研究也至关重要。13.4.2 节对泡沫铝填充管的轴向压缩性能进行研究，并对泡沫铝材料与金属薄壁管之间的相互作用重点进行分析。

13.4.1　泡沫铝夹芯板的准静态三点弯曲行为

图 13.6 为泡沫铝夹芯板三点弯曲示意图，在夹芯板上面板的中点处加载一弯曲载荷 P，跨距为 l，夹芯板位于支座外的长度为 H，夹芯板宽度为 b，芯层厚度为 c，上下面板厚度均为 t，夹芯结构上下面板型之间的距离为 d，芯层弹性模量为 E_c，面板弹性模量为 E_f。

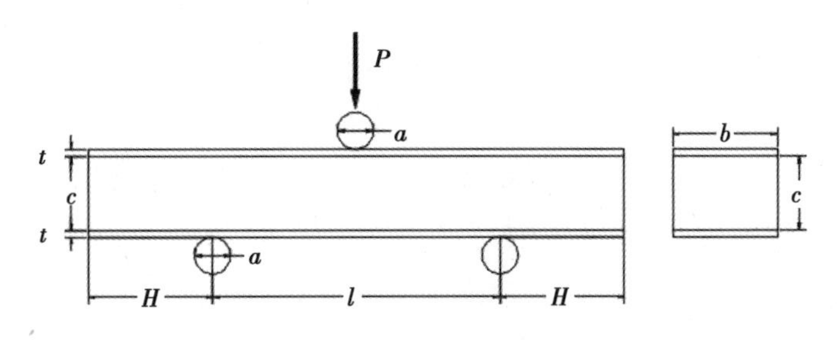

图 13.6　三点弯曲试验示意图

当弯曲载荷 P 施加于夹芯梁时，夹芯梁发生弯曲，在此过程中芯层材料受到压缩和剪切作用，当载荷达到一定数值时，芯层发生塑性变形，夹芯梁中心挠度值等于弯曲挠度 δ_b 和剪切挠度 δ_s 之和[151]，即

$$\delta = \delta_b + \delta_s = \frac{pl^3}{B_1 (EI)_{eq}} + \frac{Pl}{B_2 (AG)_{eq}} \tag{13.1}$$

式中，$(EI)_{eq}$——夹层梁的等效抗弯刚度；

$(AG)_{eq}$——夹层梁的等效抗剪刚度；

B_1，B_2——取决于加载集合因素的常数，对于中心加载的三点弯曲试验，B_1 和 B_2 分别为 48 和 4。

对于图 13.6 夹层梁，由平行轴法则可以得出夹层结构的整体等效抗弯刚度$(EI)_{eq}$等于三部分抗弯刚度之和，分别为面板抗弯刚度$(EI)_f$、芯层抗弯刚度$(EI)_c$和面板与芯层相互作用对夹芯梁刚度的贡献$(EI)_0$[1, 152]，即

$$(EI)_{eq} = 2(EI)_f + (EI)_c + (EI)_0 = \frac{E_f b t^3}{6} + \frac{E_c b c^3}{12} + \frac{E_f bt d^2}{2} \tag{13.2}$$

当夹层梁的面板相对于芯层很薄时[154]，即

$$3\left(\frac{d}{t}\right)^2 > 100，即\frac{d}{t} > 5.77 或\frac{c}{t} > 4.77 \tag{13.3}$$

式(13.2)中第一项小于第三项的 1/100，第一项可以忽略，此时式(13.2)化简为

$$(EI)_{eq} = (EI)_c + (EI)_0 \tag{13.4}$$

当芯层的弹性模量相对于面板弹性模量弱得多时[154]，即

$$\frac{6 E_f t_f d^2}{E_c t_c^3} > 100 \tag{13.5}$$

则式(13.2)中第二项小于第三项的 1/100，第二项可以忽略，此时式(13.2)化简为

$$(EI)_{eq} = (EI)_0 = \frac{E_f bt d^2}{2} \tag{13.6}$$

当 $E_c << E_f$，$t << c$ 时，复合材料夹芯梁的等效抗剪刚度$(AG)_{eq}$可表示为[154]

$$(AG)_{eq} = \frac{b G_c d^2}{c} \tag{13.7}$$

式中，G_c——芯层的剪切模量。

对于薄面板的夹芯板，$d \approx c$，式(13.7)可化简为

$$(AG)_{eq} = bc G_c \tag{13.8}$$

在三点弯曲试验过程中，当载荷超过极限时，结构就会发生破坏。由于泡沫铝夹芯板所采用的芯材与面板不同，因此呈现出的破坏模式不同，主要出现了芯材局部凹陷、面板与芯材黏结失效、面板受压断裂、芯材剪切破坏四种破坏模式。下面对四种破坏模式对应的破坏准则进行介绍[1, 151, 153]，并列举出现每种破坏模式的泡沫铝夹芯板具体实例，说明其芯材与面板的组合情况。

13.4.1.1　芯材局部凹陷

在夹芯板的三点弯曲试验过程中，试样受到的载荷几乎全部集中于加载点正下方区域，因此加载点下方区域极易出现由芯材破碎而产生的局部凹陷。发生此种失效模式的极限载荷为

$$P_{limin} = bt\sqrt[3]{\frac{\pi^2 d E_f \sigma_c^2}{3l}} \tag{13.9}$$

式中，σ_c——泡沫铝芯材受到压缩时的平台应力。

芯材局部凹陷的破坏模式常见于采用塑性较好的纯铝基体芯材的泡沫铝夹芯板中，

并且采用 CFRP 材料作为面板的夹芯板三点弯曲过程中该现象尤为明显。下面以芯材为 0.37 g/cm^3纯铝基体泡沫铝，面板为 CFRP 材料的夹芯板三点弯曲过程进行说明。

图 13.7 和图 13.8 分别为夹芯板三点弯曲试验的载荷-位移曲线以及变形过程，可分为四个阶段：

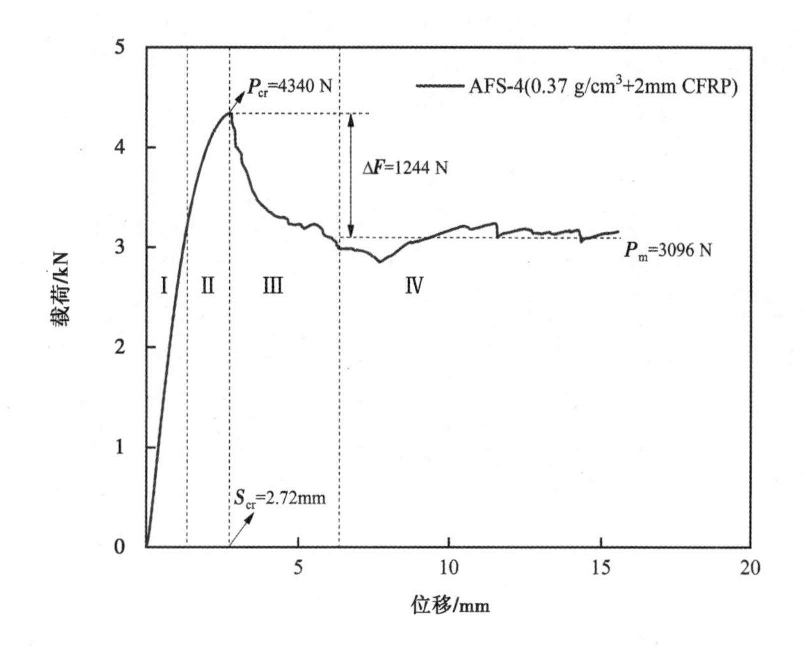

图 13.7　三点弯曲试验载荷位移曲线

① 阶段Ⅰ为线弹性阶段。压头与夹芯板上表面开始接触的较短时间内，载荷与位移的增加成线性关系，泡沫铝夹芯板发生轻微弹性形变，形变区域位于两支座之间，且靠近压头的区域形变量较大。夹芯板状态如图 13.8(a)所示。

② 阶段Ⅱ为非线性增长阶段。此阶段载荷的增长与位移成非线性关系，在此期间夹芯板发生塑性形变，从两支座中间区域可以较为明显地观察到弯曲形变。随着压头的位移，部分孔壁较薄弱处开始产生细小的裂纹。当压头位移达到 2.72 mm 时，载荷达到了峰值载荷 P_{cr}，值为 4340 N。夹芯板状态如图 13.8(b)所示。

③ 阶段Ⅲ为失稳阶段。当夹芯板所受载荷达到峰值载荷 P_{cr}时，随着压头继续对其施加载荷，孔壁上的裂纹逐渐延伸扩张，并在压头的载荷作用下，以裂纹为中心发生塌陷，压头正下方区域面板开始出现凹陷。由于泡沫铝芯层受到局部破坏，因此其承载能力降低，载荷下降。夹芯板状态如图 13.8(c)所示。

④ 阶段Ⅳ为压实阶段。此阶段曲线进入平台期，平均载荷 P_m为 3096 N，相比峰值载荷 P_{cr}下降了 1244 N。随着压头不断对泡沫铝夹芯板施加载荷，压头下方区域的泡沫铝芯层不断塌陷并压实，夹芯板相比于前三个阶段开始发生更明显的整体弯曲现象。此阶段夹芯板对能量的吸收较为均匀，因此曲线在一定的范围内波动，形成平台期。夹芯板状态如图 13.8(d)所示。

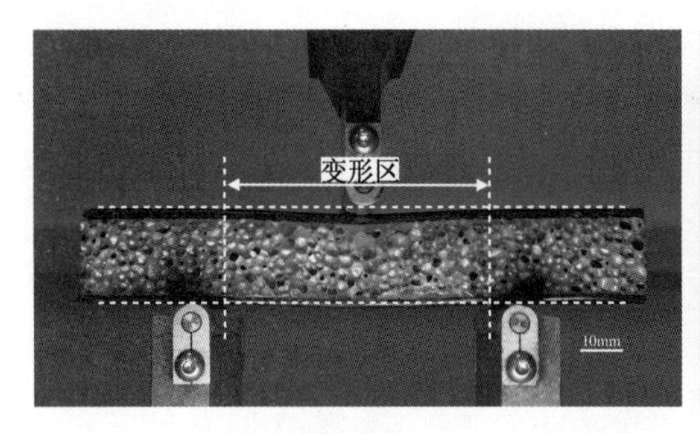

(a)弹性形变

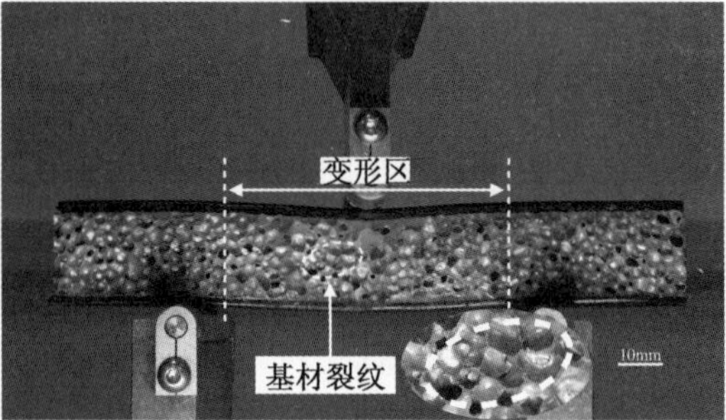

(b)泡孔出现裂纹

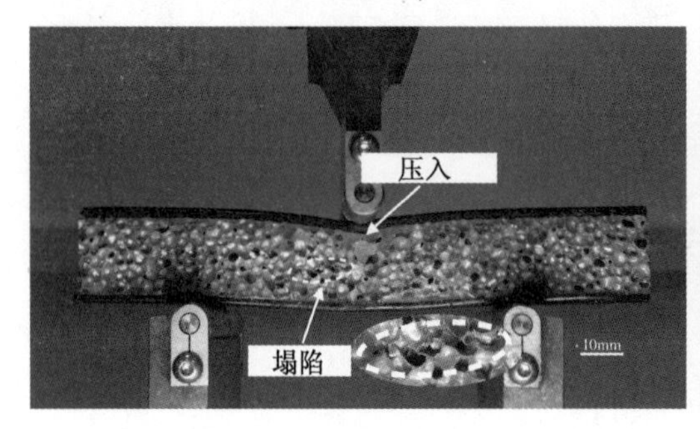

(c)泡孔塌陷

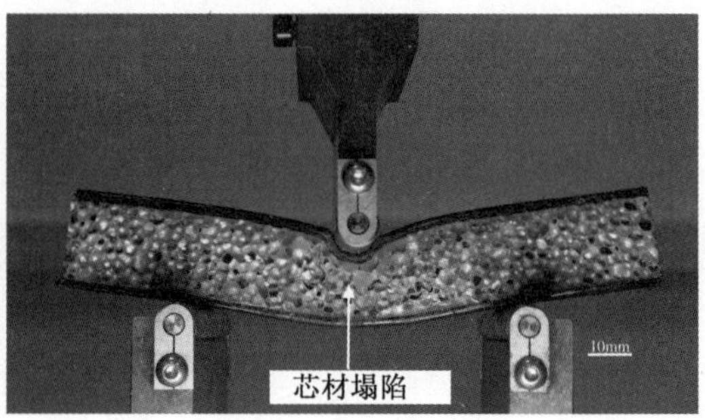

(d)加载点处塌陷

图 13.8 试样三点弯曲变形过程

对于采用纯铝基体芯材和金属面板的夹芯板，三点弯曲过程中同样会出现芯材局部凹陷的情况，其芯材凹陷区域相比 CFRP 面板的夹芯板更大，但凹陷程度相对较轻(如图 13.9)。

图 13.9 试样三点弯曲变形模式照片

13.4.1.2 面板与芯材黏结失效

夹芯结构受到弯曲载荷时，其面板的黏结强度等于芯材的剪切强度 τ_c，当其大于界面黏结处的剪切应力 τ_{ya}时，即发生黏接失效。此时的极限载荷为

$$P_{\text{limde}} = \frac{4bct}{l}\sqrt{\frac{G_c E_f}{t}} \tag{13.10}$$

面板与芯材之间的黏结失效通常发生在通过胶黏法制备并且泡沫铝芯材密度较大的泡沫铝夹芯板上，且该现象更易出现于下面板与泡沫铝芯材之间。胶黏法制备夹芯板通常使用环氧树脂填满泡沫铝表面的孔隙后与面板黏接并固化，因此在面板材料相同的情况下，泡沫铝密度对黏接强度的影响忽略不计。夹芯板在发生弯曲时，其下面板受到拉应力，下面板与泡沫铝芯材之间会产生一定的相对作用。当泡沫铝的密度较大时，夹芯板整体的抗弯能力较强，因此受到的弯曲载荷也较大，导致下面板与泡沫铝芯材之间的相对作用较大，当相对作用大于二者之间的结合力时，就会发生黏结失效。下面用芯材密度为 0.75 g/cm^{3}的夹芯板三点弯曲具体实例进行说明。

图 13.10 和图 13.11 分别为夹芯板三点弯曲试验的载荷—位移曲线和形变失效后的照片。两试样采用的芯材密度均为 0.75 g/cm^3，基体成分分别为纯铝和 7.5% TiB_2-4.5%Cu-Al 铝基复合材料。从试样失效后的照片可以明显看出，两试样的下面板均同泡沫铝芯材发生了黏结失效。由于黏结失效会使夹芯板迅速丧失承载能力，因此两试样的载荷—位移曲线最终均出现直线下降。

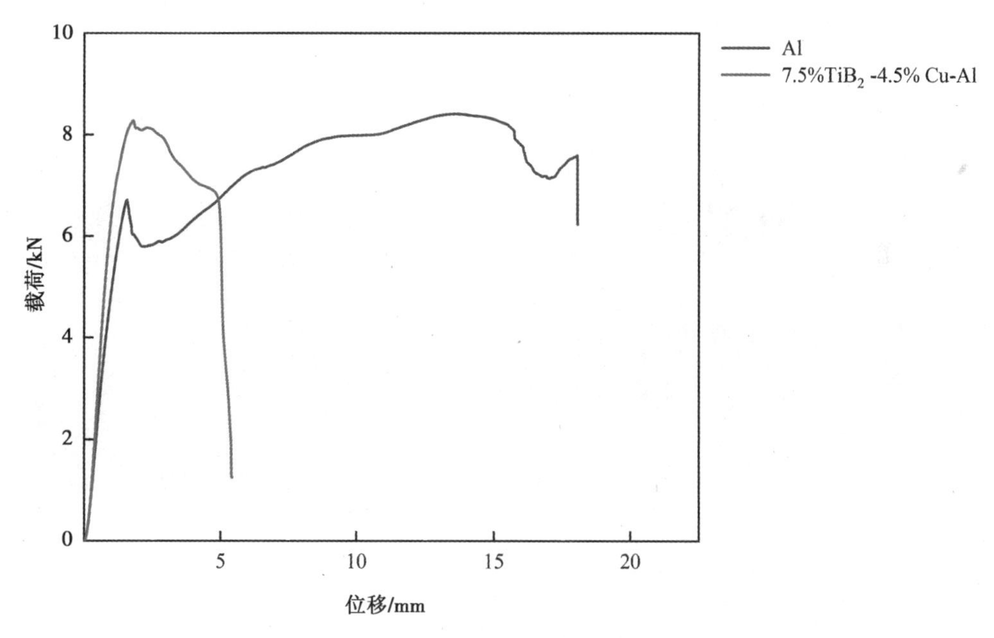

图 13.10　三点弯曲试验载荷位移曲线

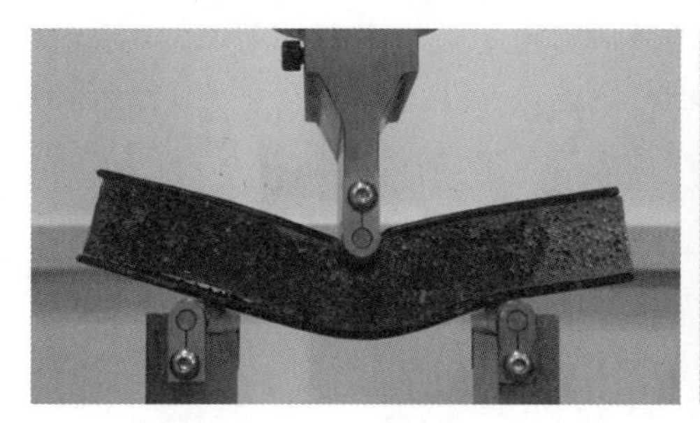
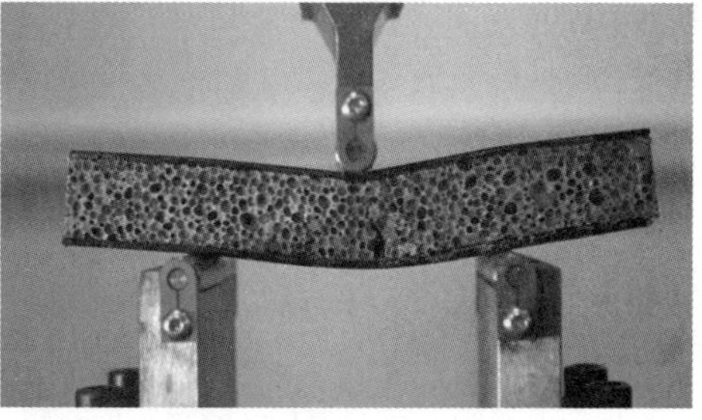

图 13.11　试样三点弯曲变形模式照片

13.4.1.3　受压面板断裂

当受压面板受到的正应力达到局部失稳应力时，受压面板出现断裂现象，此时的极限载荷为

$$P_{\text{limff}} = \frac{4}{3}bt\sqrt{\sigma_c \sigma_f} \tag{13.11}$$

式中，σ_c——泡沫铝芯材压缩的平台应力；

σ_f——面板的抗弯强度。

根据试验现象，当夹芯板所采用的泡沫铝芯材较薄时，受压面板断裂这一破坏形式较易发生。由于泡沫铝属于多孔材料，其性能受尺寸效应影响较大，因此泡沫铝芯材较薄时尺寸效应更为明显，从而对σ_c产生影响，进而对P_{limff}造成影响。下面用芯材厚度不同的夹芯板三点弯曲具体实例进行说明。

图13.12为夹芯板三点弯曲试验变形照片，两试样的泡沫铝芯材厚度分别为10 mm和20 mm。由图可知，芯材厚度为10 mm的试样上面板呈现V形弯折，而芯材厚度为20 mm的试样上面板随着压头的位移和芯材的破碎发生形变，将压头包裹。图13.13为两试样形变后的计算机断层扫描图像，从图中可以明显看出两试样的上面板均受到一定破坏。芯材厚度为10 mm的试样上面板出现了明显的断裂，而芯材厚度为20 mm的试样上面板只出现了轻微裂痕，部分CFRP材料发生分层现象。

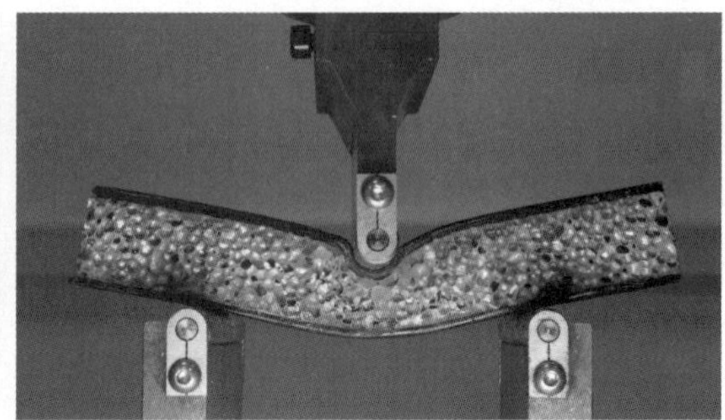

图13.12　试样三点弯曲变形模式照片

13.4.1.4　芯材剪切破坏

当夹层结构受到弯曲载荷时，芯材主要承受剪切应力，其所受的正应力较小，所以芯材一般呈现剪切破坏，其所受剪应力τ_c大于其抗剪强度τ_{yc}。芯材的剪切破坏又分为三种模式，分别为无塑性铰、单塑性铰和双塑性铰。在试验中，泡沫铝夹芯板所呈现出的破坏模式主要是前两种。

（1）无塑性铰。

夹芯结构在形变过程中在支座处没有产生塑性铰，芯材剪切的极限载荷为

$$P_{\text{limcyA}} = \frac{2bt^2\sigma_{yf}}{l} + 2bc\,\tau_{yc}\left(1 + \frac{2H}{l}\right) \tag{13.12}$$

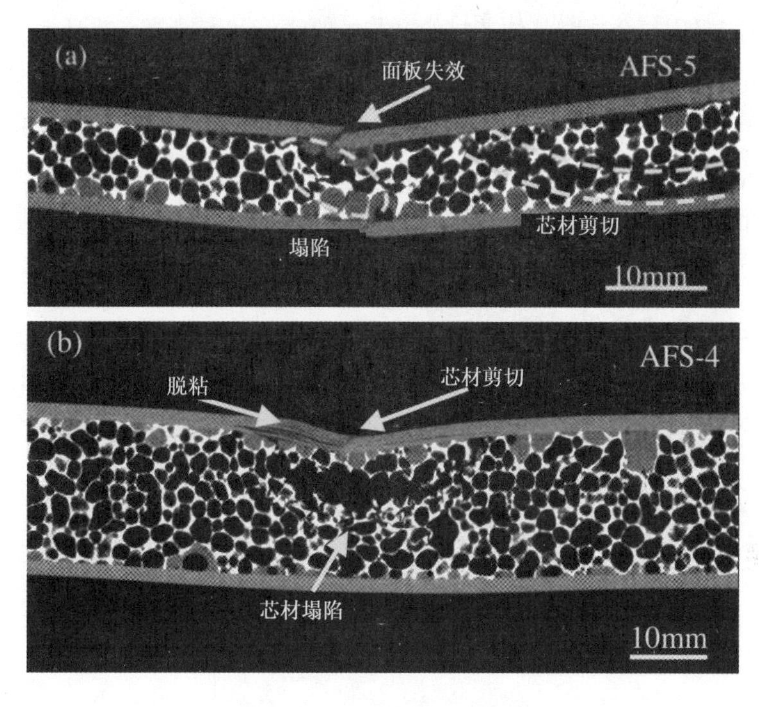

图 13.13　断层扫描分析图像

根据实际试验情况，此类破坏模式一般出现于采用较薄芯材的泡沫铝夹芯板中。如芯材厚度为 10 mm 的夹芯板试样，由图 13.12(a)可以明显看出，泡沫铝芯材产生了明显的剪切破坏，并且剪切破坏延伸到夹芯板的右边缘，造成夹芯板完全失效。

(2)单塑性铰。

夹芯结构在形变过程中在其中一侧支座处产生塑性铰，芯材剪切的极限载荷为

$$P_{\mathrm{limcy}AB} = \frac{3b\,t^2\,\sigma_{\mathrm{yf}}}{l} + 2bc\,\tau_{\mathrm{yc}}\left(1 + \frac{H}{l}\right) \tag{13.13}$$

根据实际试验情况，此类破坏模式出现的条件一般为夹芯板面板较薄、泡沫铝芯材密度较大或泡沫铝芯材脆性较大。下面用具体实例进行说明。

图 13.14 和图 13.15 分别为泡沫铝夹芯板三点弯曲试验的载荷-位移曲线和变形模式照片。两试样均采用较薄的 CFRP 面板，其厚度为 1 mm，芯材密度均为 0.75 g/cm^3，基体成分分别为纯铝和 7.5%TiB_2-4.5%Cu-Al 铝基复合材料。相比纯铝基体的泡沫铝，铝基复合材料基体的泡沫铝由于金属 Cu 以及 TiB_2颗粒增强相的加入，其压缩强度更高，脆性更大。因此，由图中可以明显看出，虽然两试样的芯材均发生了剪切破坏，但具体的破坏形式有所不同，且纯铝基体芯材试样所产生的芯材局部凹陷更为明显。纯铝基体芯材所产生的剪切破坏沿水平方向，位于左侧支座的右侧，这一现象导致泡沫夹芯板在左侧支座位置产生塑性铰。复合材料基体芯材产生了两处剪切破坏，分别位于加载点下方靠近下面板的位置，以及左侧支座上方靠近上面板的位置，两处剪切破坏使得该试样在左侧支座处也产生了塑性铰。由载荷-位移曲线可以看出，芯材性质的不同使曲线趋

势发生了变化，采用复合材料基体芯材的夹芯板的峰值载荷略高，并且达到峰值载荷的位移更小。由于两试样剪切破坏的形式不同，因此纯铝基体芯材的试样最终没有出现完全失效，载荷-位移曲线结束于平台阶段，而复合材料基体芯材的试样最终出现面板与芯材之间的脱黏失效，导致载荷-位移曲线的直线下降。两试样的共同之处在于，所采用的 CFRP 面板厚度较薄，这是由于厚度较薄的面板抗弯能力相对较差，更易在支座处发生弯曲形变，进而形成塑性铰。

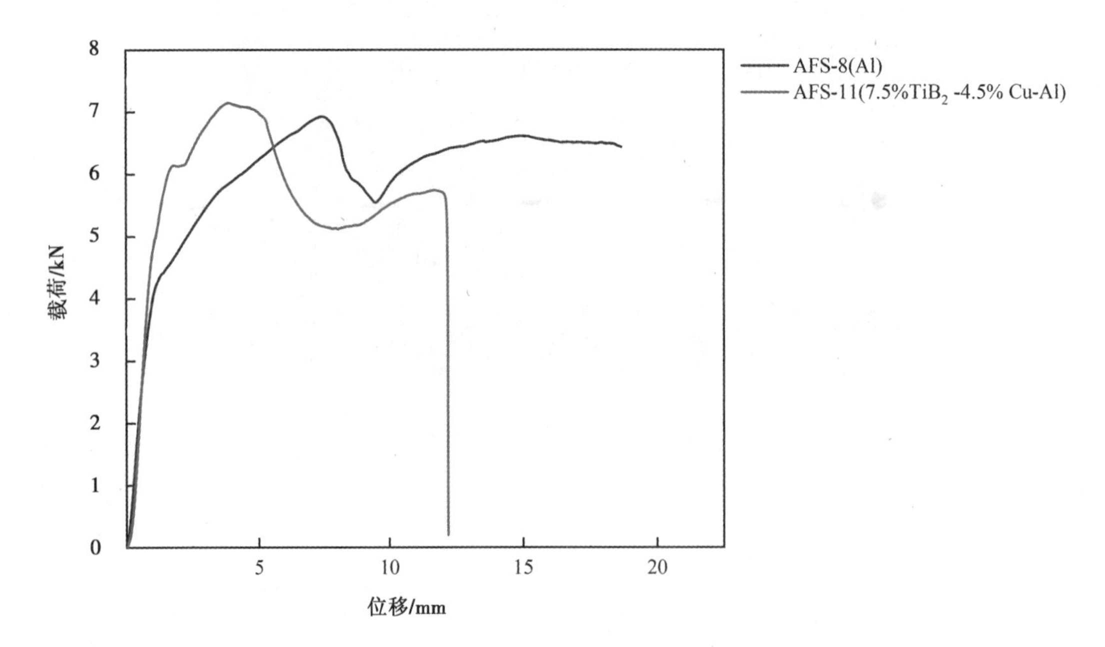

图 13.14　三点弯曲试验载荷-位移曲线

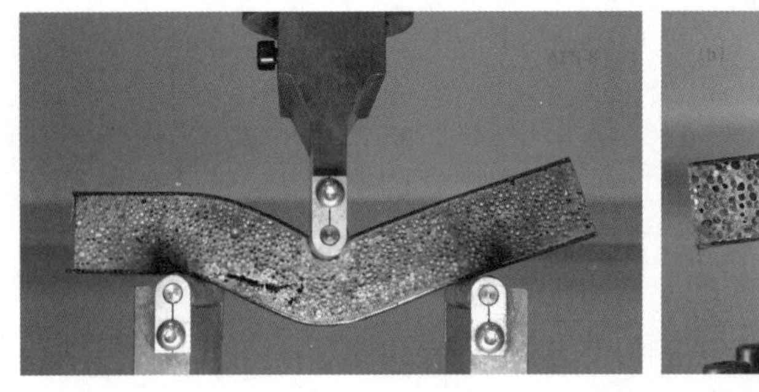

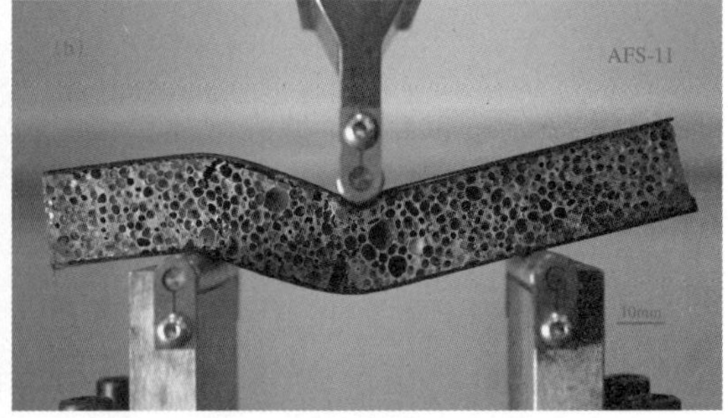

图 13.15　试样三点弯曲变形模式照片

(3)双塑性铰。

夹芯结构在形变过程中在两侧支座处均产生塑性铰，芯材剪切的极限载荷为

$$P_{\mathrm{limcy}B}=\frac{4bt^{2}\sigma_{yf}}{l}+2bc\tau_{yc} \tag{13.14}$$

13. 4. 2　泡沫铝填充管的准静态轴向压缩行为

13. 4. 2. 1　轴向压缩曲线与界面相互作用分析

图 13. 16 为泡沫铝填充铝合金管的轴向压缩试验载荷-位移曲线。由图可知，填充管的轴向压缩曲线明显高于泡沫铝材料和空管，并且填充管的曲线与泡沫铝材料类似，可以分为弹性阶段、平台阶段和致密化阶段。曲线的首个峰值载荷位于弹性阶段后，代表了填充管的承载能力。随着填充管在轴向载荷作用下开始发生弯折，曲线进入平台阶段。由图中可以看出，填充管发生了多处弯折，这一现象使得平台阶段的曲线出现了一定程度的波动。在填充管形变过程中，泡沫铝与管壁内侧会产生摩擦，并且泡沫铝在一定程度上阻碍了铝合金管在弯折过程中向内或向外的横向位移。因此，经轴向压缩后的填充管的横截面仍为原形，而空管压缩后横截面呈多边形。

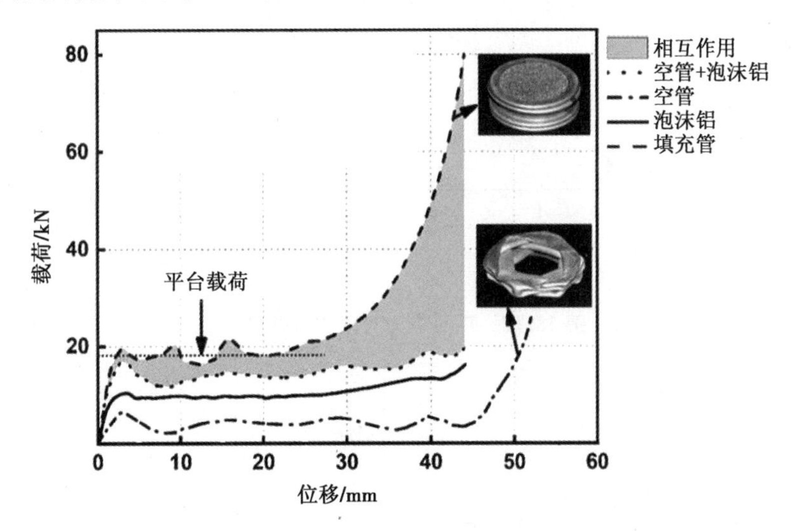

图 13. 16　填充管压缩试验载荷-位移曲线

将图中泡沫铝压缩曲线与空管压缩曲线进行叠加，可以明显看出，泡沫铝与铝管内壁的相互作用使得叠加后的曲线仍低于泡沫铝填充管的压缩曲线。对于压缩试验载荷-位移曲线，曲线与横坐标轴围成的面积代表试验过程中的能量吸收，所以图中阴影部分的面积代表泡沫铝与铝管内壁间相互作用所产生的能量吸收量。[154] 因此，作用于泡沫铝填充管的载荷可以分为三部分，分别为铝管所产生的载荷、泡沫铝所产生的载荷以及相互作用产生的载荷。各部分之间的关系如下：[155, 157]

$$P_{af}=P_{ae}+CP_{foam} \tag{13.15}$$

式中，P_{af}——填充管压缩平台阶段的平均载荷；

P_{ae}——空管压缩平台阶段的平均载荷；

P_{foam}——泡沫铝压缩平台阶段的平均载荷；

C——与相互作用有关的强化系数。

实验对范围在0.39~0.89 g/cm³之间的16个泡沫铝试样以及对应的泡沫铝填充管试样进行轴向压缩，根据压缩试验平台阶段平均载荷计算出P_{foam}和$\Delta P = P_{af} - P_{ae}$，并以$P_{foam}$和$\Delta P$分别为横纵坐标绘制散点图。由图13.17可知，$\Delta P$随着$P_{foam}$的增大而增大，并且二者近似成线性关系，将散点进行拟合可以得到图中直线：

$$\Delta P = CP_{foam}$$

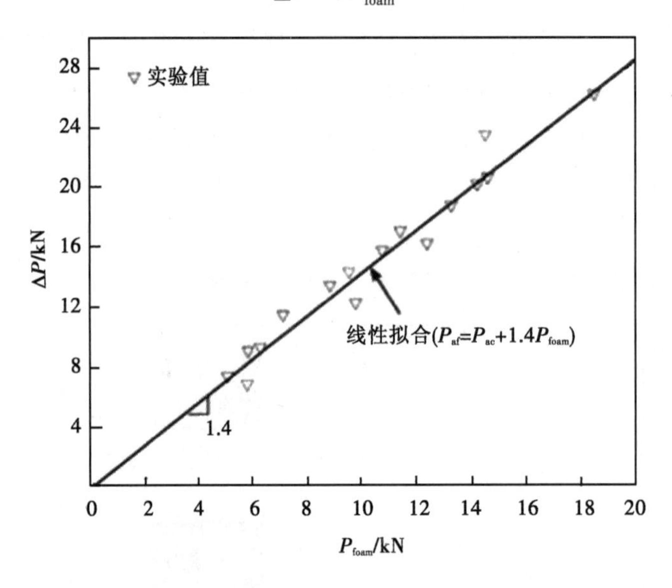

图13.17　平台应力与强化载荷关系

经计算，强化系数C的值为1.4，即

$$P_{af} = P_{ae} + 1.4P_{foam} \tag{13.16}$$

将该方程拆解，可得

$$P_{af} = P_{ae} + P_{foam} + 0.4P_{foam} \tag{13.17}$$

其中，$0.4P_{foam}$为泡沫铝与铝管内壁相互作用所产生的载荷。因此，当填充管所采用的泡沫铝密度增大时，泡沫铝分担的载荷P_{foam}增大，相互作用所产生的载荷$0.4P_{foam}$也相应增大，相互作用在压缩过程中的能量吸收也相应增大。图13.18可验证这一结论，图13.18分别为填充管内泡沫铝密度为0.39 g/cm³、0.54 g/cm³、0.71 g/cm³时，填充管压缩曲线与空管、泡沫铝压缩叠加曲线对比图。由图可以明显看出，随着泡沫铝密度的增大，阴影部分面积即相互作用产生的能量吸收明显增大。

当泡沫铝密度分别为0.39 g/cm³、0.54 g/cm³、0.71 g/cm³时，泡沫铝与填充管进行轴向压缩时的断层扫描截面照片如图13.19所示。从图中可以看出，压缩过程中，随着泡沫铝密度的增大，其横向向外扩张的趋势增大。因此，当泡沫铝密度为0.39 g/cm³时，压缩时泡沫铝没有向外扩张填满铝管的折叠部分；而当泡沫铝密度达到0.54 g/cm³及以上时，压缩时泡沫铝充满了铝管折叠部分并可以分担部分载荷，这一现象阻止了铝管在不断折叠塌陷过程中，载荷可能会出现的下降情况。

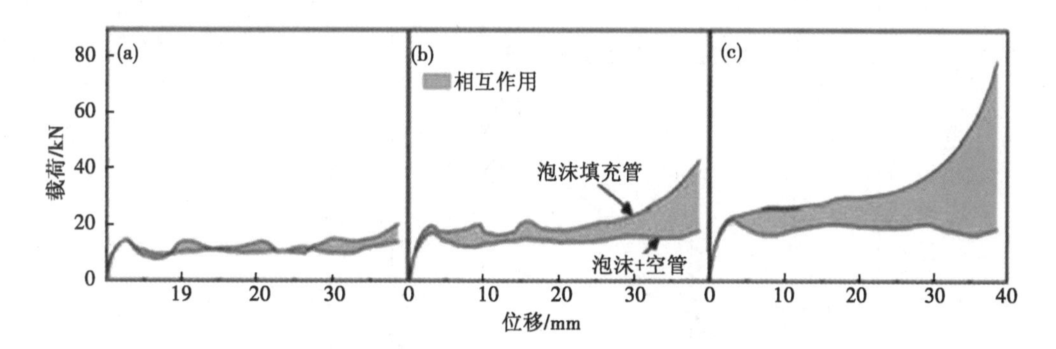

图 13.18　采用不同密度泡沫铝的填充管压缩试验载荷—位移曲线

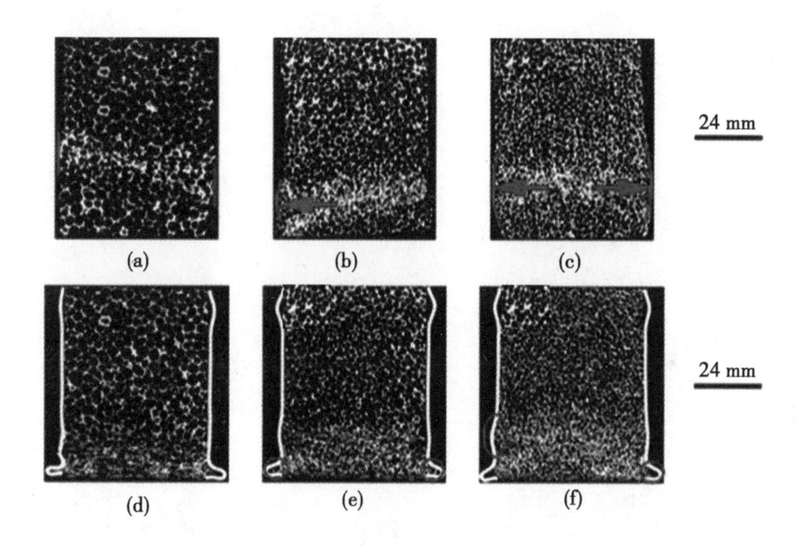

图 13.19　泡沫铝填充管压缩过程断层扫描照片

13.4.2.2　能量吸收分析

图 13.20 为采用不同密度泡沫铝的填充管在压缩过程中的能量吸收和能量吸收效率曲线。能量吸收 E 的定义为载荷位移曲线与横坐标轴围成的面积。能量吸收效率的定义为

$$\eta(d)=\frac{\int_0^d P(d)\mathrm{d}d}{P_{\max}(\mathrm{d})d} \tag{13.18}$$

式中，$P_{\max}$——位移为 d 时的最大载荷。

从图 13.20 可知，能量吸收 E 随着泡沫铝密度的增大而增大。泡沫铝密度为 0.39 g/cm^3、0.54 g/cm^3、0.71 g/cm^{3}的填充管能量吸收效率分别达到了 81%和 83%及 88%。

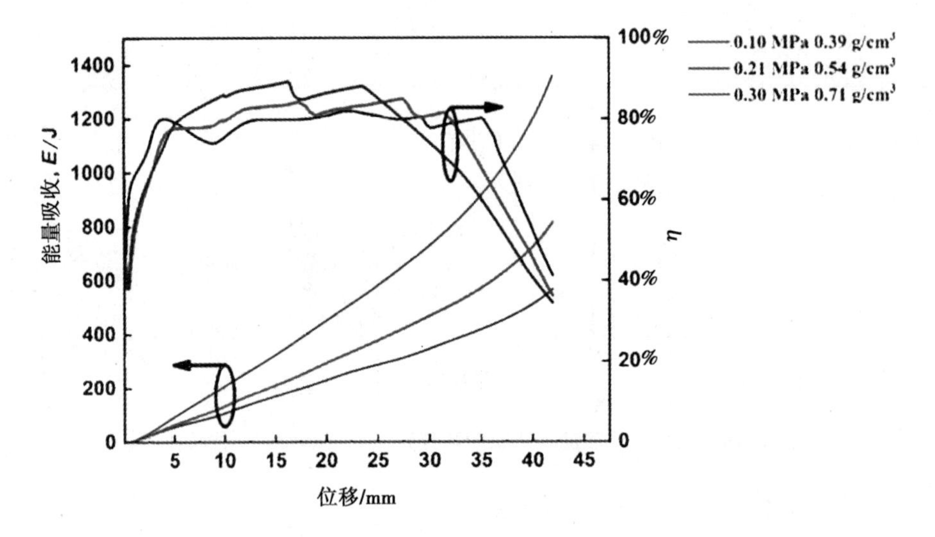

图 13.20　泡沫铝填充管压缩试验能量吸收与能量吸收效率曲线

参考文献

[1] GIBSON L J, ASHBY M F. Cellular solids: structure and properties[M]. Cambridge: Cambridge University Press, 1997.

[2] BANHART J. Manufacture, characterisation and application of cellular metals and metal foams[J]. Progress in materials science, 2001, 46(6): 559-632.

[3] BANHART J. Light-metal foams-history of innovation and technological challenges[J]. Advanced engineering materials, 2013, 15(3): 82-111.

[4] DE MELLER M A. Produit métallique pour l'obtention d'objets laminés, moulés ou autres, et procédés pour sa fabrication: 615,147[P]. 1926.

[5] SOSNIK A. Process for making foamlike mass of metal: US2434775[P]. 1948.

[6] ELLIOTT J C. Method of producing metal foam: US2751289[P]. 1956.

[7] GARA B A, BOGETTI T A, FINK B K, et al. Aluminum foam integral armor: a new dimension in armor design[J]. Composite structures, 2001(52): 381-395.

[8] JI Q, LE L H, FILIPOW L J, et al. Ultrasonic wave propagation in water-saturated aluminum foams[J]. Ultrasonics, 1998(36): 759-765.

[9] WILLIAMSEN J, HOWARD E. Video imaging of debris clouds following penetration of lightweight spacecraft materials[J]. International journal of impact engineering, 2001, 26: 865-877.

[10] ANDREWS E W, HUANG J S, GIBSON L J. Creep behavior of a closed-cell aluminum foam[J]. Acta Mater, 1999, 47(10): 2927-2935.

[11] ANDREWS E W, GIBSON L J. On notch-strengthening and crack tip deformation in cellular metals[J]. Materials letters, 2002(57): 532-536.

[12] 藤井清隆. 木材より轻い合金气泡アルミの开发[J]. 金属, 1970, 1: 73-75.

[13] 石井荣一. 发泡アルミニゥム"アルポぅス"の制造方法と吸音特性[J]. R&D 神户特钢技报, 1991, 41(2): 59-63.

[14] AKIYAMA S, IMAGAWA K, KITAHARA A, et al. Foamed metal and method of producing same: US4713277[P]. 1987.

[15] MIYOSHI T, ITOH M, MUKAI T, et al. Enhancement of energy absorption in a closed-

cell aluminum by the modification of cellular structures[J].Scripta materialia,1999,41(10):1055-1060.

[16] BAUMGÄRTNER F,DUARTE I,BANHART J. Industrialization of powder compact foaming process[J].Advanced engineering materials,2000,2(4):168-174.

[17] BAUMEISTER J,BANHART J,WETER M. Aluminium foams for transport industry[J]. Materials & design,1997,18(4/6):217-220.

[18] SCHWINGEL D, SEELIGER H W, VECCHIONACCI C, et al. Aluminium foam sandwich structures for space applications[J]. Acta astronautica, 2007, 61(1/6): 326-330.

[19] THOMAS HIPKE. Metal foams[EB/OL]. (2021-11-01)[2021-11-10].https://www.iwu.fraunhofer.de/en/metal-foam-center.html.

[20] MARIO DEANGELIS.Defense and military[EB/OL].(2019-1-20)[2020-11-2].https://www.cymat.com/industries-defense-military/

[21] LEFEBVRE L-P,BANHART J,DUNAND D C. Porous metals and metallic foams:current status and recent developments[J]. Advanced engineering materials,2008,10(9):775-787.

[22] LIU H,CAO Z K,YAO H C,et al. Performance of aluminum foam-steel panel sandwich composites subjected to blast loading [J]. Materials & design,2013,47:483-488.

[23] STANZICK H,BANHART J.Process control in aluminum foam production using real-time X-ray radioscopy [J].Advanced engineering materials,2002,4(10):814-823.

[24] SMITH H,EVANS A G.Compressive deformation and yielding mechanisms in cellular al alloys determined using X-ray tomography and surface strain mapping[J].Acta metallurgica,1998(46):3583-3592.

[25] SIMONE A E,GIBSON L J.The effects of cell face curvature and corrugations on the stiffness and strength of metallic foams[J]. Acta metallurgica,1998(46):3929-3935.

[26] HEIM K,GARCÍA-MORENO F,BANHART J. Particle size and fraction required to stabilise aluminium alloy foams created by gas injection[J]. Scr. Mater.,2018,153:54-58.

[27] MIYOSHI T,ITOH M. Alporas aluminum foam:production process,properties,and applications[J]. Adv. Eng. Mater.,2000,2:179-183.

[28] GERGELY V, CURRAN D C, CLYNE T W. The foamcarp process: foaming of aluminium MMCs by the chalk-aluminium reaction in precursors[J].Composites science and technology,2003(63):2301-2310.

[29] HARTMANN J,TREPPER A,KÖRNER C.Aluminum integral foams with near-microcellular structure[J].Advanced engineering materials,2011,3(11):1050-1055.

[30] KENNEDY A R. The effect of TiH_2 heat treatment on gas release and foaming in Al-

TiH_2 preforms[J].Scripta materialia,2002(47):763-767.

[31] GERGELY V,CLYNE T W. The FORMGRIP process:foaming of reinforced metals by gas release in precursors[J]. Adv Eng Mater,2002(2):175-178.

[32] SHAPOVALOV VI. Porous and cellular materials for structural applications[C].MRS Symp. Proc.,1998,521:281.

[33] GÖHLER H, JEHRING U, KUEMMEL K, et al.Metallic hollow sphere structures - status and outlook[EB/OL].(2021-12-01).https://www.ifam.fraunhofer.de/content/dam/ifam/de/documents/IFAM-DD/Publikationen/2012/goehler_et_al_cellmat.pdf, 2021.12.

[34] WEAIRE D,HUTZLER S.The Physics of Foams[M].Oxford:Clarendon Press,1999:88-101.

[35] ANDREWS E W,GIOUX G,ONCK P,et al. Size effects in ductile cellular solids. part II:experimental results[J]. International journal of mechanical sciences,2001(43):701-713.

[36] ANDREWS E,SANDERS W,GIBSON L J. Compressive and tensile behaviour of aluminum foams[J].Materials science and engineering A,1999(A270):113-124.

[37] BENOUALI A,FROYEN L.Investigation on the influence of cell shape anisotropy on the mechanical performance of closed cell aluminum foams using micro-computed tomography[J].J. Mater. Sci., 2005,40:5801-5811.

[38] SIMONE A,GIBSON L. Effects of solid distribution on the stiffness and strength of aluminum foams[J]. Acta Mater., 1998,46:2139-2150.

[39] ASHBY M F,EVANS A G,FLECK N A,et al.Metal foams:a design guide,butterworth-heinemann[M].Oxford:Butterworth-Heime,2000.

[40] BASTAWROS A-F, BART-SMITH H, EVANS A. G. Experimental analysis of deformation mechanisms in a closed-cell aluminum alloy foam[J].Journal of the mechanics and physics of solids,2000 (48):301-322.

[41] KENNEDY A,ASAVAVISITCHAI S. Effects of TiB_2 particle addition on the expansion, structure and mechanical properties of PM Al foams[J]. Scr. Mater., 2004(50):115-119.

[42] IP S W,WANG Y,TOGURI J M. Aluminum foam stabilization by solid particles[J].Canadian metallurgical quarterly,1999,38(1):81-92.

[43] KAPTAY. Interfacial criteria for stabilization of liquid foams by solid particles[J]. Colloids and surfaces A:physicochem. Eng. Aspects,2004(230):67-80.

[44] KORNER C,ARNOLD M,SINGER R F.Metal foam stabilization by oxide network particles [J].Materials science and engineering A,2005(396):28-40.

[45] 曹卓坤,刘宜汉,姚广春.硫酸盐酸性镀液中碳纤维电镀铜[J].过程工程学报,2006,6(4):8.

[46] CAO Z K,YAO G C,LIU Y H.Study on the tensile properties of copper coated carbon fibers[C]//TMS Symposium,2007.

[47] CAO Z K,YAO G C,LIU Y H.Effect of coating thickness on microstructure and mechanical properties of C/Cu/Al composites[J].Transactions of nonferrous metals society of China,2006,16(S3):12.

[48] CAO Z K,LI B,YAO G C,et al.Fabrication of aluminum foam stabilized by copper coated carbon fibers[J].Material science and engineering:A,2008,486(1/2):350-356.

[49] 李珉,曹卓坤,于洋,等. Mg 对碳纤维稳定泡沫铝发泡过程和胞孔结构的影响[J].东北大学学报(自然科学版),2017,38(12):1712-1715.

[50] 曹卓坤. 碳纤维复合泡沫铝材料的研究[D]. 沈阳:东北大学,2008.

[51] ATTURAN U,NANDAM S. Processing and characterization of in-situ TiB_2 stabilized closed cell aluminium alloy composite foams[J]. Mater. Des., 2016,101:245-253.

[52] ATTURAN U,NANDAM S. Deformation behavior of in-situ TiB_2 reinforced A357 aluminum alloy composite foams under compressive and impact loading[J].Mater. Sci. Eng. A,2017,684:178-185.

[53] VINOD KUMAR G S,GARCÍA-MORENO F,BABCSÁN N, et al. Study on aluminum-based single films[J]. Phys. Chem. Chem. Phys., 2007,9: 6415-6425.

[54] 陈志元.原位 TiB_2 颗粒复合 Al-Cu-Mg 系泡沫强化性能研究[D].沈阳:东北大学,2022.

[55] RENGER K,KAUFMANN H. Vacuum foaming of magnesium slurries[J]. Advanced engineering materials,2005,7(3):117-123.

[56] VINOD KUMARG S,MUKHERJEE M,GARCIA-MORENO F,et al.Reduced-pressure foaming of aluminum alloys[J].Metallugrgical and materials transactions A,2013,44A:419-426.

[57] CAO Z K,YU Y,LI M,et al. Cell structure evolution of aluminum foams under reduced pressure foaming[J]. Metallurgical and materials transactions A, 2016, 47(9):4378-4381.

[58] 陈宝成.负压发泡制备铝基泡沫材料研究[D].沈阳:东北大学,2014.

[59] KORNER C,BERGER F,ARNOLD M,et al.Influence of processing conditions on morphology of metal foams produced from metal powder[J]. Materials science and technology,2000,16(7/8):781-784.

[60] GARCÍA-MORENO F,BABCSAN N,BANHART J.X-ray radioscopy of liquid metalfoams:influence of heating profile,atmosphere and pressure,colloids and surfaces A[J].

Physicochemical and engineering aspects,2005,263(1/3):290-294.

[61] SAN-MARTIN A,MANCHESTER F D. The H-Ti (hydrogen-titanium) system[J].Bulletin Alloy Phase Diagrams,1987,8:30-42.

[62] CAO Z K,LI M,YU Y,et al.Fabrication of aluminum foams with fine cell structure under increased pressure[J].Advanced engineering materials,2016,18(6):1022-1026.

[63] WERTHER D J,HOWARD A J,INGRAHAM J P,et al. Characterization and modeling of strain localization in aluminum foam using multiple face analysis[J]. Scripta materialia,2006,54(5):783-787.

[64] 王加奇.变压发泡制备泡沫铝结构与性能稳定性关系研究[D].沈阳:东北大学,2022.

[65] 牛正一,安振涛,甄建伟,等. 内增韧颗粒对铝基泡沫材料孔结构和压缩变形行为的影响[J]. 稀有金属,2020,44(12):1279-1285.

[66] SINGH H,RAINA A,HAQ M. Effect of TiB_2 on mechanical and tribological properties of aluminium alloys-a review [J]. Materials today:proceedings,2018,5:17982-17988.

[67] SIMONE A E,GIBS L J. The effects of cell wall curvature and corrugations on the stiffness and strength of metallic foams [J]. Acta materialia,1998,46(11):3929-3935.

[68] YU Y,CAO Z K,WANG J Q,et al. Compressive behavior of Al-TiB_2 composite foams fabricated under increased pressure[J]. Materials,2021,14(17):5112.

[69] 于洋.TiB_2 复合材料变压发泡及泡沫铝填充管力学性能研究[D].沈阳:东北大学,2022.

[70] NIU Z Y,AN Z T,JIANG Z B,et al. Influences of increased pressure foaming on the cellular structure and compressive properties of in situ Al-4. 5% Cu-xTiB_2 composite foams with different particle fraction[J]. Materials,2021,14(10):2612.

[71] MUKHERJEE M,RAMAMURTY U,GARCÍA-MORENO F,et al.The effect of cooling rate on the structure and properties of closed-cell aluminium foams[J]. Acta Mater.,2010,58:5031-5042.

[72] HUANG L,WANG H,YANG D H,et al. Effects of calcium on mechanical properties of cellular Al-Cu foams[J].Mater. Sci. Eng. A,2014,618: 471-478.

[73] MOZAMMIL S,KARLOOPI J,VERMA R,et al. Effect of varying TiB_2 reinforcement and its ageing behaviour on tensile and hardness properties of in-situ Al-4.5%Cu-xTiB_2 composite[J]. J. Alloy. Compd., 2019,793:454-466.

[74] SONG H W,HE Q J,XIE J X,et al. Fracture mechanisms and size effects of brittle metallic foams:In situ compression tests inside SEM[J]. Compos. Sci. Technol., 2008,68:2441-2450.

[75] 张忠明,刘宏昭,王锦程, 等.材料阻尼及阻尼材料的研究进展[J].功能材料,2001,

32(3):229-230.

[76] 方前锋,朱震刚,葛庭隧.高阻尼材料的阻尼机理及性能评估[J].物理,2000,29(9):541-545.

[77] LAVERNIA E J, PEREZ R J, ZHANG J. Damping behavior of discontinuously reinforced al alloy metal-matrix composites [J]. Metallurgical and materials transactions,1995,26A(11):2803-2818.

[78] RITCHIE I G,PAN Z L. High-damping metals and alloys [J].Metallurgical transactions A,1991,22A:607-616.

[79] 田漪,李秀臣,刘正堂.金属物理性能[M]. 北京:航空工业出版社,1994.

[80] 江东亮,闻建勋,陈国民,等.新材料[M].上海:上海科学技术出版社,1994.

[81] 张忠明,刘宏昭,王锦程,等.金属材料阻尼性能测试系统[J].西安理工大学学报,2000.

[82] RITCHIE I G. High damping alloys-the metallurgist' s cure for unwed anted vibrations [J].Canadian Mental,Quart.,1987,26(3):239-250.

[83] HUM BEECK J V,STOIBER J,DELAEY L. The high damping capacity of shape memory alloys [J].Zeitschrift fur metalkade,1995,86:176-183.

[84] 程和法.泡沫铝合金阻尼性能的研究[J].材料科学与工程学报,2003,21(4):521-523.

[85] 尹朝辉,曾汉民.阻尼材料的应用[J].化工新型材料,2004,32(11):43-47.

[86] ARAFA M,BAZ A. Dynamics of active piezoelectric dampling composites[J].Composites science and technology,2000,60: 2759-2768.

[87] 徐祖耀. Cu-Zn-Al 合金中贝氏体相变的机制及应用[J].上海有色金属,1999,20(2):49-50.

[88] SATYA M,ANANDAKRISHNAN,CHRIS T,et al. Hubble space tele-scope solar array damper for improving control system stability[C].Big Sky:IEEE, 2000: 261-276.

[89] 潘坚.ZN-1 阻尼材料的特殊性能[J].宇航材料工艺,1998(5):34-36.

[90] 王墨斋.粘弹橡胶阻尼材料在航天设备中的应用[J].宇航材料工艺,1990(4):69-71.

[91] YI Y M,PARK S H,YOUN S K. Design of microstructures of viscoelastic composites for optimal damping characteristics [J]. International journal of solids and structures, 2000,37:4971-4981.

[92] IOANA C. FINEGAN,RONALD F. GIBSON. Analytical modeling of damping at micromechanical level in polymer composites reinforced with coated fibers[J]. Composites science and technology,2000,60:1077-1084.

[93] 藤泽恒俊.硅氧烷凝胶组合物:CN 1418230A[P].2003-05-14.

[94] SHINOHARA T, YAMAMOTO S, ISHII T. Damping sound insulating plate: JP 10-266390A[P].1998-10-06.

[95] INGO G.家具活动部件的阻尼装:CN1367327A[P].2002-09-24.

[96] GALLO A. Acoustic damping material:US 6073723[P].2000-06-13.

[97] 张小农.高阻尼金属基复合材料的发展途径[J].材料开发与应用,1997,12(1):46-48.

[98] 张琳.阻尼合金研究现状及发展[J].现代制造工程,2003(5):87-89.

[99] 王松林,凤仪,徐屹,等. SiCp 增强泡沫铝基复合材料的制备工艺研究[J].金属功能材料,2005,12(6):22-26.

[100] 杨留栓. ZA27 泡沫金属基高阻尼复合材料[J].特种铸造及有色合金,1999(2):53-54.

[101] 于英华,梁冰,张建华.泡沫铝基高分子复合材料制备及其性能[J].辽宁工程技术大学学报,2005,12(6):903.

[102] 余兴泉,何德坪.泡沫金属机械阻尼性能研究[J].机械工程材料,1994,18(2):26-28.

[103] BANHART J, BAUMEISTER J, WEBER M. Powder metallurgical technology for the production of metallic foams[J].European confenence on advanced PM materials,1995(1):201.

[104] 刘培生,王习述.泡沫金属设计指南[M].北京:冶金工业出版社,2006:77-78.

[105] GRANATO A V, LUCKE K. Application of dislocation theory to internal friction phenomena at high frequencies [J]. Journal of applied physics,1956,27(7):789-805.

[106] GRANATO A V, LUCKE K. Theory of mechanical damping due to dislocations [J]. Journal of applied physics,2004,27(6):583-593.

[107] 刘长松,韩福生,朱震刚.泡沫铝的低频内耗特征研究[J].物理学报,1997,11(2):153-156.

[108] TOSHIO M. Micromechanics of defects in solids [M]. The Netherlands: Martinus Nijhoff Publishers,1987.

[109] TANDON G P, WENG J G J. Average stress in the matrix and effective moduli of randomly oriented composites [J]. Composites science and techndogy, 1986, 27(2):111-132.

[110] 黄微波,刘东辉,杨宇润,等. 热塑性弹性体在泡沫塑料中的应用[J].船舶,1998,(2):35-38.

[111] 林新志,马玉璞,任润桃. 高阻尼复合波纹管应用研究[J].材料开发与应用,1992,7(4):9-14.

[112] 王德志,王海民,曲春艳,等. 复合材料用热固性基体树脂的研究进展[J].粘接,

2000(4):13-15.

[113] KATONA B,SZLANCSIK A,TÁBI T,et al. Compressive characteristics and low frequency damping of aluminium matrix syntactic foams [J]. Materials science and engineering A,2018,739(9):55-79.

[114] MU Y L,YAO G C,ZU G Y,et al. Influence of strain amplitude on damping property of aluminum foams reinforced with copper-coated carbon fibers [J]. Materials and design,2010,31(9):4423-4426.

[115] WU J J,LI C G,WANG D B,et al. Damping and sound absorption properties of particle reinforced Al matrix composite foams [J]. Composites science and technology,2003,63(3):569-574.

[116] GUI M C,WANG D B,WU J J,et al. Deformation and damping behaviors of foamed Al-Si-SiCp composite [J]. Materials science and engineering A,2000,286(2):282-288.

[117] WU G H,DOU Z Y,JIANG L T,et al. Damping properties of aluminum matrix-fly ash composites [J]. Materials letters,2006,60(24):2945-2948.

[118] ZHANG Y J,MA N H,WANG H W,et al. Damping capacity of in situ TiB2 particulates reinforced aluminium composites with Ti addition [J]. Materials and design,2007,28(2):628-632.

[119] LU T J,HESS A,ASHBY M F. Sound absorption in metallic foams[J]. Journal of applied physics,1999,85(11):7528-7539.

[120] 王月. 泡沫铝的吸声特性及影响因素[J]. 材料开发与应用,1999,14(4):15-18.

[121] 王月. 压缩率和密度对泡沫铝吸声性能的影响[J]. 机械工程材料,2002,26(3):29-31.

[122] 吴梦陵,张绪涛. 泡沫铝合金在排气消声器中的应用[J].机械工程材料 2003,27(10):47-48.

[123] 于英华,刘建英,徐平. 泡沫铝材料在机床工作台中的应用研究[J].煤矿机械,2004(7):20-21.

[124] 于英华,梁冰,王萍萍. 泡沫铝机床工作台的性能研究[J].机械,2004,31(9):4-6.

[125] 马大猷. 噪声与振动控制工程手册[M].北京:机械工业出版社,2002:7.

[126] 王政红,李峰,金建新,等. 3000HP/4000HP 沙特拖轮的噪声与振动控制[J]. 噪声与振动控制,2002(6): 39-41.

[127] PINTO S C,MARQUES P A,VESENJAK M,et al. Mechanical,thermal,and acoustic properties of aluminum foams impregnated with epoxy/graphene oxide nanocomposites [J]. Metals,2019,9(11):12-14.

[128] 郝召兵,秦静欣,伍向阳. 地震波品质因子 Q 研究进展综述[J]. 地球物理学进

展,2009,24(2):375-381.

[129] 马大猷. 亥姆霍兹共鸣器[J]. 声学技术,2002,7(Z1):2-3.

[130] 黄承,段惺,周祚万. 结构因素对多孔材料吸声性能的影响[J]. 化工新型材料,2011,39(2):20-22.

[131] 黄学辉,唐辉,陶志南,等. 高效纤维-石膏功能复合吸声材料的研制[J]. 功能材料,2007(5):822-824,828.

[132] 刘佳. 泡沫铝夹芯板的制备与力学性能研究[D]. 沈阳:东北大学,2014.

[133] 冯敏慧. CFRP/泡沫铝夹芯结构抗冲击性能研究[D]. 沈阳:沈阳理工大学,2019.

[134] 张敏,陈长军,姚广春.泡沫铝夹芯板的制备技术[J]. 材料导报,2008,22(1):85-89.

[135] 安涛. 复合泡沫填充薄壁圆管轴向变形与吸能特性的研究[D]. 天津:中国民航大学,2020.

[136] 张春云. 横向爆炸载荷下泡沫铝填充管的动态响应[D]. 太原:太原理工大学,2021.

[137] 朱翔,尹曜,王蕊,等. 泡沫铝填充薄壁铝合金多胞构件与单胞构件吸能性能研究[J]. 工程力学,2021,38(5):247-256.

[138] 汪高飞,张永亮,郑志军,等. 泡沫铝填充吸能盒的轴向压缩性能实验研究[J]. 实验力学,2021,36(5):581-591.

[139] HARTE A M,FLECK N A,ASHBY M F. Sandwich panel design using aluminum alloy foam[J]. Advanced engineering materials,2000,2(4):307-312.

[140] CRUPI V,MONTANINI R. Aluminium foam sandwiches collapse modes under static and dynamic three-point bending[J]. International journal of impact engineering,2005,34(3):509-521.

[141] 王冬. 泡沫铝夹芯板三点弯曲性能的数值模拟研究[D]. 西安:长安大学,2019.

[142] 张建坤. 二次发泡法制备泡沫铝夹芯板材的工艺基础研究[D]. 沈阳:东北大学,2015.

[143] 潘鑫. 泡沫铝夹芯板动态力学性能数值研究[D]. 湘潭:湘潭大学,2019.

[144] KATHURIA Y P. Laser assisted aluminum foaming[J]. Surface & coatings technology,2001,142:56-60.

[145] 梁晓军,朱勇刚,陈锋,等.泡沫铝芯三明治板的粉末冶金制备及其板/芯界面研究[J]. 材料科学与工程学报,2005,23(1):77-80.

[146] 梁晓军. 泡沫铝芯三明治的粉末冶金制备及其性能研究[D]. 南京:东南大学,2004.

[147] 王萍萍,于英华. 泡沫铝的性能研究及其在汽车制造业上的应用[J]. 煤矿机械,2003(11):77-79.

[148] 祖国胤. 层状金属复合材料制备理论与技术[M]. 沈阳:东北大学出版社,2013.

[149] 黄安斌,胡治流,温石坤. 泡沫铝材料结构与性能及其应用研究[J]. 金属功能材料,2010,17(4):62-65.

[150] BANHART J,SEELIGER H W.Aluminium foam sandwich panels:manufacture,metallurgy and applications[J]. Advanced engineering materials,2008,10(9):793-802.

[151] 宋滨娜. 金属泡沫铝夹芯板的制备与力学性能研究[D]. 沈阳:东北大学,2012.

[152] YU J L,WANG E H,LI J R,et al. Static and low-velocity impact behavior of sandwich beams with closed-cell aluminum-foam core in three-point bending[J]. International journal of impact engineering,2008,35(8):885-894.

[153] 王璐. 复合材料夹层结构理论、设计与应用[M]. 北京:中国建筑工业出版社,2019.

[154] TAHERISHARGH M,VESENJAK M,BELOVA I V,et al.In situ manufacturing and mechanical properties of syntactic foam filled tubes[J]. Mater. Des., 2016,99:356.

[155] SANTOSA S P,WIERZBICKI T,HANSSEN A G,et al. Experimental and numerical studies of foam-filled sections[J]. Int. J. Impact Eng., 2000,24:509.

[156] HANSSEN A G,LANGSETH M,HOPPERSTAD O S. Static and dynamic crushing of circular aluminium extrusions with aluminium foam filler[J]. Int. J. Impact Eng., 2000,24:475-507.

[157] HANSSEN A G,LANGSETH M,HOPPERSTAD O S. Static and dynamic crushing of square aluminium extrusions with aluminium foam filler[J]. Int. J. Impact Eng., 2000,24: 347-383.